申先甲 著

中国现代物理学简史

- 妙趣横生的物理学史
- 物理学家的成长史

上海科学技术文献出版社
Shanghai Scientific and Technological Literature Press

图书在版编目（CIP）数据

中国现代物理学简史 / 申先甲著 . 一上海：上海科学技术
文献出版社，2021
ISBN 978-7-5439-8296-3

Ⅰ.①中…　Ⅱ.①申…　Ⅲ.①物理学史—中国—普及
读物　Ⅳ.① O4-092

中国版本图书馆 CIP 数据核字 (2021) 第 046078 号

选题策划：张　树
责任编辑：姜　曼
封面设计：李　楠

中国现代物理学简史
ZHONGGUO XIANDAI WULIXUE JIANSHI
申先甲　著
出版发行：上海科学技术文献出版社
地　　址：上海市长乐路 746 号
邮政编码：200040
经　　销：全国新华书店
印　　刷：昆山市亭林印刷有限责任公司
开　　本：720mm×1000mm　1/16
印　　张：21.75
字　　数：307 000
版　　次：2021 年 4 月第 1 版　2021 年 4 月第 1 次印刷
书　　号：ISBN 978-7-5439-8296-3
定　　价：88.00 元
http://www.sstlp.com

CONTENTS | 目录

一、近现代物理学在中国的兴起

（一）传教士与西学东渐

中国是世界文明古国之一。中国古代文明有着数千年绵延不断、独立发展的历史，在古代物理知识方面取得了辉煌的成就，走在世界的前面。古代许多重要的发明起源于中国，其中最著名的是印刷术、火药、指南针和造纸术。欧洲近代科学启蒙时代的哲学家培根（F.Bacon，1561—1626）虽然不知道这些发明源自中国，但曾高度赞誉说：

> 纵观今日社会，许多发明的作用和影响是非常明显的，尤其是印刷术、火药和指南针。这些都是近代的发明，但是来源不详。这三种发明改变了整个世界面貌和一切事物。印刷术使文字改观，火药使战争改观，指南针使航海术改观。可以说，没有一个王朝，没有一个宗教派别，没有任何伟人曾产生过比这些发明更大的力量和影响。[1]

人们公认，直到 1400 年前，中国的科学技术一直领先于西方。可是到了 17 世纪，中国的科学技术却已远逊于西方，这个差距一直到 20 世纪初也没有

---

[1] Bacon. *The New Organon and Related Writings*. Library Aris Press，1960.

改观。仅从物理学来说，1600—1900年正是经典物理学诞生、发展和完成的时期。在这期间，近代自然科学在欧洲诞生了，工业革命开始了，世界发生了翻天覆地的变化。但是，这些年中国却依然停滞不前，那些阻碍中国诞生近代自然科学的因素依然存在，外来文化和近代科学在中国的传播举步维艰。我们仅从近代物理学的发展中举出几个事件，就不难从中国当时的社会状况想象到中西方科学发展水平的巨大差距：

1543年，明嘉靖二十二年，波兰哥白尼的《天体运行论》出版，正式提出"日心说"；

1609年，明万历三十七年，德国开普勒的《新天文学》出版，提出了天体运行的椭圆轨道定律和面积速度定律；

1638年，明崇祯十一年，意大利伽利略的《两种新科学》出版，奠定了动力学的基础；

1687年，清康熙二十六年，英国牛顿的《自然哲学之数学原理》出版，创立了经典力学体系；

1768年，清乾隆三十三年，英国的瓦特制成了单动式近代蒸汽机；

1842年，清道光二十二年，德国的迈尔提出自然力（能量）守恒原理和热功当量概念；

1864年，清同治三年，英国的麦克斯韦创立经典电磁场理论；

1900年，清光绪二十六年，德国的普朗克提出量子假说；

1905年，清光绪三十一年，德国的爱因斯坦创立狭义相对论。

简单的列举就足以看出这几百年间欧洲近代科学进展的气势，并反衬出中国的停滞不前和荒芜景象。正像15世纪以前科技知识的流向主要是由中国传向欧洲那样，16—20世纪，中西方科技发展水平的巨大"势差"，决定了科技知识的流向是由西方传向中国。近代物理学在中国的传播和兴起，正是按照这一历史逻辑进行的。

1. 利玛窦和徐光启的开启之功

在北京车公庄西的北京社会科学研究所院落内的幽深处，有一块被松柏、冬青环绕的墓地，这就是被称为"西学东渐第一师"的耶稣会士利玛窦的坟墓。

利玛窦（Matteo Ricci，1552—1610）生于意大利马切拉塔城的利奇家族。15岁时进入罗马大学法学院学习，并加入耶稣会，后转入耶稣会创办的罗马学院学习。在这里学习了欧几里得几何前六卷、实用算术、地理学、行星论、透视画法以及制作地球仪、天文观测仪器和钟表的技术。他奉命到中国传播天主教教义，于1582年抵澳门，1583年到广东肇庆，1589年迁居广东韶州。他注意传教手段的创新，用大量时间学习中文，了解中国风俗，钻研儒家经典，与士大夫广泛交往，1600年在南京结识了李贽与徐光启。1601年利玛窦进入北京，向神宗皇帝进贡了自鸣钟、三棱镜等珍奇物品，获准留居北京，展开了他"以基督教与中国传统相结合"的方式，以传播优于当时中国的西方科学技术为敲门砖的传教活动。

利玛窦不仅带来了西方的自鸣钟、三棱镜和天文仪器，而且给中国带来了根据大地是个球体的思想和地理大发现的新资料绘制的世界地图；在中国刊印了《坤舆万国全图》，并与工部员外郎李之藻（1565—1630）合作，于1605年译编刊印了《乾坤体义》，从而向中国传播了以"地球"、"五大洲"和亚里士多德宇宙论为核心内容的知识。不过，利玛窦在传播西方科技知识中影响最为深远的工作，当数他与徐光启合译欧几里得的《几何原本》一事。

徐光启（1562—1633）是上海人，幼年时家道中落，父亲不得不"间课农学圃自给"，从而影响了徐光启的一生。徐光启自幼天资聪颖，勤奋好学，19岁考取秀才。1596年，坐馆授徒的徐光启陪同他的学生赴京应北闱乡试，结果自己倒中了顺天府第一名举人。1604年，42岁的徐光启进士及第，充翰林院庶吉士、检讨等职。62 岁授礼部侍郎，68 岁任礼部尚书，70 岁兼内阁大学士，72 岁加太子太保、文渊阁大学士。在进入翰林院的前一年，徐光启在南京受浸洗礼入了天主教。他认为："其教必可以补儒易佛，而其绪余更有一种格物穷理之学。"1604 年，刚中进士的徐光启就与李之藻一起向利玛窦学习科学知识。他感到，对西方科学应"窥其象数之学，以救汉宋以来空言论学之失"。作为一名深谙中国传统科学的学者，徐光启深刻地意识到，中国在科学技术的许多方面已经落后，必须引进西方科学来补充儒家文化的不足。他提出了"会通超胜"的思想，认为"欲求超胜，必须会通，会通之前，须先翻译"，主张通过学习西方，赶超西方。

1606 年，利玛窦以古希腊欧几里得的《几何原本》向徐光启讲授数学，徐光启立即被其严密的理论体系和逻辑演绎方法吸引，觉得足以弥补中国传统数学理论和方法的不足。因为中国古代数学重代数而轻几何；重数量关系而轻空间形式；重数量计算而轻演绎论证。利玛窦也早想把《几何原本》译成中文，而且指出"此书未译，则他书俱不可得"。于是自 1606 年冬季至次年初

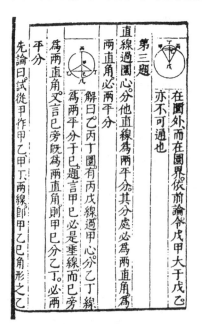

明刻本《几何原本》书影

春，由利玛窦口授，徐光启斟酌其意做出笔录，"重复订正，凡三易稿"，译完前 6 卷，定名为《几何原本》，1607 年刊行于世。徐光启对《几何原本》极为倾心，他说："下学功夫，有理有事。此书为益，能令学理者祛其浮气，练其精心，学事者资其定法，发其巧思。故举世无一人不当学。"这就一语道破《几何原本》在科学思维方面给人以系统训练的巨大作用。他称《几何原本》为"度数之宗""众用所基""度数既明，又可旁通众务，济时适用"，认为它在历法、水利、气象、测量、乐律、军事、建筑、机

械、地理、财政、计时等方面都有重要应用。他预言，这种新的知识体系，日后必然会在中国产生深远的影响。

应该肯定，《几何原本》的引进对于改变中国学界的传统思维方式和学习近代科学方法，起到了巨大的推动作用。在中国近代科学史上是一件惊天动地的大事，它表明中国的数学开始向论证数学体系发展。没有这种近代科学理性的启蒙，近代科学在中国的传播和发展几乎是不可能的。徐光启是伟大的革新家和科学家，是中国近代史上最早向西方寻求科学真理的先驱之一，这一评价徐光启是当之无愧的！

利玛窦晚年由于劳累而患周期性偏头疼，1610 年 5 月 11 日在北京逝世。他一生以中国人民为友，以其道德学问赢得了广泛的赞誉，被视为"西儒"，尊称为"利子"。他所生活的时代，正是近代科学形成过程中的初期。在他逝世的前一年，开普勒的《新天文学》刚刚出版；伽利略的《星界信使》是在利玛窦逝世的那一年才出版的。对于这些进展，利玛窦是不可能知道的；而且，给计算方法带来革新的对数还没有发明出来。正如日本的科学史家山田庆儿所说：

> 这样看来，利玛窦并未完全掌握近代科学知识乃是理所当然的事。他所知道的科学是古代中世纪科学，可以认为在此范围内，他把当时最有权威、最好的科学知识提供给中国。明末中西文化的接触是从近代科学形成前夜开始的。①

无论如何，利玛窦输入西学，"翼我中华"（王应麟所撰利氏碑文语）的功绩，是不可埋没的。

---

① 山田庆儿. 近代科学的形成与东渐 [J]. 科学史译丛，1984，2.3.

2. 西方科学知识的初期传入

比利时传教士金尼阁（Nicolas Trigault，1577—1628）于 1610 年（万历三十八年）和 1620 年（万历四十八年）两次来华。第二次来华时，他带来罗马教皇等人赠送的图书 7000 余册，其中有些是科学书籍，引起学术界的极大关注，人们期盼这些书籍能早日译出。在当时的国情下，这种期盼当然是不太可能实现的，这 7000 多部书绝大部分也都流失了。不过，还是有一些涉及物理学知识的书籍相继问世。

1615 年（万历四十三年），由葡萄牙传教士阳玛诺（P. Emmanuel Diaz，1574—1659，1610 年来华）撰写的《天问略》，是我国最早提到望远镜的著作。书中说道：近世西洋精于历法一名士，务测日月星辰奥理而衰其目力尪羸，则造创一巧器以助之。这当指伽利略 1609 年制成望远镜以进行天文观测之事。书中简单述及了伽利略《星界信使》（1610 年）中的一些内容。

1626 年（天启六年），德国传教士汤若望（Johann Adam Schall von Bell，1591—1666，1622 年来华）和李祖白合作著译《远镜说》，这是我国最早论述望远镜的专著。书中列举了利用望远镜观测天体及远处诸物的情形，介绍了伽利略望远镜的制法和用法。论述中涉及了几何光学的知识。

1627 年（天启七年）在北京刊行的、由德国传教士邓玉函（Johann Schreck，1576—1630，1621 年来华）口授、王征（1571—1644）笔译并绘图写成的《远西奇器图说》，是我国第一部介绍西方力学和机械知识的著作。

邓玉函，又名 Schreck，是一位自然科学家和医生，与伽利略同为著名的罗马林赛研究院（Accademia Lincei）院士，与伽利略、开普勒等科学家多有交往，了解欧洲科学的进展。1619 年 7 月，他与金尼阁、汤若望等教士携七千余部书籍抵达澳门，后到北京。王征，陕西泾阳人，1594 年（万历二十二年）考中举人，热衷于以奇巧的技术解决实际问题，常卧思坐想木牛流马、指南车、连弩等奇巧机械而荒疏八股，直到 1622 年（天启二年）才考中进士。1615 年冬或次年春，王征进京应考时与来华传教士结识，后加入耶稣会。

1624 年读到意大利传教士艾儒略于 1623 年写成的《职方外纪》，王征遂对西方机械产生了极大的兴趣。他曾在广平令工匠依式制造鹤饮、虹吸、恒升车、龙尾车等机械，用于排水；还曾经创制过自行车。大约在 1626 年 11 月，王征在北京与邓玉函、龙华民（Niccolo Longobardi，1559—1654，意大利人，1597 年来华）、汤若望等交往，并向他们请教《职方外纪》所述及的机械。传教士们把多种与机械有关的西方书籍介绍给王征，王征看到这些书"心花开爽"，学问功夫，颇觉实落，于是就请邓玉函帮助译成中文。邓玉函阐述了机械技术与数学、力学的关系，指出"必先考度数之学而后可""不晓测量计算，则必不得比例；不得比例，则此器图说必不能通晓"。在邓玉函的帮助下，王征凭自己的算学功底，仅用数日就通晓了"度数之学"的梗概。于是他们选择外文"图说"，由邓玉函口授，王征译绘，1627 年初（天启七年正月）完成了《远西奇器图说》，并与王征自己撰写的《新制诸器图说》一起，于当年合刻于扬州。

《远西奇器图说》除绪论外还有 3 卷，第一卷共 61 款，叙述力学的基本知识和原理，包括地心引力、形心、重心，各种几何图形重心的求法，重心与稳定性的关系，水的流动性与压力，浮力与各种物体的密度等。第二卷共 92 款，叙述各类简单机构的原理、设计、制作和用途，包括杠杆、滑轮、曲柄、辘轳、齿轮、飞轮、螺旋、斜面等知识。第三卷介绍几十种实用机械的构造、工作原理、选材与制作、安装和使用方法等，共有 54 幅图。据严敦杰先生研究，《远西奇器图说》中不少内容取自伽利略的著作《论水中物体的性质》（1612 年）和《力学》（1600 年），基本上汇总了自阿基米德到 17 世纪初西方力学和机械学的知识。

在明朝末年，提出了改历之议。明朝从兴到亡使用的都是根据元代郭守敬编订的《授时历》（1281 年）改编的《大统历》。到明末时误差日渐明显，遂有改历之议。16 世纪下半叶，西方废止了"儒略历"，颁行了"格里历"，改革历法获得成功。利玛窦在罗马学院时，曾师从著名数学家和天文学家克拉威尤斯（Christoph Clavius，1537—1612）学习天文学。克拉威尤斯被誉为"16

世纪的欧几里得",曾参与修订"格里历"。利玛窦来华后显示了丰富的数学和天文学知识,屡屡做出日月食的成功测报,所以明廷有意让利玛窦参与改历工作。利玛窦深知改革和编制历法是一个巨大的工程,所以向罗马教廷提出要求,要求派来精通历法和数学的耶稣会士参与中国的历法改革工作。他与徐光启合译《几何原本》实际上也是改历的准备工作之一。金尼阁第二次来华时带来的汤若望,就是精通历法和数学的传教士之一。1610年利玛窦去世不久,北京发生了日食,钦天监的预报有半个小时的误差,因此礼部动议改历。1612年,邢云路、徐光启、李之藻和传教士庞迪我(Diego de Pantoja,1571—1618)、熊三拔(Sabbatino de Ursis,1575—1620,意大利人,1606年来华)等人开始翻译西方历法,以备改历之用。但因教案(指对传教士的排斥事件)事发,改历之事被搁置下来。

对1629年6月21日(明崇祯二年五月初一日)的日食,钦天监推算的时刻失误;而当时任礼部侍郎并已非常熟悉西方天文学方法的徐光启却推算正确,这就激怒了崇祯皇帝。为此"帝切责监官",并批准礼部的建议,开局修历,由徐光启领导。徐光启举荐南京太仆寺少卿李之藻、传教士龙华民、邓玉函参与修历。1630年5月13日,邓玉函去世,徐光启又推荐汤若望、罗雅各(Jacques Rho,1590—1638,意大利人,1624年来华)参加历局工作。

汤若望出生于德国西部莱茵河畔的科隆城,自幼受到良好的家庭教育,1611年加入耶稣教会,1613年进入罗马学院进行了4年的神学和数学研究。年仅弱冠的汤若望,有到东方特别是中国传教的愿望。1618年4月16日,金尼阁率汤若望、邓玉函、罗雅各等开始了前往中国的海上航行,于1619年7月抵澳门。1623年初,汤若望随龙华民进入北京。他成功地预报了当年10月8日的月食,得到户部尚书张问达等人的赏识;其后又预算了次年9月的月食日期,从而在北京站住了脚。1626年,他与在钦天监任职的李祖白合作,译出《远镜说》。1627年,汤若望被派往西安传教。1630年秋,38岁的汤若望再次入京,一直居住到1666年8月15日去世。

徐光启主持编修的《崇祯历书》于 1634 年完成，共 46 种 137 卷。1633 年徐光启去世，此前李之藻也于 1630 年秋去世，最后一部分工作由李天经（1579—1659）督修完成。这部卷帙浩繁的天文学巨著，奠定了我国近 300 年的天文历法的基础。《崇祯历书》在宇宙论方面采用了丹麦天文学家第谷（Tycho Brahe，1546—1601）创立的折中体系，即行星围绕太阳运动，而太阳和月亮围绕地球运动。在计算方法上用的是托勒密的本轮-均轮几何系统，全面引进了欧洲古典天文学知识和清晰的地球概念、地理经纬度概念以及球面天文学、视差、大气折射等天文概念，采用了蒙气差、地半径等修正值，引进了一套与中国不同的度量制度，从此中国天文学纳入世界天文学共同发展的轨道，对中国天文学进行了一场深刻的改革。

《崇祯历书》完成后，"屡测交食凌犯俱密合"，但却遇到保守派"中历必不可尽废，西历必不可专行"的抵制。直到 1643 年 3 月 20 日的日食，李天经"测又独验"，崇祯皇帝才认识到《崇祯历书》确实精密。但欲颁诏施行时，明朝已亡。1644 年 6 月 7 日，清军入京城。1645 年底汤若望将《崇祯历书》删并增补为《西洋新法历书》进呈清廷，新历以《时宪历》颁行，汤若望也由此掌管钦天监。1653 年 4 月，诏赐汤若望为"通玄教师"，后升至一品大员。1659 年，比利时传教士南怀仁（Ferdinand Verbiest，1623—1688）来华，也供职于钦天监。1664 年 4 月，汤若望突然患脑溢血致半身不遂。顽固守旧排外的杨光先著书反对新历，说："宁可使中夏无好历法，不可使中夏有西洋人。"并上《请诛邪教状》于礼部，以"谋反""妖书"罪诬告汤若望、李祖白等。汤若望、南怀仁、李祖白等因此下狱。1665 年议拟处斩的汤若望和南怀仁被赦出狱，李祖白等 5 位信仰天主教的钦天监官员被处斩刑。1666 年 8 月 15 日，汤若望去世。杨光先被任命为钦天监监正，废时宪，复用大统。1668 年 12 月，南怀仁劾奏杨光先的同伙、钦天监监副吴明烜所造康熙八年（1669 年）七政民历的差错，康熙命诸大臣会同杨光先、南怀仁共同测验，"南怀仁所言逐款皆符，吴明烜所言逐款皆错"，遂罢杨光先官，任命南怀仁"治理历法"，复用《时宪历》。1669年，羽翼渐丰的康熙帝一举剪除了保守势力的鳌拜，为汤若望、李祖白等平反昭雪，革职流外者仍旧起用；杨光先则拟斩，康熙念其年老，改遣还原籍，杨光先在返原籍途中死去。这场历狱的背后，是守旧与革新、封闭与开放两种势力的较量。

康熙帝（1654—1722）是一个热心学习西方数学和科学知识的皇帝，历狱的平反对他有很大的震动。在谈到他学习西算的原因时他曾说：

> 尔等惟知朕算术之精，却不知我学算之故。朕幼时，钦天监汉官与西洋人不睦，互相参劾，几至大辟。杨光先、汤若望于午门外九卿前，当面睹测日影，奈九卿中无一知其法者。朕思己不知，焉能断人之是非，因自愤而学焉。①

康熙初年，主要由南怀仁传授西方科学。1685年，比利时耶稣会士安多（A.Thomas，1644—1709）应召入京，亦向康熙进讲。1688年，当法国耶稣会士洪若翰（J. de Fontaney，1643—1710）、白晋（Joachim Bouvet，1656—1730）和张诚（Jean F.Gerbillon，1654—1707）到达北京后，康熙学习西学的热情更浓。

为了康熙学习的需要，南怀仁将《几何原本》译成满文。他还引进西方科学内容，对中国传统天文学进行了彻底的改革。他按照西方科学的原理和要求，重新设计铸造了6种天文观测仪器。遗憾的是，他将元明时期的天文仪器熔化了。为了说明新铸造的天文仪器的构造、原理、安装和使用方法，南怀仁写出了16卷本的《新制灵台仪象志》，其中有灵台仪器图117幅。除说明仪器的制造、安装和使用方法外，还用大量篇幅刊入天文测量数据（全天星表）。该书的前四卷中，较多地涉及物理知识。力学方面包括了材料的强度，物质的

---

① 《康熙政要》，卷十八引《庭训格言》。

密度，重心与稳度，杠杆、滑轮、轮轴、螺旋等简单机械以及单摆等知识。光学方面包括光的折射和色散等知识，介绍了 17 世纪初以前西方关于光的折射的研究结果，但是没有介绍折射定律。热学和气象学方面介绍了 17 世纪早期的空气温度计和弦线扭转式湿度计的知识。在天文学方面，南怀仁采用的是第谷的体系。《新制灵台仪象志》中的物理学知识多属 17 世纪初以前西方著名科学家的研究成果，其中单摆和湿度计的知识是第一次介绍到我国的。

康熙对天文知识很感兴趣，经常在学习到有关知识后就进行实测和练习。他在患病时还对西方医学进行了解和学习，特别是亲身体验了"金鸡纳"的奇效后，这种学习就更加主动积极了。在学习过程中，康熙认识到西方科学是一个完整的体系，因此决心利用传教士编纂一部以西方科学体系为框架的丛书，于是就诞生了由皇三子诚亲王允祉主持编纂的 100 卷本的《律历渊源》。它采用了中国古代科学体系的形式，但其内容基本上是西方科学的知识。《律历渊源》包括三个部分，即《历象考成》42 卷，《律吕正义》5 卷，《数理精蕴》53 卷。其中《数理精蕴》为一部初等数学百科全书，在清初到清中叶掀起了一场数学研究的高潮。与康熙有深厚交往的著名天文学家和数学家梅文鼎（1633—1721）之孙梅瑴成曾证明《数理精蕴》中介绍的欧洲的"借根方"，就是我国宋元时期的"天元术"。《数理精蕴》既包括了传教士传入的西方数学，也包括了许多中国古代的算题，这些算题的解答已根据新的数学知识加以发展，表明中国数学家当时已能吸收、消化和改造西方的数学成果了。

康熙重视西方科学并礼待传教士的做法，促进了中西文化的交流。如1689 年德国的大科学家莱布尼兹（G.W.F. von Leibniz, 1646—1716）在罗马遇见曾来中国传教的闵明我（P.M. Grimaldi），产生了解中国的兴趣，写了包括天文、数学、地理、医学、哲学、历史以及火药、冶金技术等 30 个条目的关于中国情况的提纲交给闵明我，希望帮助搜集资料。1701 年，莱布尼兹将自己的二进数表交给白晋，同年白晋将宋代邵雍的伏羲六十四卦次和伏羲六十四方位的两幅图交给莱布尼兹。莱布尼兹欣喜地发现，中国古老的易图可用

0～63 的二进制数表加以解释。1703 年，他将论文《关于仅用 0 与 1 两个数码的二进制算术的说明，并附其应用以及据此解释古代中国伏羲图的探讨》送交巴黎科学院。这是他第一次发表二进制方面的论文。

不过，康熙对西方科学的爱好还仅仅是个人的行为，他还认识不到西方科学的发展趋势，所以在引进科学的问题上，还远远不能与和他同时代的彼得大帝相比，这当然有其深刻的社会原因。传教士们在 17 世纪为中国打开的科学窗口，没有留下真正长远的影响。而且正是在康熙时期，明末遗民提出的"西学中源"说得以盛行。康熙本人就说过："古人历法流传西土，彼土之人习而加精焉""即西洋算法亦善，原系中国算法，被称为阿尔朱巴尔①……传自东方之谓也。"康熙之说一出，立即受到梅文鼎的热烈响应和论证补充，完善了"西学中源"说，并使其大行于世，使中国的士大夫继续陶醉于盲目的文化优越感之中。这使人们体会到，当深厚的传统文化受到外来文化的冲击时，要改变观点而接受外来文化的优点是多么困难。

当然，明末以来的入华教士均属宗教改革后的旧派，是天主教内一个主要保守集团，他们不可能在中国传播以牛顿力学体系建立为代表的近代第一次科学革命中所形成的先进科学体系及其科学思想和科学方法。总的看来，他们在中国传播的主要是古希腊和古罗马的科学体系，包括托勒密地心说和九重天的宇宙观、四元素学说、阿基米德静力学和欧几里得几何学，其科学思想并不比中国的传统思想先进多少，其文化冲击力量也十分有限。康熙一死，雍正对西方科学没有兴趣，并轰走了传教士，实行禁教。从这时起到鸦片战争（1723—1840）时止，清王朝推行闭关自守政策，并屡兴文字狱，读书人只能钻故纸堆，西方科学技术的传入因此停滞了百余年。而在这一时期，西方经历了第一次技术革命和产业革命，生产力出现了巨大的突变；而中国的统治者却闭目塞听，断然拒绝西方文明的撞击。这种夜郎自大、自我欺骗的结果是：中国在科

① "代数学"algebra 的音译。

学技术和综合国力上与西方的差距越来越大。

（二）近代物理知识的系统输入

1. 洋务运动和物理学著作的译介

1840 年的鸦片战争，开始了中国这个古老而骄傲的民族受尽凌辱的时代。跨入 19 世纪 60 年代的中国政府，从两次鸦片战争的失败和太平天国农民起义的冲击中，既领略了洋人坚船利炮之锐气，又从镇压农民起义中领悟到洋枪洋炮的威力。与此同时，从统治集团内部分化出恭亲王奕䜣和曾国藩、李鸿章、左宗棠、张之洞等洋务派。他们主张引进西学，兴办工厂实业，译书办学，"师夷之长技以制夷"，"师夷智"而"借法自强"，实行门户开放政策。洋务运动中兴建了第一批用于近代大机器生产的军火、造船、采矿、冶金、纺织等企业，铁路和电报线路也开始敷设，从而导致了中国近代大工业的建立，客观上刺激了中国民族资本主义的产生，中国近代科学技术的发展才找到了实际的支点。于是，西方科学知识又一次大量传入中国，这就是西学东渐的第二个时期。如果说传教士在第一个时期的活动范围还主要是在士大夫阶层和通都大邑，那么在第二个时期则扩大到知识界和寻常百姓。洋务运动促进了近代科学知识的大规模转移，使中国有了比较系统的近代基础科学。以牛顿力学为代表的经典物理学体系，这一时期才真正传入中国。

洋务派和教会在传播引进西学的活动中，陆续开办了一些借以汲取西方科技知识的文教和编译出版机构。最早出现的是 1843 年由英国传教士麦都思（W.H. Medhurst，1796—1857）在上海所建的墨海书馆，它除印行宗教宣传品外，也编译一些自然科学书籍。1862 年，清政府设立京师同文馆，后由美国传教士丁韪良（W.A.P. Marttin，1827—1916）主持。1868 年洋务派在江南制造局设译书馆，由英国传教士傅兰雅（John Fryer，1839—1928）主持。1875 年，中国学者徐寿与英国传教士伟烈亚力（Alexander Wylie，1815—1887）、傅兰雅在上海创办格致书院。1887 年，英国传教士韦廉臣（Alexander Williamson）在上海建立广学会。中国人还创办了美华书馆、文明书局、商务印书馆等。这些机构的建立，使翻译活动广泛开展起来。据统计，自 1853 年到 1911 年（咸丰年间到清末），共出版西方科学著作 468 种，其中理化类 98 种，自利玛窦入华至清末，有关物理学的译著约 70 种。

在引进近代物理学知识中，中国学者李善兰、徐寿、华蘅芳、张福僖、徐建寅等做出了重要贡献。

李善兰（1811—1882），浙江省海宁县人。其父李祖烈乃经学名儒。李善兰自幼资禀颖异，勤奋好学，14 岁时就靠自学读懂了《几何原本》前六卷。为了研究数学和天文学，他经常独自去东山，"夜尝露坐山顶，以测象纬躔次"，甚至在洞房花烛夜"失踪"，钻到阁楼上聚精会神地观察天象。他目睹鸦片战争中侵略者的暴行和中国科学技术的落后，认识到要使国家强盛，必须振兴科学技术。1845 年，他通过刻苦钻研，在中国传统数学垛积术和极限方法的基础上，发明了尖锥术，不仅创立了二次平方根的幂级数展开式，各种三角函数、反三角函数和对数函数的幂级数展开式，而且还具备了解析几何思想和一些重要积分公式的雏形。1852 年夏天，李善兰到上海墨海书馆，传教士们"设西国最深算题，请教李君，亦无不冰解"。李善兰的学识得到了外国传教士的赞赏，从此开始了他与外国人合译西方科学著作的学术活动。

徐光启与利玛窦合译的《几何原本》并非完本，只有前六卷的内容，后世学者颇感遗憾。徐光启本人也深感惋惜，他说："续成大业，未知何日，未知何时，书以俟焉。"这一等就是 250 年。直到 1857 年，李善兰和伟烈亚力才"续徐、利二公未完之业"，由伟烈亚力口述，李善兰笔录，译完《几何原本》后九卷。

在译《几何原本》的同时，李善兰又与英国传教士艾约瑟（Joseph Edkins，1823—1905，1848 年来华）合作翻译了英国物理学家、科学和哲学史家胡威立（即威廉·惠威尔，William Whewell，1795—1866）所著的《重学》

20 卷。李善兰"朝译几何，暮译重学"，分别与两位外国人合作同时翻译两门不同学科的科学著作，实属不易。《重学》于 1852 年开始翻译，1859 年印行，"无几同毁于兵"，1866 年重刻印行。这本书是我国第一部包括运动学、动力学、刚体力学和流体力学等内容的力学译著，也是当时影响最大、最重要的一部物理学著作，"制器考天之理皆寓于其中"。在静力学（卷一至卷七）部分，详细讨论了力的合成与分解、简单机械原理、重心与平衡、静摩擦等问题。动力学（卷八至卷十七）部分，详细讨论了物体的运动，包括加速运动、抛物运动、曲线运动、平动和转动、碰撞、功和能等问题。其中关于牛顿运动三定律，用动量概念讨论物体的碰撞、功能原理等，是首次介绍到我国的。在最后的流体力学部分，介绍了流体的压力、浮力、阻力、流速等知识，其中包括阿基米德原理、玻意耳定律、托里拆利实验等。

李善兰与伟烈亚力合作，还翻译了《谈天》（1859 年），即英国著名天文学家侯失勒（约翰·赫歇尔，John Herschel，1792—1871）的《天文学纲要》。其内容包括哥白尼学说、开普勒定律、万有引力定律等，系统介绍了西方天文学的新进展，使中国人的天文学知识从明末清初传入的水平大大前进了一步。其中用牛顿力学理论分析日月五星的运动、开普勒行星运动三定律、万用引力概念以及行星质量的测定等内容，都是首次介绍到我国的。《谈天》的译刊，促成了近代天文学事业在中国的发展。

特别需要说明的是，伟烈亚力、李善兰与傅兰雅于 1860 年前后进行了一项重要工作，即翻译了英国著名物理学家牛顿（当时译作"奈端"）的《自然哲学之数学原理》（当时译作《奈端数理》或《数理格致》），这是很有魄力的举动。该书"虽为西国甚深算学，而李君亦无不洞明，且甚心悦，又常称赞奈端之才"[1]。《奈端数理》是牛顿《自然哲学之数学原理》的忠实翻译介绍，在中国科学史上具有重要意义。所憾译稿为大同书局借失。

---

[1] 傅兰雅. 江南制造总局翻译西书事略. 格致汇编，3（1880）.

　　这里对傅兰雅略作介绍。傅兰雅出生在英格兰海德镇一个传教士家庭，自幼学习成绩优异，并对神秘的东方国度中国充满向往。1861 年 22 岁时到达香港任圣保罗书院院长，开始了他在中国长达 35 年的传教生涯。后任北京同文馆教习，上海英华学堂校长和江南制造局翻译馆译员。为了把西方科学知识引入中国，他勤奋译著，共译书 129 种，其中物理学达 17 种之多，包括力学、声学、光学、电学等内容的著作，并为不少学校用作新式教科书。为了向中国人普及科学知识，他于 1876 年创办《格致汇编》期刊，介绍各门学科的基础知识，并辅以简明易懂的图说。期刊中设有读者问答栏目，傅兰雅常亲自撰文解答读者的问题。他还创办了格致书院（1876 年），辟有阅览室和博物展览室，开设科学讲座。1879 年格致书院开始招收学生，傅兰雅还亲自讲授西学。他独立筹办的科技书店格致书室被誉为"中国青年学生多年来学习的麦加"。1896 年，傅兰雅到美国任职，但割不断中国情结，在美期间多次重访中国，继续为中国译书，还想方设法帮助中国留学生。他为中国的贫穷落后而痛心，"惟冀中国能广兴格致至中西一辙尔"。他译书之多，传播西学之富，范围之广，方式之多，同时代无人可比。

　　洋务运动中兴建了第一批近代大机器生产的企业，促进了近代工程技术的大规模引进。徐寿（1818—1884）等和来华外国人合译了《宝藏兴焉》《汽车发轫》《西艺新知》《汽机必读》等技术书籍。他从英国传教士、医生合信（B. Hobson，1816—1873，1839 年来华）所著的《博物新编》中得到了有关蒸汽机方面的一些知识，又通过观察外轮受到启发。1862 年，徐寿、徐建寅（1845—1901）父子和华蘅芳（1833—1902）、华世芳兄弟受命试制蒸汽舰船。他们首先制成了中国第一台蒸汽机，开创了中国自造机器的先声；继而在 1865 年制成了中国第一艘蒸汽轮船"黄鹄"号。从 1875 年到 1905 年，中国主要依靠自己的力量制成大小船舰 40 艘，其中包括一艘潜水艇，它们的质量超过了中国当时向外国购买的舰船。

　　洋务运动之前译出的物理学著作除《重学》外，其余的或者未曾刊出，或者流传极少。19世纪60年代以后，由于一批重要的物理学译著的刊行，近代物理学知识才得以在中国迅速传播。

京师同文馆出版了由该馆总教习丁韪良采用问答式体裁所著的通俗读物《格物入门》7卷（1868年）和《格物测算》8卷（1883年）。《格物入门》在日本明治维新之初传入日本。初刻此书时，丁韪良曾请一些王公大臣作序，论格物不分中西，以做宣传。1899—1900年，他又增修此书，并由李鸿章等人作序。《格物测算》是在《格物入门》的"测算"一卷基础上增补扩充而成的。此书强调了运用数学知识解决物理问题的重要性，并首次将微积分知识应用于物理学。

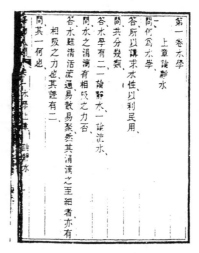

《格物入门》封面、内页

江南制造局翻译馆译刻的物理学著作，大多是名家专著，内容更丰富和系统。主要有《声学》（1874年）、《光学》（1876年）、《电学》（1879年）、《热学》（未刊）、《电学纲目》（约1881年）、《物体遇热改易记》（1899年）、《无线电报》（1898年）、《通物电光》（1899年）、《物理学》（1900年）等。

包括物理学在内的西方科学知识的引入，给中国知识界和中国社会带来了新的自然观、宇宙观、认识方法和思维方式，培养了一批了解近代物理学知识

《格物测算》内页

的学者。一些中国学者在他们的著述中吸收了西方科技知识，如方以智（1611—1671）的《物理小识》，郑复光（1780—?）的《镜镜詅痴》、邹伯奇（1819—1869）的《学计一得》和《格术补》等书中，都有不少西方的科学知识。这一时期的士大夫、文人学者都视与西方传教士结交为荣，以谈论天文、历算、地理和"奈端"（牛顿）显示其学问修养。这种风气，促进了包括物理学在内的近代自然科学在中国的传播和发展。

2. 近代科技知识的启蒙教育

19世纪的60至90年代，是洋务派活动的时期。清朝统治阶级中的洋务派，仿效西方，实行一些改革，把资本主义国家在武器制造、生产技术和自然科学方面的成果当作复壮剂，开展了一个"求富""自强"的运动——洋务运动。在洋务运动中，教育活动是一个主要方面。洋务派本着"变器不变道"的原则，在"中学为体，西学为用"的思想指导下，主张兴"西学"，提倡"新教育"。他们认为，以八股取士为目的的旧教育体制，不但无用而且有害。中国"非无聪明才力"，只是由于士大夫沉溺于章句帖招，因而造成虚妄无实，缺乏求实图强的人才，以致"长受欺侮"。他们对传统教育提出质疑和非难，要求改革旧教育，增添新内容，认为对于"机器、重学、算学、化学、电学，有心人诚当急为讲求，勿徒虚言以自夸大"。他们所说的"新教育"主要有两个方面：一是派遣留学生到外国留学；二是创办洋学堂，以"精熟西文"，学习西人所擅长的"测算之学，格致之理，制器尚象之法"，通晓"一切轮船、火器等技巧"为目的，亦即学习"西文"与"西艺"，以培养外国语翻译人才和科学技术人才、军事人才。

第一所学习"西文"的学校是创建于同治元年（1862 年）的京师同文馆。它的创立标志着中国近代学校教育的肇端。开始时只有英文馆，后又增设了法文馆（1863 年）、俄文馆（1863 年）、德文馆（1872 年）和日文馆（1896 年）。1866—1894 年，京师同文馆又增设了算学馆、观象台、格致馆，李善兰先为算学馆总教习，后由美国传教士丁韪良、英国人欧利斐（C. H. Oliver, 1857—?）分别讲授格致之学，其内容包括力学、水学、声学、火学、光学、电学。同文馆自然科学课程的设置以及近代科学技术实验设备的建立和实验教学的开设，说明中国已初步具备了近代科学教育的思想萌芽，这同时也是中国近代物理教育的开始。同文馆所学的物理知识，大致相当于今日中学物理的水平。

接着开办的是上海方言馆（1863 年）、广州同文馆（1864 年）、湖北自强学堂（1893 年）等。

洋务派从第二次鸦片战争的失败中，看到中国的军备武装远不及西方。他们总结道："西人专恃其枪炮、轮船之精利，故能横行于中土；中国向用弓矛、小枪、土炮不能敌彼后门进子来福枪炮；向用之帆篷舟楫、艇船、炮划不敌彼轮机兵船，是以受创于西人。"所以他们主张购买和制造轮船、枪炮，并开办学堂学习"西艺"，培养专业技术人才。

第一所学习"西艺"的学校是左宗棠于同治五年（1866 年）奏设的福建马尾造船厂附设的船政学堂。其目的不在于使少数人学会驾驶、制造，更重要的是"使中国人艺日进，制造、驾驶辗转授受，传习无穷"，以使"西法可衍于中国"。学习年限五年，毕业后或授水师官职，或出国留学。船政学堂不但得到清廷的肯定，也受到外国人的称赞。他们说这些学生的勤勉与专注"也许超过英国的学生"，从智力来说，"他们和西方的学生不相上下"。

接着开办的工业技术学堂有：上海机器学堂（1867 年）、天津电报学堂（1880 年）、广东实学馆（1881 年）、上海电报学堂（1882 年）、山海关铁路学堂（1892 年）和南京矿务学堂（1898 年）等。

洋务派仿效西方军事教育，还建立了一批新型军事学校。天津水师学堂建立于 1881 年，分驾驶、管轮两科。课程有英文、地理、几何、代数、三角、驾驶、测量天象、重学、化学等。其他军事学校有江南水师学堂（1890 年）、天津武备学堂（1895 年）等。1893 年又成立了天津军医学堂，这是中国自设西医学校的开始。

所有这些学校，都是按照资本主义教育制度建立起来的，都改变了中国传统的以儒学教育为主要内容的封建教育模式。在各技术性专业中，都开设了相关的格物学，这就把自然科学内容引入了教育体制，这确实是一个巨大的转变。

1894 年甲午之役，日本侵略者的炮火打破了洋务派自强求富的幻梦，激起了带有资本主义思想的官吏和上层知识分子忧国忧民之情，逐渐形成了一种要求改革社会、改革教育的社会思潮，最后发展成了维新变法的政治运动。1898 年 6 月 11 日（光绪二十四年戊戌四月廿三日），光绪下诏宣布变法维新。在"百日维新"中，清帝连续发布了几十条除旧布新的命令，其中关于教育的改革主要是广设学堂，提倡西学，废除八股，改革科举制度。在光绪的"明定国是诏书"中，宣布筹办京师大学堂，"以期人才辈出，共济时艰"。这是我国近代由政府开办的最早大学。同时下令把各省、府、州、县的原有大小书院，一律改为兼习中学和西学的高等学堂、中等学堂和小学堂。新式学校中一般都开设了物理学科或物理学的某一分支科目。在改革后的科举考试中设"经济特科"，以选拔"经世致用之才"；其考试内容中规定"声光化电诸学者隶之"，即把物理学也作为科举考试的内容之一，这就有力地促进了物理教育的发展。

103 天的戊戌变法由于戊戌政变而失败，但其施政纲领，特别是废除科举、兴办新学堂、奖励新著作和新发明等举措，已经对中国社会产生了巨大的影响。正如梁启超所说："民智已开，不可遏制。"加上八国联军的对华侵略战争，使清廷在 1901 年 8 月的"兴学诏书"中也不得不承认："兴学育才，实为当务之急。"并命令各省、府、州县恢复和兴办各级学堂，各级学堂大都在格致科下设物理学目。

1902 年（光绪二十八年，壬寅年），清廷颁布《钦定学堂章程》，又称"壬寅学制"。次年（癸卯年）又重新制定《奏定学堂章程》，又称"癸卯学制"，第一次以法定形式将学制与教学内容在全国实施。京师大学堂于 1902 年在格致科下设天文、地质、高等算学、化学、物理学和动植物学六目。1903年起，高等学堂分政艺两科，艺科中有力学、物性、声学、光学、电学和磁学等物理内容。1904 年，清廷学部成立图书局，专管教科书的审定，根据各级各类学校不同的教学要求译编了不同专业的物理教材。从 1904 年到 1911 年，有 13 种物理教科书出版，其中中国人自己编纂的有 6 种。王季烈在重编的《物理学》中指出："物理学与万汇学（即自然科学，Nature Science）各分科相关颇密。研究其余各科，必先以此为根本，且为各科最完备之一科。"这样，随着近代学制的完善，物理教育不仅进入了课堂，而且初步确立了它作为基础课的地位。

（三）近现代物理学在中国的本土化

1．"筚路蓝缕，以启山林"的早期留学生

长期以来，人们都把容闳（1828—1912）1847 年留学美国看作我国留学活动的肇始。但实际上在容闳之前，天主教会已将百余人送往欧洲留学。这些留学生大多是学习拉丁文、德文、神学和哲学的，仅有杨德望（1733—约1798）和高类思（1733—约 1780）两人曾在法国学习过物理学并做过物理实验。1765 年他们回国时，法国路易十五曾赐予望远镜、显微镜、静电起电器等物。不过，他们回国后在科学上未有贡献。

1870 年，容闳说服曾国藩、李鸿章向清廷陈述派遣留学生之必要，于是1872 年 8 月，第一批留美幼童在陈兰彬带领下（容闳已先往美国安排）乘船赴美。此后，1874 年、1875 年、1876 年又有 3 批幼童成行，先后共有 120 名

幼童到达美国。他们分居于美国居民家中，并进入小学、中学，然后进入大学或专门学校学习。由于顽固派的反对，清廷最终还是于 1881 年夏将全部留美学生撤回。120 名留美学生中，有 43 名进入大专院校学习，包括耶鲁大学、哥伦比亚大学和史蒂文工业学校等。这些留学生以其自身的努力和在美国学到的知识向人们证明了出国留学的必要性。这批人中，任内阁总理 1 名，外交部供职者 14 名（大使 3 名），铁路界 17 名（铁路局长 4 名，工程师 6 名），电信界 16 名（电报局长 6 名，电报局总办 1 名），矿业界工程师 6 名，教育界 5 名（大学校长 2 名），海军界 18 名（海军总司令 1 名，军官 17 名），海关 2 名，卫生界 5 名，新闻界 2 名，从商 7 名，可谓人才济济，能者迭出。其中获耶鲁大学学士学位的詹天佑，主持修建了当时中国唯一没有外援的铁路——京张铁路；梁金荣和梁敦彦是中国邮电事业的开创者。

此后，洋务派选派学生赴德、英、法等国家学习军事和工程技术。甲午战争后，留学日本又成为热潮。到 1907 年，已有一万多名中国留学生在日本学习。1907 年，美国总统罗斯福宣布将《辛丑条约》中向美国赔款（2400 多万元）的余额 1100 万元归还给中国，作为向美国派遣留学生的经费。1911 年，留美预备学堂——清华学校正式成立，其前身是 1909 年建立的"清华游美学务处"，1928 年改名国立清华大学。随之英国也退返庚款，培养赴英留学人才。

洋务运动中派遣的留学生数百人，主要是学习语言、驾驶、架线、电工、炮术、造船、铸造、采矿、机织等实用技术和军事技术，当时还没有眼光派学生去学习数理化等基础学科。1902 年赴日的留学生中，有 5 人进入物理学校，但很快都转到陆军学校去了。据统计，在 20 世纪头 10 年中，出国学习物理学的有：李复几，1901 年留学英国伦敦国王书院和芬斯伯里学院，1907 年赴德国波恩皇家大学；何育杰，1903 年留学英国曼彻斯特大学；张贻惠，1904 年留学日本东京高等师范数理系，后转入京都帝国大学；吴南薰，1905 年留学日本帝国大学；夏元瑮，1906 年入美国耶鲁大学，1909 年转入德国柏林大学；

李耀邦，1909 年入美国芝加哥大学；胡刚复和梅贻琦，1909 年以庚款赴美入哈佛大学。在第二个 10 年中，出国学习物理学比较著名的有陈茂康、赵元任、桂质廷、温毓庆、颜任光、丁西林、李书华、饶毓泰、叶企孙、杨肇濂等。他们中多数回国后从事物理学研究和教学工作，成为我国近代物理学事业的开拓者，有"筚路蓝缕，以启山林"之功。

最早 4 位取得实验物理学博士学位的留学生是：

李复几，1907 年于德国波恩大学获博士学位；

李耀邦，1914 年于美国芝加哥大学获博士学位；

胡刚复，1918 年于美国哈佛大学获博士学位；

颜任光，1918 年于美国芝加哥大学获博士学位。

最早 3 位取得理论物理学博士学位的留学生是：

王守竞，1927 年于美国哥伦比亚大学获博士学位；

周培源，1928 年于美国加州理工学院获博士学位；

吴大猷，1933 年于美国密歇根大学获博士学位。

中国第一位物理学博士李复几（1885—?），字泽民，1885 年（光绪十一年）11 月 28 日生于江苏吴县（今苏州市），祖籍上海。早年就读于长沙习武堂和上海南洋公学。1901 年毕业于南洋公学，获该校奖学金资助入伦敦国王书院和芬斯伯里学院学习，1906 年赴德国波恩皇家大学，在著名物理学家、大气中氦的发现者凯瑟尔（H.Kayser, 1853—1940）指导下从事光谱学研究。1907 年 1 月以论文《关于勒纳的碱金属光谱理论的分光镜实验研究》获得该校高等物理学博士学位。

早在 1883 年，凯瑟尔与合作者已测定了许多元素的谱线系，提出了表示谱线系的间隙与强度变化的公式。1885 年，巴耳末（J. J. Balmer，1825—1898）在可见光范围内总结了氢谱线波长公式。1890 年里德伯公式发表。在19 世纪与 20 世纪之交，光谱实验及光谱规律的研究成为热门课题，关于光谱线系的物理机制也出现了不少假说。凯瑟尔等曾提出发射中心说，认为光谱线系的载体或激励体有几个不同的发射中心。1903 年和 1905 年，德国物理学家勒纳德（P. Lenard，1862—1947）提出了关于光谱形成机制的火焰中心发射说。他认为在光弧中不同发射中心在空间上是分开的，光弧是由大量中空火焰层套裹起来组成的，每一个火焰层就是一个不同的发射中心，每个中心发射一个线系。主线系出现于光弧的外层，第一、二副线系等依次向中心靠近。李复几在他的导师的指导下，用当时最好的摄谱仪拍下火焰照片，并采用加大光圈或延长曝光时间的方法来探测火焰是否为中空形状以及中空形状的大小。通过精确的实验分析，李复几断言："我相信，这足以证明勒纳德关于光弧由大量相互包裹的中空火焰组成，每一火焰都是一个不同的发射中心，每个中心发射一个线系的假说是不正确的。"在论文中，李复几还分析了勒纳德理论的错误。勒纳德是 1905 年诺贝尔物理学奖的获得者，李复几当时虽然也未能提出关于光谱线系形成机制的正确理论，但他对勒纳德假说做出的否证对人们进一步的探索工作却是有意义的。李复几获得博士学位后的行踪去向，至今尚未弄清楚。

李耀邦（1884—约 1940），广东番禺人，20 世纪初留学美国芝加哥大学，跟随密立根（R. A. Millikan，1868—1953）从事基本电荷的测定工作。在从1913 年夏天开始的为期 7 个月的实验中，李耀邦将仔细过滤好的虫胶的乙醇溶液用喷雾器喷入实验容器，用乙醇蒸发后得到虫胶球粒，然后他采用与密立根油滴实验的相同装置和测定方法，观测了 58 颗虫胶颗粒，计算出 e 的平均值为 $e = 4.764 \times 10^{-10}$ 静电单位（此为非法定计量单位，现已不再使用），这个数值只比现在的公认值小 0.8%。他的工作支持了密立根的实验结果，对测定和证实基本电荷做出了贡献。1914 年，他发表了题为《以密立根的方法利用

固体球粒测定 e 值》的论文，并获得博士学位。翌年回国后，他担任南京高等师范学校数理化部物理教授，约 1917 年转入宗教领域，20 世纪 20 年代后期从事商业活动，30 年代初又将大部分资金用于资助上海私立沪江大学，并出任该校董事会会长。李耀邦是中国物理学会最早的会员之一。

胡刚复（1892—1966）1892 年 3 月 24 日生于江苏泗阳，祖籍江苏无锡县堰桥镇。胡刚复青少年时期先后就读于上海南洋公学和上海震旦公学，1909 年考取第一届庚款公费留学美国，入哈佛大学本科学习，1913 年获学士学位，1915 年获硕士学位，1918 年初夏获博士学位。

在哈佛研究院期间，他师从著名 X 射线学家杜安（W. Duane）研究肿瘤的放射线治疗和 X 射线的基本特性。他的博士论文以"X 射线的研究"为总题目，主要部分分为 3 篇文章发表于 1918 年 6 月号的《物理评论》上，1919 年又发表两篇补充论文。当时，杜安和他的合作者已对原子序数在 58～35 的 19 个元素做了 X 射线吸收谱频率的实验测定，但未向原子序数更低的元素延伸，因为这些元素的原子发射的 X 射线易被 X 射线管的厚玻璃窗口大量吸收。胡刚复研制了一套新型的 X 射线管，把 X 射线 Kα 线系的临界吸收频率数据延伸到了从硒（$Z = 34$）到锰（$Z = 25$）的 10 个元素。他的实验还澄清了当时关于 X 射线频率方面的一些误差。胡刚复还证实了标识 X 射线在金属表面所产生的光电子和紫外线、可见光同样符合爱因斯坦的光电效应公式。胡刚复及其导师杜安等人在 X 射线研究工作上的一系列成果，对于揭示元素的原子激发和发射、吸收、散射 X 射线的机制，对于理解 X 射线在物质中引起的电离和反光电效应，从而对于原子结构的认识具有重要意义，也可以看作是发现康普顿效应和建立物质波概念的前奏。胡刚复是第一个从事 X 射线研究的中国科学家，他的工作为我国物理学史增添了光辉的一页。

1918 年初夏胡刚复回到祖国，投身于高等教育工作。在给哈佛大学的一封信中，他表达了这样的心情：

1918 年夏我的研究工作暂告完成。我之所以说是暂告完成，是指科学没有止境。当时正值欧战方酣，我深感循实业科研路线报效祖国之责任。而我师杜安教授希望我留校帮助他从事物理实验工作。但我终于决定离开我愉快逗留过八年多的美国回到自己的祖国担任教师一职了。我国十分贫困，物资缺乏，生产落后，急需振兴实业。由于经费和物资短缺，致使教育事业也难以有效推动。我未曾学过工程，对此一无所知，如今不免后悔。今后我的一生将面临艰苦的奋斗了。

这段话道出了他为祖国教育事业贡献终生的志愿。回国后，他先后担任南京高等师范学堂物理学教授（1918—1924）、南京东南大学物理系主任（1925）、厦门大学物理学教授（1926—1927）兼物理系主任。胡刚复于 1927—1928 年任南京第四中山大学理学院院长，并创办中央大学，任教授；1928—1931 年协助创建中央研究院物理研究所，后又协助创建北平研究院；1931—1936 年任上海交通大学教授，还曾兼任上海大同大学教授和校长；1936—1949 年任浙江大学教授、理学院院长。在侵华日军侵占上海后，胡刚复有效地组织了浙江大学的西迁，并建立了浙江大学湄潭和永兴两个分部。在竺可桢校长和胡刚复院长的苦心经营下，在十分艰苦的抗战岁月里，浙江大学理学院办得兴旺发达，其学术活动之多，成果之盛，堪称空前。1944 年 10 月，李约瑟博士参观浙江大学后，赞扬浙江大学为"东方剑桥"。1949—1966 年，胡刚复先后任北洋大学、天津大学和南开大学教授。

物理学自晚清引入我国后，大学从来没有物理实验室，直到 1918 年胡刚复到南京高等师范任教，才真正开始了我国的物理实验教学。胡刚复在授课中，不仅讲述物理知识，还讲述基本物理概念和理论产生的历史线索以及科学大师们的创造思路，教给学生研究方法，启发他们的创造性思维。胡刚复毕生从事高等物理教育事业，真是桃李满天下。吴有训、严济慈、赵忠尧、施汝为、朱正元、余瑞璜、钱临照、陆学善、钱学森、吴健雄、卢嘉锡、程开甲、胡济民等著名科学家都是他的学生。

胡刚复以赤热的爱国之心时刻关注着国家和人民的命运。在 1932 年"一·二八"事变中，他日夜守在上海最高层建筑的楼顶上，用望远镜侦探日军旗舰的泊位，协助重创敌舰，因此获得十九路军授予的奖状。人们把这件事媲美古希腊学者阿基米德利用凹面镜反射太阳光烧毁敌舰的事例。1938 年浙江大学暂留江西泰和上田村时，胡刚复领导浙江大学学生帮助民工完成测量和挖填工作，为当地防洪筑堤 7.5 千米，抵御了次年赣江泛滥的威胁，村民们称颂此堤为"浙大防洪堤"，还有人称它为"刚堤"，表达了村民对浙江大学师生和胡刚复的深切怀念。

中国物理学会为纪念胡刚复和饶毓泰、叶企孙、吴有训在发展我国物理科学、培养物理人才方面的重大贡献，于 1987 年设立了纪念 4 位前辈的奖励基金。

颜任光（1888—1968）又名嘉禄，字耀秋，生于广东崖县（今属海南省）。在美国芝加哥大学期间，师从密立根教授从事气体离子的迁移率、气体及其混合物的黏滞性的研究，并对气体黏滞系数的绝对值做了测量。

当时关于离子迁移问题，在理论上和实验上都存在着极大的混乱。颜任光特别注意到了气体的产生和净化以及气体中出现的自由电子，排除了自由电子对离子迁移的影响，在不同场强下测定了氢离子和氮离子的迁移率，令人信服地证实了离子是单个带电分子或原子的"小离子"的结论；并且还发现了迁移率 U 和气体压力 p 遵从 Up 等于常数的规律。颜任光的这项工作加深了人们对离子性质及其迁移缓慢原因的认识。

在密立根的指导下，颜任光利用密立根设计并改进的恒偏转装置，而且改进了测量偏转角的方法，从而极大地提高了精确度，开创了气体黏滞系数绝对值的测定方法，先后测定了氢、氧、氮气和气体混合物的黏滞系数。

颜任光 1919 年秋回国，任北京大学物理系教授（1919—1920）、系主任（1920—1925）。在此期间，他和丁西林教授共同对该系的教学和实验室建设做出了贡献。在此之前，北京大学物理系没有物理实验室，颜任光主持该系后才自制实验仪器，建立了普通物理实验室、专门物理实验室、光学实验室、电学实验室、X射线室等，并自编中文实验讲义，开设实验课程。颜任光还加强教师阵容，增添教学设备，提高教学水平，活跃学术气氛，使北京大学物理系成为国内同类专业中较完备的系。颜任光也赢得了人们的崇敬，当时教育界有"南胡（胡刚复）北颜（颜任光）"之称。

关于3位最早获得理论物理学博士学位的中国学者王守竞（1904—1984）、周培源（1902—1993）和吴大猷（1907—2000）的生平、科研成就和工作情况，在本书以后的有关篇章中将分别叙述。稍需说明的是，他们三人在取得学位后都回国担任教职，对中国物理教育事业的发展做出了重要贡献。杨振宁回忆说，他在西南联合大学上大学和上研究生时，周培源和吴大猷都是他的老师，那几年在昆明学到的物理知识已经达到当时的世界水平。比如他那时学的场论比后来他到芝加哥大学念的场论还要高深，而当时美国最好的物理系就在芝加哥大学。杨振宁感叹道："可见两代先辈引进了足够的近代科学知识，令我这代人可以在出国前便进入了研究的前沿！"[1]

2. 近代物理教育的兴起

辛亥革命后，1912年元旦在南京成立了临时政府，孙中山任临时大总统，蔡元培任教育总长，他们都十分重视教育改革。1912年（壬子年）9月，当时的中华民国教育部公布了新的学制，次年又做了部分修改，合称"壬子癸丑学制"。这个学制批判了清政府的"忠君尊孔"的教育思想，提出了"注重道德教育，以实利教育、军国民教育辅之，更以美感教育完成其道德"的教育方针。教育部还颁布了《大学校令》《中学校令》《专门学校令》，提出中学"以完足的普通教育，造成健全的国民"的教育宗旨；规定学习的科目有生物、物

理、化学等自然科学。高等学校的宗旨为：教授高深学术，养成硕学闳才，以应国家需要。又规定大学设评议会和各科教授会，审议全校各科教学和其他重要的教育问题。这反映了教学民主和高等学校以教学为主的精神。大学分为文、理、法、商、医、农、工等科，并以文、理两科为主。凡只设法、商而不设文科者，或只设医、农、工而不设理科者，均不得称为大学。这些改革和规定，确实有利于保证教学质量，也有利于物理教育的发展。

此后，由于发生了袁世凯、张勋、段祺瑞的三次复古运动，读经尊孔又有所抬头，同时自然科学的教育受到削弱，这自然受到人们的批判和抵制。特别由于留美学者回国的日渐增多，美国的教育思想和教育制度逐渐引入国内，国内各教育团体在新文化运动的推动下，提出了许多改革的要求。于是，1922年（壬戌年）9月提出了《学校系统改革案》，也称"壬戌学制"，奠定了后来几十年引进美国教育制度的基础。1927年，国民党在南京成立国民政府。1927年4月，蔡元培等建议改变教育行政制度，设立大学院作为全国最高的学术行政机构。他们认为，成立大学院，可以使它具有统一实施教育改革的学术权力，弥补教育行政纯属簿书工作机关的缺陷。蔡元培被任命为大学院院长。但由于派系纷争，方案难以实施，1928年7月又废除大学院制，恢复教育部。教育部对1922年提出的新学制做了适当修改，公布施行。

20世纪20年代至30年代规定的《物理课程标准》，是中国第一次制定的中学物理教学大纲，保证了中学物理教育的质量。这个标准规定了初中要普及物理知识，高中则既要提高中等教学的水平，又要保证向大学理科输送合格的新生。从总体上看，这个标准不论初中还是高中，都不强调系统的物理基础知识。标准所定的教学目标、教学内容等都比较合理，对当时的中学物理教学起到了良好的保证作用。

20世纪20年代至30年代，中国高等学校的物理教育正处于开创和建立的时期。一批热爱祖国物理教育事业的先行者们，在出国深造学有所成后，陆续归国投身于培养中国物理人才的教学工作中。20世纪30年代后，更多留学生回国充实了物理教学的力量，经过他们的努力，中国高等学校的物理教育初具规模。

1912 年前后，中国正式的国立大学只有前身为京师大学堂的北京大学，学校原来的格致科改为理科，理科下设物理等门。1913 年夏元瑮任理科学长，招收理论物理一个班的学生。1916 年，物理学门第一届毕业生孙国封、丁绪宝、张松年等 5 人成为我国历史上第一届物理专业的大学毕业生。1917 年蔡元培任校长时，对学校进行了整顿和改革，使北京大学率先成为有 14 个学系的综合性大学，在国内大学中首先成立了物理学系，由何育杰（1882—1939）任系主任。当时学校分为预科两年，本科四年，有一套比较完整的课程设置，并集中了国内一批学有专长的知名教授担任教学工作，既重视基础，也重视提高。物理学系的课程分为三级：初级物理在预科学习；普通物理在本科一、二年级讲授；专门物理在本科三、四年级讲授。普通物理中的物性、热学、音学由李书华主讲，磁学和光学由杨肇燫和叶企孙主讲。专门物理课程有数学物理、热力学及气质微体运动论、光学物理、应用电学、直流交流电学、电振荡、电子论、X 射线及放射论、质量论、相对论等，主讲教师分别为何育杰、颜任光、丁西林、杨肇燫、温毓庆、叶企孙等。选修科目有初等力学、理论力学、微积分学、微分方程、立体解析几何、高等微积分、无机化学、物理化学、化学实验等。经丁西林、李书华等人的努力，到 1925 年已能开出预科实验 62 个、本科实验 69 个和两学年的专门物理实验，教学实验室初具规模。20 世纪 30 年代前期，北京大学物理系的教学已接近国际物理学发展的前沿。

1930 年，北京大学决定停招预科生，筹办研究科。1935 年，物理系首批入学的研究生是马仕俊、郭永怀、卓励、赵松鹤。到 1937 年，系统开出了全部研究生课程。北京大学物理系已成为我国物理学研究的一支重要力量。

随着国内各大学毕业生和留学回国人数的增加，到 1932 年中国物理学会成立时，已有 30 多所大学设立了物理系或数理系。主要的有：属于国立的清华大学、北京大学、中山大学、中央大学、浙江大学、武汉大学、北京师范大学、北平大学女子文理学院、北平大学工学院、四川大学、交通大学科学学院、山东大学、北洋工学院等；属于省立的河南大学、安徽大学、广西大学、山西大学、湖南大学和云南大学等；属于私立的燕京大学、南开大学、辅仁大学、复旦大学、厦门大学、中法大学、大同大学、光华大学、大厦大学、金陵大学、金陵女子文理学院、齐鲁大学、华中大学、东吴大学、震旦大学、岭南大学、福建协和学院和华西协和大学等。真是蔚为大观，中国高等物理教育的发展已初具规模了。

清华大学的前身是清华学堂，1911年创办时设高等科和中等科，1925年设大学部，招收四年制大学生。在1926年成立物理系时，教授只有梅贻琦、叶企孙两位。1928年始改名清华大学。到1932年，物理系的规模基本定型，教授有叶企孙、萨本栋、吴有训、周培源、赵忠尧、施汝为等，除4个年级的本科生外，已有研究生4人。当时该系实验室的设备，除力、热、声、光、电磁的一般实验仪器外，还有X射线设备2套、γ射线设备1套、大电磁铁1个、中号晶体光谱仪1台、小号示波器1台以及各种波长的无线电发送和接收设备。此后清华大学逐渐向以工科为主的综合性大学发展，但物理系始终保持较强的师资力量和设备，培养出了不少优秀的理工科人才和杰出的物理学家。

在当时的私立学校中，南开大学的规模最大，物理教学也很有名。南开大学的前身是1919年创立的南开学校，最初设有小学部、中学部、女中部和大学部（有文、理、商3科）。1922年饶毓泰自美国回国，创办了物理学系，自任理学院院长兼物理系主任，物理系师资由此逐渐补充，课程也渐趋完备，特别是实验课受到重视。从大学一年级至四年级所开的物理课程都达到了当时物理学发展的新水平。

燕京大学成立于1919年，是教会学校中最重要的一所，建校时设有物理学课程，但没有物理系。1922年秋才成立物理系，由郭察理（C.H. Corbett）任系主任。但这时的系尚未能独立招生，也开不出完备的课程，学生选择一个主系和一个副系进行修习。1925年安德孙（P.A. Anderson）接任系主任。谢玉铭在取得博士学位后，由美国回国到燕京大学物理系任教，燕京大学物理系从此才取得长足进展，1927年后，才真正建成物理系。

燕京大学物理系的教学水平一直很高。1927年，燕京大学物理系设立研究部，最早在国内开始招收研究生。1928年谢玉铭继任物理系主任，陆续增开了理论物理、向量分析、相对论、无线电和物理学史略等课程，并根据学生毕业后当中学教师的需要，开设了"物理学教学"课程。优良的教学条件，使燕京大学物理系先后培养出了褚圣麟、孟昭英、张文裕、冯秉铨、毕德显、袁家骝、王承书、戴文赛、卢鹤绂、黄昆、谢家麟等一大批著名学者。

1912年以后的长时间里，我国高等学校的物理教学很少有现成的通用教材，多是教师讲课，学生记笔记，或由教师编写简单的讲课提纲。普通物理课本多采用美国达夫（A.Willmer Duff）主编的《特夫物理学》（后来译为《达夫物理学》，1908年初版）、萨本栋的《普通物理学》（1933年）和严济慈的《普通物理学》（1947年）。《达夫物理学》是由富有教学经验的7位大学教师合编的，原来是为理工科学生所编的，因为写得简明扼要，浅显易懂，又深入浅出，所以被采用作普通物理教材。萨本栋的《普通物理学》是由中国学者用中文编写、由商务印书馆出版的"大学丛书"中的一本教材。此书分上下两册，既便于学，也便于教，所以在二十世纪三四十年代被广为采用。严济慈的《普通物理学》也分上下两册，比同类教材内容更丰富，理论体系更完整，讨论也更深入。

大学高年级课程或专业课程，大都由教授依所选择的参考书进行讲授。比如20世纪30年代北京大学物理系的量子力学课的基本原理、氢原子、微扰论、多电子问题及氢分子部分，参考书为海森堡的《量子理论的物理原理》、索末菲的《波动力学》补编以及儒阿克（Ruark）和尤里（Urey）的《原子、分子和量子》；而狄拉克电子论等部分，参考书则为《物理学手册》第24卷一分册中泡利所写的一章，该课程所讲授的内容和所选用的参考书，均达到当时物理学前沿工作的水平。叶企孙在清华大学讲课时虽然也有参考书，但他从不照本宣科，注意学生的程度和基本概念的阐述，而且每次讲授时都要加进最新进展的内容。

　　1937 年 7 月 7 日和 8 月 13 日，日本帝国主义先在华北，继而在上海发动了全面的侵华战争，而华北、华东地区正是我国高等教育最发达的地区。战火的蔓延，迫使不愿做奴隶、不甘心坐视学校的宝贵财富被敌人侵占的广大师生迁地办学。1937 年 10 月，清华大学、北京大学和南开大学在长沙组成临时大学，一学期后因战区进一步扩大，再向西南迁移，到达昆明后改称"西南联合大学"，成为我国抗战时期规模最大、也是最重要的培养人才的中心。此后，南开大学就成为国立大学的一部分，抗战胜利后三校分别迁回原址复课。浙江大学自杭州出发，先迁至江西吉安，再迁至贵州遵义，先后经历两年时间。中央大学迁往重庆，物理系等大部分院系留在重庆郊区沙坪坝，医学院和商学院因校址不敷再迁至成都。齐鲁大学、燕京大学、金陵大学、金陵女子文理学院迁到成都。华西大学、武汉大学、同济大学也迁至成都附近。中山大学先迁到云南，后又迁回广东。厦门大学迁入福建内地长汀城，福建协和大学迁到山区邵武县。北平大学、北平师范大学和天津北洋工学院（原北洋大学）迁至陕西组成西北联合大学。抗战时期这些高等学校颠沛流离，辗转搬迁，合并，分散，虽使图书、仪器受到无法估量的损失，但都是为了保存实力，避免学生流散，以备战后复校，使规模初具的高等教育得以延续和发展。当时广大师生这种爱国主义精神是十分可贵的。

　　这一时期，各个高校的师生在极度困难的条件下精神振奋，坚持教学，开展学术活动。1940—1941 年，西南联合大学有 5 个学院 26 个学系 2 个专修科和 1 个进修班，学生人数约有 3000 人。由于是 3 校合并，所以师资力量很强。西南联合大学物理系先后由饶毓泰和郑华炽担任系主任，其中清华大学部分由吴有训和叶企孙先后担任系主任，南开大学聘请了张文裕。当时，担任物理教学工作的除上述几位教授外，还有吴大猷、周培源、赵忠尧、霍秉权、王竹溪、马仕俊等，各门基础课程都由这些经验丰富、学有专长的教授担任，教学质量反较战前有所提高。著名物理学家李政道、杨振宁当时就在西南联合大学学习。1983 年，杨振宁在《读书教学四十年》中回忆说：

> 我的大一物理是跟赵忠尧，大二电磁学是跟吴有训，力学是跟周培源学习的。印象最深的两位老师是吴大猷和王竹溪，他们引导我走的两个方向——对称原理和统计力学，一直是我的主要研究方向。我的读书经验大部分在中国，研究经验大部分在美国，吸取了两种教育方式好的地方。

这段话反映了当时我国高等物理教育重视理论，重打基础而实验不足的情况。

抗日战争胜利后，在国内战争、政局动荡和物价飞涨的情况下，高等教育和科学研究都受到严重干扰，直到 1949 年中华人民共和国成立后，情况才逐步好转。1951 年，政务院颁布了《关于改革学制的决定》；1952 年，对高等院校实行院系调整，奠定了我国高等教育的基本格局，并确定了积极学习苏联的方针。在物理教育上，从教育理论到教材编写和教学方法，都根据苏联的经验进行教学改革。这为当时改革旧的物理教育，建设新的物理教育起到了一定的推动作用，并为后来进行的物理教育、教学改革打下了基础。据统计，到1957 年，我国的物理教师人数已达 17600 余人，其中高校教师 3160 余人，高中教师 4100 余人，初中教师 10000 余人，反映了我国物理教育发展和普及的概貌。

3. 物理学研究机构和学术团体的建立

第一次世界大战爆发后，留学海外的学者为向中国介绍科学，于 1915 年1 月出版了《科学》杂志，其宗旨为"专以阐发科学精义及其效用为主，而一切政治玄谈之作勿得阑入焉"。编委有胡刚复、赵元任、杨杏佛（杨铨）、任鸿隽等。同年 10 月 25 日，中国科学社就在美国康奈尔大学成立，任鸿隽任社长，赵元任任书记，胡刚复任会计，杨杏佛任编辑部部长。中国科学社的宗旨是"联络同志，研究学术，以共图中国科学之发达"。该社积极发行《科学》杂志，并积极编写科学丛书。该社刊行发表过《中西星名考》、《科学的南京》（赵元任）、《显微镜理论》（吴伟士）、《物理常数》（蔡宾牟）等。中国科学社组织的前三次年会（1916 年、1917 年、1918 年）均在美国举行，1919 年的年会则在杭州浙江省教育会举行，此后的年会均在国内举行。他们还创设科学名词审查，并积极开展科学教育，特别注重改良中学的科学教育。1927 年，该社还设立了中国科学图书仪器公司。

20 世纪前半叶，中国建立了为数不少的自然科学研究机构，并且随着留学回国人员的增多和物理教育的发展，20 年代后期开始逐渐建立起专门的物理学研究机构。

1928 年 3 月，在上海成立了国立理化实业研究所。同年 6 月 9 日，国立中央研究院正式成立，蔡元培任院长。7 月，理化实业研究所分为物理、化学、工程 3 个研究所，均隶属于中央研究院，丁西林任物理研究所所长。1946 年丁西林辞职，物理研究所由中央研究院总干事萨本栋兼任所长，1947 年秋又聘吴有训兼任所长。在丁西林的领导下，先后建立了南京紫金山地磁台，物性、X 射线、光谱、无线电、标准检验、磁学等实验室和金木工场。研究工作主要有：

（1）无线电方面，进行无线电广播机的装设，振子整流器的制造，手摇发电机的改装，以及外差式收报机的改装，超短波无线电收发报机的装试等；

（2）地磁方面，设计制造测 V 及测 H 的仪器，与陆地测量局合作，筹划大规模全国地磁测量；

（3）放射性物质的测定；

（4）光谱学研究；

（5）金属学研究等。

研究所还曾制造理化仪器供大中学校和研究机构之用。仅中学仪器就制造 2600 多套，为促进我国物理事业的发展做出了贡献。

抗日战争期间，物理研究所的地磁部分迁往昆明，并在昆明筹设地磁观测台；无线电部分迁往桂林，后又迁至四川北碚。抗战胜利后，物理研究所迁回上海，1947年迁入南京新建的实验大楼，设有图书馆、原子核实验室、金属实验室、无线电实验室、光谱学实验室、恒温室及金工场等。地磁部分归入气象研究所，到1948年，有专职研究员7人，兼职研究员3人，专职副研究员3人，助理研究员2人。

1928年9月，南京国民政府通过了李煜瀛关于成立北平大学和北平大学研究院的提议。1929年9月，北平研究院这个民国时期最大的地方性综合研究机构成立，由李煜瀛任院长，李书华任副院长。李书华和严济慈创办了该院的物理研究所，由严济慈任所长。该所设有分光摄谱仪实验室、显微光度计实验室、地文实验室、高真空实验室、镭学实验室以及图书馆和附属工厂等，开展了光谱、感光材料、水晶侵蚀图像、重力加速度、经纬度测量与物理探矿等研究工作，尤以应用光学、应用地球物理等方面的研究成绩卓著。

在北平研究院物理研究所成立后不久，该所又与中法大学合作创办了镭学研究所，严济慈兼任所长。该所主要进行放射性和X射线学的研究。1946年，该所由北平迁至上海。1948年，该所分为结晶学实验室（在上海）和原子能研究所（在北平）。前者由陆学善主持，以X射线研究物质结构和晶体结构；后者由钱三强任所长，开展核物理与原子物理的研究。

抗日战争期间，北平研究院物理研究所及镭学研究所迁至昆明，抗日战争胜利后分别在北平和上海两地设所。到1947年，前者有专职研究员7人，后者有专职研究员4人。

中央研究院和北平研究院的物理研究所，是二十世纪三四十年代中国物理学研究的最高学术机构。在中华人民共和国成立后，北平研究院的科研力量又成为新的中国科学院的重要组成部分，中央研究院和北平研究院的物理研究所也改组和重建为中国科学院的应用物理研究所和近代物理研究所。1958年，应用物理研究所改名为物理研究所，近代物理研究所也改名为原子能研究所。

这一时期，清华大学、燕京大学、北京大学、中央大学、武汉大学、南开大学、金陵大学等高等学校相继成立研究部，招收研究生，开展物理学研究工作。

1931年，设立在瑞士的国际联盟派了朗之万（P. Langevin，1872—1946）等4位专家来华考察中国的教育。在考察中，朗之万建议中国的物理学工作者应该联合起来，成立中国物理学会，并加入国际纯粹物理与应用物理联合会，以促进中国物理学的发展和国际交流。在朗之万的促进下，1932年8月22日至24日，在清华大学召开了中国物理学会成立大会，通过学会章程，并设立了学报委员会、物理学名词审查委员会、物理教学委员会。1933年创办了以外文发表论文的《中国物理学报》，附中文论文摘要，它在国内外学术交流中起到了很好的作用。抗日战争胜利后，中国物理学会又增设了应用物理会刊委员会。

学会由理事会领导会务工作。第一届理事会（1932—1935年）由会长李书华、副会长叶企孙、秘书严济慈、会计萨本栋组成。第二届理事会（1935—1936年）的会长是叶企孙，副会长是梅贻琦。第三届理事会（1936—1939年）的会长是吴有训，副会长是丁西林。第四届理事会（1939—1942年）是吴有训，副会长是丁西林。第五届理事会（1942—1943年）的会长是吴有训，副会长是王守竞。第六届理事会（1943—1946年）的理事长是吴有训，副理事长是严济慈。第七届理事会（1946—1947年）的理事长是叶企孙，副理事长是萨本栋。第八届理事会（1948年）的理事长是叶企孙，副理事长是饶毓泰。第九届理事会（1948年）的理事长是严济慈，副理事长是饶毓泰。第十届理事会（1949—1951年）的理事长是周培源，副理事长是饶毓泰。

从1932年到1949年，中国物理学会召开了16次学术年会，即使在抗日战争期间交通困难的情况下，年会活动也分地区继续进行。1942年，还分别在重庆、贵州、福建长汀和永安以及陕西延安等地举办了牛顿诞生300周年纪念会。中国物理学会于1934年加入国际纯粹物理与应用物理联合会，并于当年秋派王守竞前往伦敦出席该联合会大会。1934 年、1935 年和 1937 年，著名物理学家朗缪尔（I. Langmuir）、狄拉克和 N. 玻尔相继访问中国。从 1932 年起，先后吸收以下物理学家为中国物理学会名誉会员：朗之万（1932 年）、法布里（1935 年）、拉曼（1942 年）、密立根（1943 年）、K. 康普敦（1943 年）、A. 康普顿（1943 年）、布莱克特（1943 年）、W. 布拉格（1943 年）、狄拉克（1943 年）、加本尼斯（1948 年）、约里奥-居里（1948 年）、瓦维洛夫（1949年）、约飞（1949 年）、斯科伯尔琴（1949 年）。

中华人民共和国成立后，1951 年在北京召开了第一届物理学会会员代表大会，当时，中国物理学会在全国已有 20 个分会和 1200 余名会员。在确定了新时期物理学会的宗旨、方向和任务后，选举周培源为理事长，钱三强为副理事长。经过老一辈物理学家近半个世纪的努力，近代物理学在中国已经生根发芽，终于进入到"本土化"的辉煌发展时期。

二、播撒物理学"火种"的一代宗师

(一) 倾心营造物理人才摇篮的叶企孙

1. 少年立志，用科学拯救中华

叶企孙（1898—1977），原名叶鸿眷，1898 年 7 月 16 日生于上海。叶家是书香门第和官宦之家。叶企孙的祖父叶佳镇是清朝五品官吏，为清政府办过海运，因而家境比较富有。他的父亲叶景沄（字醴文，1856—1936）为光绪十一年（1885 年）拔贡，甲午年（1894 年）举人，精研国学，对经史子集涉猎颇广，对中国古代天文学亦有一定了解，常为叶企孙指认二十八宿的位置和图形，使叶企孙少年时代便对天文学产生了浓厚的兴趣。叶景沄同时也是一位教育家，对西方现代科技文化甚为重视。1904 年他受清政府派遣，与黄炎培、沈恩孚等赴日考察教育，回国后创办新式学校，致力于现代教育。

叶企孙幼时先在家识字，后入一私塾读《论语》。他兄弟姐妹 7 人，企孙最小。兄弟 3 人中，大哥在北洋军阀时代进入政界，然无多大成就，二哥智力很差。叶企孙自幼聪颖，父亲对他寄予很大希望。1905 年，母亲病逝。1907 年，叶企孙进入他父亲任校长的、最早引进西方现代教育的学校之一——上海县立敬业学校读书，开始接触到近代科学知识。

1911 年初，清政府将原来办理派遣留美学生的游美学务处改为清华学堂。在敬业学校尚未毕业、未及 13 岁的叶企孙在父亲鼓励下，毅然报名投考，并一举考中，预备留美。同年 10 月辛亥革命爆发，清华学堂停课，刚学了半年的叶企孙只得回到上海避乱，转入上海兵工中学读书。

1913 年夏，局势平稳后，叶企孙重新报考清华学堂，但在检查身体时被发现"心律不齐"不能报考。细心的叶企孙抓住体检表上不贴相片的漏洞，就以号企孙为名重新报考，并请同学帮忙代考体育和检查身体，获准参加考试并顺利考取。这是一向以诚待人的叶企孙一生中唯一一次弄虚作假，直到晚年仍深深自责。自此之后他更名为叶企孙，意思是要牢记祖父辈对自己的期望。

在辛亥革命后，清华学堂改为清华学校，仍然是用美国"返还"的庚款办起来的留美预备学校，学制 8 年，分中等科和高等科。高等科毕业相当于大学本科二年级。叶企孙考取的是高等科。入学后他在日记上写下："惜光阴，习勤劳，节嗜欲，慎交游，戒烟酒。"他勤奋学习，除体育外各科成绩名列前茅，但因体育不及格留了一级，读了 5 年高等科。

1914 年叶景沄受聘担任清华学校国文教师，指导学生阅读古文书籍。叶企孙受家庭影响，一直保持着对国学的兴趣。在父亲的指导下，5 年时间里，叶企孙系统阅读了《左传》《礼记》《诗经》《史记》等大量中国古代名著，打下了扎实的国学根底，这使他对中国古代科学史也产生了兴趣。1915—1916年，他系统研读了中国古代算学著作，并涉猎不少西方科学史著作。他主要深入研究了中国数学史和天文学史，于 1916 年在《清华学报》上发表了《考正商功》。他在 1917 年发表的《中国算学史略》是第一篇用现代方法系统研究中国数学史的通史性文献。

1915 年，中国近代史上著名的教育家梅贻琦（1889—1962）应聘到清华任教，讲授物理课程。叶企孙对这位师长的人品、才学和抱负都十分敬重，从此开始了他们长达 30 多年的友谊。

20 世纪初叶，"科学救国""实业救国"的思想在中国知识分子中颇有市场，叶企孙也深受影响。1915 年 3 月 18 日，一位姓布的学者在清华学校演说，他讲道：

中国者中国人之地也，中国人之地而予他人为争利场而己犹酣睡毫无自振之精神，亦可哀矣！惟推原因，则由于实业之不振。实业之不振，则由于科学之不发达。科学分二类，一为理想的，一为实用的。理想为实用之母，实用为理想之成，望诸君毋忽视理想科学。①

这使叶企孙深受震撼。中国科学落后的现状，他父亲的西体中用观，都促使他立志学习西方近代自然科学，然后用科学来振兴祖国。

通过在清华5年的学习，叶企孙打下了现代物理学的坚实基础。1915年，我国第一个科学社团"中国科学社"成立，叶企孙就和他的同学一起创办了清华学生科学社，叶企孙担任科学社社长。科学社每年都举行几次科学讨论和科学宣讲会，这种活动延续多年。早期清华毕业生中许多人的专业发展方向都受到科学社活动的影响，叶企孙关于中国数学史和中国天文史的研究，就是在这些活动中进行的。

2. 远洋求学，实验物理结硕果

清华学校的学生毕业后，全部留美。在上二年级时，叶企孙听徐志诚老师讲鲁滨孙一课时说：

吾国青年之留学美国者，其不似鲁滨孙之造船者几希矣！将送往美国矣，乃始于一月之中决定终身大事，欲其无误得耶！况至美国后，投考学校，一科不取，即改他科，其宗旨之无定，更有甚于以上。②

这使叶企孙想到凡事预则立，从此反复考虑日后留学的方向问题，"并常想徐先生之言'庚子赔款虽为美国退还，实乃中国人之血汗'，牢记我辈留学耗祖

①② 中国科学院学部联合办公室. 中国科学院院士自述. 上海：上海教育出版社，1996.3.

国万金巨款，一言一行必当谋祖国之福"。①

1918 年夏，叶企孙顺利通过毕业考试，随即赴美深造，进入芝加哥大学，直接插入物理系三年级学习。他选择了攻读实验物理。这是"考虑到物理乃极重要之基础科学，实验物理是纯物理的基础，又为各种实用科学之源。中国要振兴，就必须培养大批基础科学特别是物理人才"。②

芝加哥大学物理系是当时美国的物理学研究中心之一，素有重实验的传统。由于实验物理与实业救国有切近之处，符合叶企孙的初衷。抱有振兴祖国科学、刻苦求学之志的叶企孙，很快就适应了美国大学紧张的学习生活。1920 年 6 月，叶企孙从芝加哥大学毕业，获学士学位。

1920 年 9 月，叶企孙进入哈佛大学研究院，师从著名物理学家杜安（William Duane，1872—1935）和布里奇曼（P. W. Bridgman，1882—1961）进行实验研究，并于 1922 年和 1923 年获得硕士学位和博士学位。在此期间，他获得了两项重要的研究成果：用 X 射线精确地测定了普朗克常数 h；开创性地研究了流体静压力对铁磁性金属磁化强度的影响。

1921 年 3—4 月，叶企孙和帕尔默（H. H. Palmer）合作，在导师杜安的指导下，用杜安的 X 射线法重新测定了普朗克常数。他们最后得到的普朗克常数的平均值为

$$h = （6.556 \pm 0.009）\times 10^{-27} 尔格^* \cdot 秒$$

这是此前用 X 射线法测定 h 的几次实验中准确度最高的一个值，可以与 1917 年密立根（R. A. Millikan，1868—1953）用光电效应方法测得的被当时公认为最准确的值 $h =$ （6.547 ± 0.006）× 10^{-27} 尔格·秒相媲美。这个值在科学界被采用达 12 年之久，被人称为"普朗克常数的叶值"。直到 1937 年，杜蒙德

①　中国科学院学部联合办公室. 中国科学院院士自述. 上海：上海教育出版社，1996.3.
②　中国科学院学部联合办公室. 中国科学院院士自述. 上海：上海教育出版社，1996.3.
＊　尔格，能量的厘米克秒制单位，1 尔格 = 10^{-7} J。非法定单位。

（J.DuMond）和玻耳曼（V.Bollman）才测得更精确的值 $h = 6.6 \times 10^{-27}$ 尔格·秒，这是实验手段发展的必然结果。现在公认的精确值为 $h = 6.626\ 196 \times 10^{-27}$ 尔格·秒，换成国际单位制是 $h = 6.626\ 196 \times 10^{-34}$ 焦·秒。

关于流体静压力对铁磁性金属磁化强度的影响，是叶企孙于 1922—1923 年，在后来（1946 年）的诺贝尔物理学奖获得者、高压物理领域内的知名学者布里奇曼的指导下完成的。叶企孙获得了哈佛大学的博士学位。

各种磁致伸缩现象及其逆效应，即应力对磁化强度的影响是早就知道的。早在 1883 年，汤姆林孙（Tomlinson）曾尝试检测液压对磁化作用的影响，但没有成功。1898 年，日本人长冈（Nagaoka）和本田（Honda）对铁、镍进行了实验，所用最大压力约为 300 千克力*/厘米，确认了效应的存在。1905 年，芝加哥大学的芙莉丝比（Frisbie）女士重复了铁的实验，所用最高压力约为 1000 千克力/厘米。对于铁，长冈和本田仅得到磁化强度随压力而减小的结果，但芙莉丝比却在长冈和本田所用的磁场范围内得到磁化强度随压力的变化在低磁场中表现为增大，而在高磁场中表现为减小的异常情况。综合他们的数据远不足以获得压力对磁化强度的广泛了解。

叶企孙的实验试图消除前人实验结果的矛盾，给压强对磁化强度的影响以一个全面的、准确的描述。这一要求在当时已具备了必要的条件。

叶企孙利用布里奇曼设计的压力装置，使压力达到 12000 千克力/厘米的范围，同时可以保持压力而无泄漏。由于大大提高了压力，从而观测到了前人未曾发现的复杂现象，这在当时的磁学和高压物理学中都具有创新意义。

为了避免"末端效应"，叶企孙在实验中采用了环形样品，而不采用前人用一个与受压样品尽可能相同的样品来平衡磁偏转的方法，因为要得到完全相同的样品是十分困难的。叶企孙认为旧方法的误差很容易解释芙莉丝比

---

* 千克力，力的米千克力秒制单位，1 千克力 ＝ 9.806 65 牛。非法定单位。

所得到的铁的磁化强度在受压时增大的现象。他还特别强调说，在采用平衡反向法时，必须特别注意不完全退磁的影响。叶企孙采用均匀的环形样品和注意完全退磁的实验方法，使他的实验结果精确、可靠，并纠正了前人的错误。

在"理论考虑"中，叶企孙应用唯象的热力学理论，推导出磁化引起的体积变化公式，即由于磁化产生的体积变化与由于压力产生的磁化变化之间的倒易关系。这个关系表明，体积变化可分为两部分：一部分直接与磁化强度的压力系数紧密联系，在低磁场中很重要；另一部分在压力系数为零时也仍然存在，与弹性系数和总磁场相联系，在高磁场中变得很重要。当磁化达到饱和后，后一部分引起的体积变化仍继续增加，而且两者可能在相反方向上起作用。叶企孙由此定性地解释了铁、镍、钴的不同实验结果。这些定性的结论与长冈和本田所观测到的事实和趋势是相符合的。

在论文中叶企孙指出：

> 在电子论基础上来解释压力对磁化强度的影响不是一件容易的事。由于我们还没有适当的铁磁性理论，要对磁化强度的压力效应做出任何完善的解释都似乎是过早的。

但是根据当时的铁磁性分子场唯象理论和玻尔的原子结构模型理论，叶企孙还是对实验结果做了有益的讨论，指出了原子的微观结构对铁磁性的可能影响。

叶企孙的这一工作并非开创了一个新的领域，也没有——在量子力学理论创立之前也不可能——解决重大的理论问题。但是，巧妙、准确地完成这一复杂、困难而又有实际意义的物理实验，在宽广的压力范围内发现了规律性的现象，这无疑是一个重大的研究进展，所以叶企孙的工作受到当时欧美科学界的重视。在他之后不少研究者采用他的方法对各种铁-镍合金做了类似的测量。

布里奇曼在他所著的《高压物理学》一书中，对叶企孙的这一成果做了很高的评价，他指出：自从叶企孙的工作以后，斯坦伯格（R.L.Steinberger）先生等用类似装置对一系列铁-镍合金做了类似的测量。可以说，叶企孙的工作在当时是领先的。由于这项工作，叶企孙成为我国从事现代磁学研究的第一人。在回国后，他为我国开辟了这一领域的研究道路，他曾引导施汝为赴美国耶鲁大学研究磁学，至今我国磁学研究成果累累。

叶企孙回国后，于1926年利用简陋的仪器设备，对清华学校大礼堂的声学问题进行了测试，提出了改进该建筑音质的具体办法①。这是我国第一个有关建筑声学的研究。根据我国国情和该建筑的特点，叶企孙提出应当用本国造的绒毯作为吸音材料。在他的建议下，赵忠尧、施汝为、陆学善等又做了关于中国棉、布、毯的吸音性能研究，企望中国自己能生产出优质的吸音材料。

叶企孙早年就对科学史研究产生了很大兴趣。20世纪40年代，在李约瑟来华办理中英文化与科学合作事宜时，两人结识。叶企孙为李约瑟搜集中国科技史方面的资料提供了不少帮助，李约瑟对此深表感谢，他在他的巨著《中国科学技术史》第四卷第一册的扉页上写道："此卷谨献给最热心的朋友叶企孙教授，感谢他在昆明和重庆那段艰难时期里给我提供的宝贵帮助。"20世纪50年代后李约瑟多次来华访问，叶企孙都热情接待，并对李约瑟在中国科学技术史方面的工作深表赞赏。他曾著文评价李约瑟的《中国科学技术史》第一卷，并为翻译李约瑟的著作提供了不少指导、帮助。

1954年，中国科学院成立中国自然科学史研究委员会，由竺可桢、叶企孙任正、副主任。1957年1月，正式成立中国自然科学史研究室（1975年扩建为研究所），叶企孙兼任自然科学史研究室研究员。他精通天文学史、数学史、物理学史，旁及化学史。他不但通晓中国科学史，而且通晓阿拉伯天文学史和光学史。1950年，他发表了纪念萨本栋的文章。1951年在中国物理学会

① 叶企孙. 清华学校大礼堂之听音困难及其改正. 清华学报，1927（4）：1423–1433.

第一届全国会员代表大会上，他做了题为"现代中国的物理学成就"的报告，这个报告实际上也是他自己的亲身经历，其中不少成就是他亲手培育的。当时的与会者为这个报告感到振奋。1959 年，在纪念托里拆利（E. Torricelli，1608—1647）诞生 350 周年的大会上，叶企孙做了题为"托里拆利的科学工作及其影响"的报告。

叶企孙在自然科学史研究方面留下的著述不多，他主要把精力投入到培养年轻一代上。他在自然科学史研究室讲授过《物理学史》《世界天文学史》《墨经》《考工记》等；他还主持了《中国天文学史》的编写工作。在第一章中，他提出促进天文学发展的因素有 5 个，除生产外，还有好奇心、占星术等。这个在今天看来很正确的观点，当时却不被接受，影响了《中国天文学史》的出版。直到 1981 年才被修改出版，但与原稿的面目已大不相同了。

叶企孙对自然科学史研究工作有很深刻的见解。他认为，科学史是一门科学，人类认识物质世界的过程，受到生产水平、实验条件等多种因素的限制，必须对具体事物做具体分析。

叶企孙对于屡屡出现的"中国第一"的说法深表不满。他认为，古人由直观感觉和猜测得到的一些东西，有些虽与现代科学家的发现有吻合之处，但二者不能等同，不能一下子就说我们早了多少年。必须把中国科学史放在世界范围内仔细研究才行。所以他为自然科学史研究室开了世界天文学史和近代物理学史的讲座。

叶企孙虽然只留下少数几篇科学史的文章，但他对我国科学史事业的建立所付出的辛勤劳动，至今仍为人称颂。

3. 辛勤耕耘，让科学在中国生根

在获得博士学位后，叶企孙原想在美国再做一些实验研究，但因父亲年事已高，盼他早日归国，于是他放弃了原来的打算，于 1923 年 10 月取道欧洲回国，并于 1924 年 3 月回到上海。

回国后，叶企孙应聘任东南大学理学院理化系副教授，当时胡刚复任系主任。叶企孙在该校3个学期讲授了力学、电子论和近代物理等课程。不久，东南大学发生赶校长风波，叶企孙不愿介入，恰逢清华学校创立大学部，1925年9月，他应聘前往清华学校任教，先后任清华学校和1928年改名为清华大学的物理系副教授（1925—1926年）、教授、系主任（1926—1936年）、理学院院长（1929—1937年）。1930年9月赴德国进修1年。

清华学校早期的几任校长多为官僚政客，对清华实行封建家长式统治。从国外留学回来的一批年轻教授叶企孙、陈岱孙、金花孙（金岳霖）、钱端升、张奚若、张子高等正值年富力强，对事业极富进取心，不满足清华学校的落后状态，形成一个颇具声势的"少壮派"，主张改革清华，提高清华的学术地位，反对官僚政客控制学校，要求实行教授治校。1928年成立了"清华教授会"，叶企孙、吴之椿、金岳霖、陈岱孙等教授被选进教授评议会。1929年2月，成立了清华大学校务委员会，由校长、教务长、秘书长和各院院长组成。在新的校务领导体制中，校长的权力受到限制，而教授们则发挥了重要的作用，人们称此为"教授治校体制"。1930—1931年，清华大学没有正式校长，由叶企孙、翁文灏、冯友兰等先后主持校务委员会，裁决校务，保证了学校工作的顺利进行。

1931年秋，叶企孙从欧洲进修回校，继续担任清华大学理学院院长。10月，梅贻琦被任命为清华大学校长。梅贻琦是清华早期的留美生，曾任清华教员、教授、系主任、教务长、代理校长等职。他为人谦和，平易近人，作风民主，公正廉明，没有任何政治色彩，在清华园深孚众望。梅贻琦担任校长后，结束了清华大学长期不稳定的局面，教授治校的体制也在清华大学巩固下来，开创了清华历史上的"黄金时代"。梅贻琦和叶企孙在教育思想、办学方针上颇为一致，加上他们之间的师生情谊，叶企孙成为梅贻琦的得力助手。他们风雨同舟，度过了近20个春秋。在梅贻琦的支持下，叶企孙主持的清华大学物理系和理学院获得较大的发展，对清华大学迅速跃居国内前列，做出了很大的贡献。

第一，建立了一支高质量的师资队伍。叶企孙在担任物理系主任和理学院院长期间，始终把聘任第一流学者来校任教作为办好教育的头等大事。熊庆来、吴有训、萨本栋、张子高、黄子卿、李继侗、周培源、赵忠尧、任之恭、霍秉权等著名科学家都被聘到清华任教。20世纪30年代，清华大学理学院的教授阵容在国内首屈一指。就物理系而言，1928年吴有训、萨本栋到校，使它开始走向兴旺时期。此后，我国物理学之栋梁多出于清华大学。1932年中国物理学会成立时，清华大学的会员人数最多，约有20多人，说明当时的清华大学物理系具有国内最强的师资和研究力量。

第二，重视实验室建设和实验教学。20世纪20年代，中国的科学教育尚未开展实验研究。叶企孙认识到，要改变我国科学的落后状态，就必须重视实验研究。因此，他非常重视实验室建设和实验教学。自创办之日起到1931年，短短几年时间内，清华大学物理系已建成普通物理实验室7所；金工场和木工场各一所，为修理和制造仪器之用。他通过在法留学的施士元向居里夫人购买放射源，委托去美国的人员在美国订购研制电子管的设备，聘请技术精湛的德国技师帮助制造实验仪器等。

他很重视学生动手能力的培养，鼓励学生既动手又动脑，形成一种风气。物理系的学生必须学习木工、金工和机械制图。他在讲热力学课时，要求学生每人做一个温度计，他既讲测温原理，又讲制作测温仪器的技术关键。这种理论与实践相结合的办学作风，对学生们产生了重要影响。1940年4月13日，吴有训在一篇题为《理学院》的文章中，回顾了40余年的中国高等教育事业。他认为，理科教育分为3个时期：

第一个时期可称为"妄谈时期"，国内各校均处于草创。第二个时期可称为"空谈时期"，开出了各种课程，"中国的大学程度，似较世界任何大学为高……这种高调的课程，对具有谈玄传统习尚的中国人，非常适合口味。结果学生对于实验常识，一无训练，唯日谈自由研究不知研究为何事，以科学工作空谈便算了结"。第三个时期则可称为"实在工作时期，这时期包括抗战前十年到十五年的时间，国内才真有了科学工作……重要的实验，均可举行，实验科学的意义，学生得以了解。其应用仪器较多的物理系，且由系中设立工场……自国内有了研究工作后……英国剑桥大学已可承认国内大学研究部所给的学分，法国巴黎大学已承认由中国的学士学位可直接进行法国国家博士学位的论文工作。"[1]

文中所描述的第三个时期的典型情况，就是吴有训在叶企孙创建的清华大学物理系工作时所见到的。20 世纪 30 年代，国内各大学的实验设施能与清华大学物理系相比的确是少见。

第三，叶企孙主张大学必须开展科学研究工作，倡导边教学边研究之风。他自己在仪器设备简陋的情况下，做了清华学校大礼堂声学问题的测试。在他的倡导下，清华大学物理系的教授大多进行了有成效的研究。吴有训用 X 射线研究合金结构，赵忠尧对高频 γ 射线的吸收和散射的研究，周培源关于广义相对论和湍流理论的研究，霍秉权建造威尔逊云室、研究原子核物理，萨本栋和任之恭关于电路、无线电和电子学的研究，都取得了不少成果。1929 年起，叶企孙筹办了物理研究所，后扩大为理科研究所，包括物理学部、算学部、化学部和生物学部，成为我国大学办研究所的肇始。为及时报道理学院的研究成果，1931 年创办了《国立清华大学理科报告》（英文），分甲、乙、丙三种，分别是《数学和物理学》（*Mathematical and Physical Sciences*）；《生物学和心理学》（*Biological Sciences and Psycology*）；《地质学和气象学》（*Geology and Meteorology*）。到 1936 年共出了 4 卷 16 期，这一刊物受到国内外科学界的重视。在叶企孙办研究所思想的指导下，清华大学于 1936 年建立了无线电研究所，任之恭任所长；1939 年建立了金属研究所，吴有训任所长；此外还有航空研究所、农业研究所等。这些研究所培养了大批人才，不少人后来担任

---

[1] 王淦昌. 见物理系之筚路蓝缕，思叶老师之春风化雨. 物理通报，1993. 2.2.

了科学研究的领导工作。

叶企孙还积极开展对外学术交流。理学院的教授利用休假机会轮流出国游学，达到进修和交流的目的。叶企孙、吴有训、萨本栋分别到欧洲和美国等地讲学、考察、进修。20世纪30年代，理学院还先后邀请维纳（N. Wiener）、哈达玛特（Jacques Hadamart）、朗之万（P. Langevin）、狄拉克（P. A. Dirac）等国际著名学者到清华大学作长期或短期讲学。著名物理学大师N.玻尔也曾应邀到清华大学访问。

第四，在教学方面，叶企孙一贯强调基础，强调质量，这也是他的教育思想和办学方针的鲜明特点。他在1934年《清华周刊》向导专号上写的《物理系概况》中总结道：

> 在教课方面，本系只授学生以基本知识，使能以毕业后，或从事于研究，或从事于应用，或从事于中等教育，各得门径，以求上进。科目之分配，则理论与实验并重，重质而不重量。每班专修物理者，其人数务求限制之，使不超过十四人。其用意在不使青年人徒废其光阴于彼所不能者，此重质不重量之方针，数年来颇著成效……数年来国内物理学之渐臻于隆盛，实与本系对于青年所施之教育有密切关系。[1]

叶企孙的教学思想概括起来，一是强调只授学生以基本知识，二是理论与实验并重，三是重质不重量。钱临照对此评论道："这是以叶先生为首的清华物理系培养人才的经验，衡以当时我国物理学正处在开创时期，这种经验是值得重视的。"[2]20世纪30年代，清华大学理学院每年毕业生只有30～50人，物理系每年不过七八人，然而他们中的绝大多数后来都成为第一流的科学家。仅以清华大学物理系为例，全面抗日战争前9届毕业生50余人中，出了理论物

---

① 叶企孙. 物理系概况. 清华周刊（向导专号），1934，41（13/14）：34.
② 钱临照. 纪念物理学界的老前辈叶企孙先生. 物理，1982（8）：466-469.

理学家王竹溪、彭桓武、张宗燧、胡宁；核物理学家王淦昌、施士元、钱三强、何泽慧；力学家林家翘、钱伟长；光学家周同庆、王大珩、龚祖同；晶体学家陆学善；固体物理学家葛庭燧；地球物理学家赵九章、翁文波、傅承义；海洋物理学家赫崇本；还有冯秉铨、周长宁、王遵明、于光远、刘庆龄、秦馨菱、戴振铎、李正武等一大批国内外知名的科学家和学者。

多年来，不论教学行政工作多么忙，叶企孙一直站在教学第一线，坚持登台讲课。他说话略有口吃，语调也无特别吸引人之处，然而他对物理概念的透彻理解，颇有研究性质的讲述以及善于启发学生思考问题的特点，给学生们留下了深刻的印象。王大珩回忆说：

> 在思路上，叶老往往讲出我们看书不易领会的要点。他不是通过内容的堆砌来讲授，而往往是通过提纲挈领式的讲述，整个课程的基本概念、框架结构就都有了。在这点上，他所有的学生大概没有不推崇他的。[1]

叶企孙虽然身在清华大学，但他的目光总放在整个中国科学事业的发展上，为中国科学大业的创立做了许多奠基性的工作。从 1929 年起，清华大学开始招考公费留美生，叶企孙多次主持招考委员会的工作。他动员许多大学生报考留学，为他们选择专业和导师，并为他们写推荐信。选考的方法公正严格。在派往各国的留学生中，钱学森、顾功叙、钱临照、马大猷等虽不是他的及门弟子，但在报考留学中都受惠于叶企孙的指点。他总是统观全局，陆陆续续地安排许多优秀人才到国外学习。如物理学方面，就安排龚祖同考取应用光学，顾功叙考取应用地球物理，吴学蔺考取钢铁金属学，熊鸾翥考取弹道学，王竹溪考取理论流体学，赵九章考取高空气象学，王遵明考取无铁合金金属学，马大猷考取电声学，王兆振考取实用无线电学等。他们回国后，大都成为

---

① 刘克选，胡升华. 叶企孙的贡献与悲剧. 自然辩证法通讯，1989（3）：70.

所学专业的学术带头人。

王淦昌一直牢记着这样一件事情：1926年3月12日，侵华日军军舰侵入我国内河，遭到我大沽口驻军的阻击，美、英、日等8国借所谓"大沽口事件"向中国政府发出"最后通牒"。清华学校、燕京大学和女子师范大学等高校四五千人在天安门集会，后游行到段祺瑞政府门前示威，抗议八国政府的"最后通牒"。武装警察竟向手无寸铁的爱国学生开枪，不少学生牺牲，血溅到王淦昌的衣服上。当晚，他和几位同学到叶老师家讲述了白天亲眼看见的天安门血案。叶企孙听后神色激动地盯着王淦昌说：

> 谁叫你们去的?! 你们明白自己的使命吗？一个国家，一个民族，为什么挨打？为什么落后？你们明白吗？如果我们的国家有大唐帝国那般的强盛，这个世界上有谁敢欺侮我们？一个国家与一个人一样，强食弱肉，这是亘古不变的法则。要想我们的国家不受到外国人的凌辱，就只有靠科学！科学，只有科学才能拯救我们的民族……①

说罢泪如雨下。他的爱国激情，他把科学与救国联系起来的远见卓识，他对青年学生所寄托的厚望深情，深深感染了他的学生。王淦昌说："爱国与科学紧密相关，从此成为我生命中最最重要的东西，决定了我毕生的道路。"他还说："清华大学是我的摇篮，而对我毕生道路有决定性影响的则是叶企孙教授。"②

叶企孙也是我国早期科学活动的组织者。早在1917年，叶企孙就加入了中国科学社。在美国留学期间，他一直担任中国科学社驻美临时执行委员会会长，每年为《科学》杂志组稿并编辑三期文章，组织社友讨论如何发展中国科学。在1923年离开美国之前，还制定了驻美分社章程，选出了理事会，使中国科学社驻美分社日渐巩固发展。回国后，他更积极投身于国内科学社团的活

---

①② 王淦昌. 见物理系之筚路蓝缕，思叶老师之春风化雨. 物理通报，1993（2）：1-2.

动，长期担任中国科学社理事并兼任科学社月刊《科学》杂志的编辑。1933年，他加入中国天文学会，并担任理事；1941年，他参与组织了到甘肃观测日全食的工作。

1932年8月，中国物理学会正式成立，叶企孙为学会发起人之一，在大会上报告了学会的发起及筹备经过。在第一届年会上，李书华当选为会长，叶企孙为副会长。1936年叶企孙任会长，1946年和1947年又连任两届常务理事长。作为中国物理学会的创始人和领导人，叶企孙为学会的建设和发展做了许多工作。他认真落实学会的各项决议，使学会组织机构迅速得以健全，设立了学报委员会、物理名词委员会和物理教学委员会，创办了《中国物理学报》。抗日战争胜利后，他担任学会理事长，又设立了应用物理汇刊委员会。他积极组织各届年会，评审论文，参与物理学名词的翻译审订，还关心中学物理实验仪器的制造。

抗日战争全面爆发前的几年，与国际上的物理学发展相同步，是中国物理学的"黄金时代"。这一时期，物理学在中国从无到有，走向繁荣，科研、教学队伍迅速壮大，物理学研究取得丰硕成果。仅中国物理学会召开的前5届年会，宣读的论文就近180篇，这与叶企孙等老一代物理学家们的辛勤耕耘是分不开的。他们为物理学在中国的生根和发展，做了开拓性工作。

1941年7月，应中央研究院院长朱家骅的多次邀请，叶企孙出任这个当时中国最高学术机关的总干事。在他之前，已先后有杨铨、于文江、朱家骅、任鸿隽、傅斯年担任过总干事职务，总干事直接负责处理中央研究院的行政事务。当时正值抗日战争的艰难时刻，虽然研究院事务繁忙，经费困难，但是叶企孙还是艰苦工作了两年，在办好学术刊物和组织研究工作方面做了不少工作。

由于适应不了中央研究院的官场气氛，再加上院内存在着派系斗争，无法施展他的抱负，1943年7月叶企孙辞去总干事职务，回西南联大继续教书生涯。抗日战争胜利后，清华大学搬回北平，叶企孙主持复校工作，并继续担任理学院院长（1946—1948 年）。1948 年叶企孙当选为中央研究院院士。同年，他聘请钱三强为物理系教授，拟建立原子核物理研究所，终因时局关系而未果。

1948 年底，国民党政府曾企图收买、拉拢、威胁叶企孙，有人劝他去美国学习科学管理，叶企孙不为所动。1949 年，他和周培源、吴晗一起，组成清华大学校务委员会，叶企孙任主任委员，主持全校工作，保证了清华大学教学和科研工作的正常进行。叶企孙的行动坚定了一大批高级知识分子留下来为新中国服务的信念。

1952 年，全国大学院系调整，叶企孙被调任北京大学物理系教授，1955 年任该系磁学教研室主任，为建设该教研室做出了重要贡献。从 1955 年到 1966 年，北京大学磁学专业培养的毕业生达 200 余人，他们中的许多人成为磁学教学与科研的骨干力量。

（二）中国近代物理学事业的开创者吴有训

吴有训（1897—1977）是国际闻名的物理学家，是中国近代物理学的先驱者，是中国物理学会的创始人之一。

吴有训，字正之，1897 年 4 月 26 日生于江西高安县黄沙乡（今高安县荷岭乡）石溪吴村。吴家祖上曾做过清朝的小官，到吴有训父辈时家道中落。吴有训的父亲吴起辅曾教过私塾，后弃儒就贾，去汉口做店员，为人诚实勤勉，善于经营，年迈回乡后与人合开一店铺维持生计。母亲邓氏聪明贤惠，勤劳节俭，独自承担家务。吴有训 7 岁入私塾，师从一位堂叔受启蒙教育，后进高安县一所小学学习语文、数学。读完小学后，按其家庭情况本无力继续念书，但因吴有训天资聪颖，成绩出众，喜爱学习，父母在亲友帮助下，才送吴有训到南昌上中学。1916 年，吴有训中学毕业后，由于家境贫寒而又想继续求学，就考入公费的南京高等师范学堂理化部学习。在他升入三年级时，刚从美国哈佛大学获得博士学位的胡刚复先生来校任教。吴有训在胡刚复的影响下，开始接触到物理学前沿的知识，并对 X 射线研究产生了浓厚兴趣。

　　大学时期的吴有训，虽然并非一个各个方面都出类拔萃的学生，但学习十分努力，刻苦钻研，一丝不苟。1920 年大学毕业后，吴有训先后在南昌二中和上海中国公学任教。1921 年秋，他以优异成绩考取江西官费留学生，1922 年初赴美进入美国芝加哥大学物理系学习。

1. 对康普顿效应的重大贡献

　　1923 年，年轻的美国物理学家康普顿（A. H. Compton，1892—1962）来到芝加哥大学执教，吴有训有幸成为他的研究生和助手，主要跟随康普顿进行 X 射线方面的研究，由此几乎参与了"康普顿效应"发现的全过程。

　　1905 年，爱因斯坦提出了光量子假说，认为光的能量在空间中不是连续分布的，而是表现为粒子的形式，每个粒子具有 $h\nu$ 的能量。h 为普朗克常数，ν 为光子的频率，这种粒子叫作光量子，后被称为"光子"。虽然这个假说解释了诸如光电效应等过去无法说明的问题，但长期得不到多数物理学家的承认。美国物理学家密立根从维护经典理论的立场出发，对光电效应进行了 10 年精心的实验研究，结果却证明了爱因斯坦的光电效应方程是严格成立的。但通过光电效应对光量子假说所做的检验还具有某种间接的性质，所以不少物理学家对光量子的真实性尚存疑虑。就是此时，康普顿的论文出现了，这篇论文强有力地表明了光量子图景的实在性。

　　20 世纪 20 年代初，康普顿进行了一系列 X 射线（和 γ 射线）散射的实验研究。他是在 X 射线分光仪上研究石墨对 X 射线的散射时发现"康普顿效应"的。他选用钼的 K_α 标识谱线作为入射线投射到石墨晶体上，通过铅板准直缝，再用布拉格晶体的反射来测量散射的二次 X 射线的波长，散射波的强度则用威尔逊云室作探测器来测量。康普顿的 X 射线散射曲线明显地有两个峰值，其中一个就是原来入射波的波长 λ，康普顿把它称为"不变线"；另一个则是向长波方向偏移的新波长 λ'，康普顿称它为"变线"。实验表明，波长偏移 $\Delta\lambda = \lambda' - \lambda$ 的值随散射角的增大而增大。从经典电动力学的观点来看，这是一种无法做出合理解释的异常现象。原来并不相信光量子假说的康普顿，经过一番艰难的思考和抉择之后，对这一现象提出了一种量子论式的圆满解释，这就是他于1923年发表的著名论文《X射线量子散射理论》[①]。

康普顿首先假设入射X射线不是频率为 ν 的波，而是能量 $E = h\nu$ 的光子的团束，然后将散射过程看作是光子与靶物质中自由电子的完全弹性碰撞过程。于是，入射光子的一部分能量传给了电子，所以"反冲光子"剩下较低的能量 E' 和较长的波长 λ'。

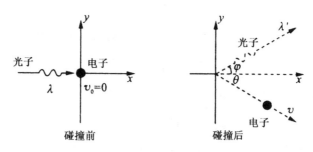

康普顿散射原理图

康普顿利用了爱因斯坦关于光量子的动量和能量表示式，将能量守恒定律和动量守恒定律同时应用于光子与自由电子的碰撞过程，从而得到了散射后的二次X射线的波长表达式：

$$\lambda' = \lambda + \frac{h}{m_0 c}\ (1 - \cos\varphi)$$

式中 φ 是散射角，m_0 为电子的静止质量，波长随散射角的变化量为

$$\Delta\lambda = \lambda' - \lambda = \frac{h}{m_0 c}\ (1 - \cos\varphi)$$

---

① COMPTON. *Quantum Theory of the Scattering of X-Rays by Light Elements*. Phys. Rev., 1923 (21): 483 - 502.

经典电磁理论不能解释 X 射线被电子散射后的波长变化，也不能解释 $\Delta\lambda$ 随散射角 φ 的变化。但一经引入光子概念，这些"反常"现象便可得到简单的力学解释。因而，康普顿效应使光的"粒子"本性被以更明显的形式确定下来，进一步揭示了光的波粒二象性；康普顿效应的发现，成为随后建立起来的量子力学的重要基石。所以有人将这一发现称为现代物理学发展过程中的一个转折点。

这一重大发现在当时虽然引起了广泛的注意，但却没有立即得到普遍的承认。一是由于康普顿的解释与经典散射理论相冲突；二是因为实验上的证据尚不够充分和完备。此时正在这里跟随康普顿进行研究工作的吴有训，以其高超的实验才能，为康普顿效应的最后确立做出了杰出的贡献。

吴有训的第一个贡献是证明了康普顿效应的普遍性。

康普顿在 1923 年发表的论文中，只涉及一种散射物质石墨（碳），右图是他获得的典型的光谱曲线。虽然这个实验本身是无懈可击的，但无法说明这个效应的普遍性。罗斯用石蜡做散射样品，肯定了康普顿的结果，但毕竟还没有将更多的材料用于散射实验。

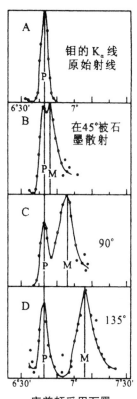

1923 年底到 1924 年初，吴有训在康普顿指导下得到了锂、硼、碳、水、钠、镁、铝等 7 种物质的 X 射线散射曲线，结果都与康普顿的理论相符合。他证明，只要散射角相同，不同物质散射的效果都一样，变线和不变线的偏离与物质成分无关。1924 年，他们在两人联名发表的论文《经轻元素散射的钼 K_α 射线的波长》中写道：

康普顿采用石墨
晶体散射的光谱曲线

从各种材料所得的光谱在性质上几乎完全一致。每种情况，不变线都出现在与荧光 M_oK_a 线相同之处，而变线的峰值则在实验误差允许的范围内出现在上述的波长变化量子公式预言的位置上。[1]

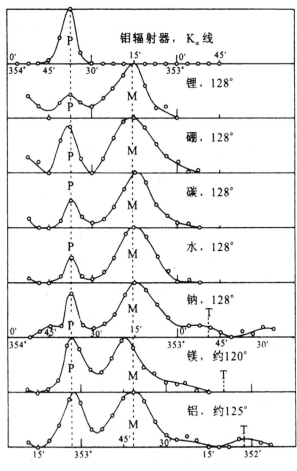

康普顿和吴有训 1924 年发表的曲线

这是对理论广泛适用性的一个有力支持。在论文的末尾，他们总结道：

① COMPTON, WOO. *The Wave-Length of Molybdenum K_a Rays When Scattered by Light Elements*. Proc. Nat. Acad. Sci., 1924 (10)：273.

从不同元素的这种相同结果来看，我们感到此实验无可置疑地表明了散射的量子理论所预言的光谱移动的实在性。①

后来，吴有训又独立地用其他材料进行实验，都和康普顿的理论预言相符合。

1923 年，在康普顿的量子散射理论发表后不久，便发生了康普顿和美国哈佛大学教授杜安（W.Duane，1872—1935）之间的一场争论。杜安和克拉克（G.L. Clark）也在进行 X 射线散射实验，却得不到康普顿的结果。杜安是当时国际上著名的 X 射线专家，他和克拉克在 1923 年发表的论文②中宣布，他们"没能够检测到有任何波长变化超过初级线一个 Å（Å 为非 SI 单位，在专门领域可与 SI 单位并用，1 Å $= 10^{-10}$ m $= 0.1$ nm。）以上的二级辐射的存在"。他们继续写道："二级辐射中可能确有比初级线波长增加了的射线，但其数量在我们的实验中，与那些散射后波长仍严格等同于初级线的射线相比，则是完全微不足道的。"他们在一个新的实验中获得的钨钯 X 射线在铜上的散射光谱曲线，在钨的标识峰线 W_α 和 W_β 外，确实出现了一个"驼峰"，却不在康普顿的二级射线的峰值位置。杜安和克拉克据此提出了一个大胆的设想：这个峰线可能对应着一种尚未知晓的"三次辐射"。它的产生机制是：初级线激发的光电子冲击邻近原子，从而产生这种射线。他们还据此推算出了"三次辐射"波长的变化公式。

1923 年冬天，美国物理学会在年会期间，组织了一场杜安和康普顿之间的正式辩论。在辩论之后，他们相互访问了对方的实验室，但是他们俩谁也没有找到两个实验结果不同的原因。康普顿回芝加哥后，建议他的学生吴有

---

① COMPTON, WOO. *The Wave-Length of Molybdenum K_α Rays When Scattered by Light Elements*. Proc. Nat. Acad. Sci., 1924（10）：273.
② CLARK, DUANE. *The Wave-Length of Secondary X-Rays*. Proc. Nat. Acad. Sci., 1923（9）：418-424.

训立即进行这项研究。在 1924 年他们联名发表的前述那篇论文中，7 种物质的光谱曲线都与康普顿的理论相吻合，本书《康普顿和吴有训 1924 年发表的曲线》图中 P 代表初始 M_oK_a 线的位置，M 为变线的理论位置，T 则是杜安的"三次辐射"的理论位置。曲线表明，各种物质的不变线 P 都出现在与荧光 M_oK_a 线相同的地方，而变线的峰值都出现在康普顿量子公式预言的 M 位置上。但是，这个实验只是初步地否定了三次辐射假设，却没有彻底排除它的可能性，因为就钠和铝的光谱来说，这种"驼峰"（T 位置）仍然有所表现。

1924 年底，吴有训使用了岩盐、硅、硫等 5 种物质样品做了更精确的实验研究，从所得的曲线中可以清楚地看到，所谓"三次辐射"已经荡然无存。他在 1925 年发表的论文中宣布："所采用的 5 种散射物质中，没有一种展现出三次辐射的迹象。"[①] 与此同时，其他人也以实验支持了吴有训的结论。这样，"三次辐射"假说终于被否定，康普顿的理论则得到了有力的印证。

1924 年夏天，在多伦多召开的英国科学促进会上，杜安对散射波长的变化又提出了一个新的解释，他称为"箱子效应"。他说，其他实验室获得光谱的方法与他们实验室的方法可能有差别，他们从未将 X 射线管和散射物安置在小箱子之中，而其他人则使用了内部嵌有木质或由碳和氧组成介质的铅箱。当有 X 射线照射时，箱壁上的木质（或其他碳氧介质）材料会产生出一些激发线，这就可能混淆而且很可能被看作是所谓二次辐射。杜安和阿姆斯创尼（A. H. Armstrony）曾在一只木箱外包上一层铅皮，箱子上开一扇活门，里面放入 X 射线管和散射样品。在开启和关闭活门两种状态下，所得到的光谱曲线的确不同。关闭活门时，有二次峰线出现；移走木箱后，相应的峰线消失。

这个假设及其实验证据在会议上引起很大反响。康普顿与杜安在会议期间

---

① WOO. *The Intensity of the Scatering of X-Rays by Recoiling Electrons.* Phys. Rev.，1925 (26)：451.

进行了激烈的论战，而且杜安的"箱子效应"占了上风。会后，印度著名物理学家拉曼（C.V.Raman，1888—1970）勋爵私下对康普顿说："你是个优秀的辩论家，但真理并不在你一边。"[①]

最先对"箱子效应"提出质疑并进行实验检验的是斯坦福大学的韦伯斯特（D.L.Webster）和罗斯，而吴有训的实验则更具有判决作用。吴有训以完全用铅皮制成的箱子代替镶着铅皮的木箱进行实验，结果与采用木箱时的情况没有任何差别，都找不到杜安所说的"三次峰"。康普顿将 X 光管拿到室外去做，也没有找到支持杜安的证据。与此同时，杜安和他的合作者也在重复自己的实验，并发现了与康普顿理论相符合的谱线。在下一次物理学会年会上，他们报告了极好的测量结果。至此，康普顿的理论才得到普遍承认，康普顿也因此获得了 1927 年度的诺贝尔物理学奖。

吴有训对康普顿效应的最重要贡献，是以实验测定了康普顿散射光谱中变线与不变线之间的能量（或强度）的比率 R 随散射物质的原子序数变化的曲线，证实并发展了康普顿的量子散射理论。

根据康普顿的散射理论，二次辐射波长的改变量是散射角的函数，那么变线的能量（或强度）与散射角有何关系？这是需要认真考察的。美国华盛顿大学的江赛（G.E.M.Jauncey）认为，变线与不变线的能量比率应随散射角的增大而增大。另外，康普顿在 1923 年的论文中，曾对不变线的起因做出两种假设。他的第一个假设是：在散射过程中，分给电子的能量不足以把电子从原子释放出时，就会出现不变线。光子跟这些束缚电子的碰撞，实际上就是跟整个原子的碰撞。因此，原子的原子序数越大，所含的束缚电子越多，不变线的强度也就越大。同时，康普顿还提出了另一种可能性解释：假设不变线是由于入射光子被原子核散射所致。这两个假设的真伪，也需要由实验做出检验。

---

① JOHUSTON（ed.）. *The Cosmos of Arthur Holly Compton*. Knopf. New York，1967：37.

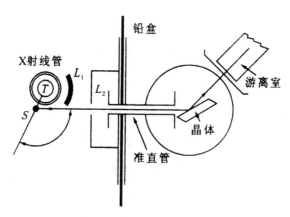

吴有训测量强度比率的实验装置

吴有训在 1925 年对强度比率进行了实验测量。他的实验装置如上图所示，S 为散射样品，L_1、L_2 为防护铅屏，从 X 射线管 T 发射出的 X 射线经 S 散射后，通过准直管射向方解石晶体，衍射线被游离室收集后，其强度转换为游离电流强度，用静电计进行测量。吴有训选用了 5 种散射物质：木块、石蜡、碳、铝和硫，结果得到了强度比率 R 随散射角 φ 变化的实验关系曲线（见下图）。从图线可以看出：（1）对于给定元素，强度比率随散射角的增大而增大。

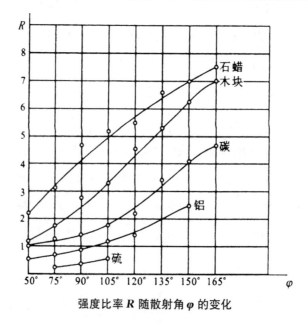

强度比率 R 随散射角 φ 的变化

这虽然与江赛的定性预言相符合，但在定量上有较大差距。江赛预言 R 的变化量将为原来数值的 $20\%\sim50\%$，但吴有训的测量表明，R 的值却有成倍的变化。（2）对于给定的散射角，强度比率随原子序数的增大而减小。石蜡的强度比率最大，因为它含的氢更多。由此吴有训做出推论：锂的强度比率应该特别大，因为它是最轻的金属。

早在 1924 年 5 月，吴有训就和康普顿一起，研究过锂靶散射的 $M_o K_a$ 线。他们发现，当采用新鲜的金属锂做样品时，不变线非常微弱。杜安在实验中用一层液状石蜡保护锂以免氧化，结果在不变线位置上仍有微弱的峰出现。这一次吴有训重新精心设计了实验方案，他将锂样品放在一个充满氢气的铅盒里，盒子上留有两扇云母窗，作为原始 X 射线进入和散射的二次射线射出的通道。由于铅的散射可忽略不计，而氢比锂轻，不会影响实验结果，所以实验是有判决意义的。结果表明，在金属锂散射的二次 X 射线中，康普顿效应的不变线消失不见了（见下图）。

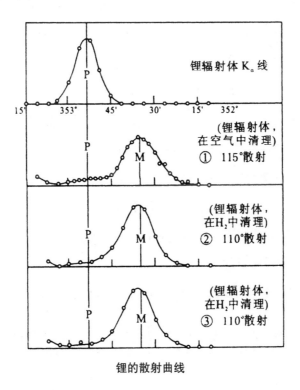

锂的散射曲线

锂散射中不变线强度为零，证明康普顿提出的第一个假设是正确的，即不变线是由于散射过程中电子获得的能量不足以使它脱离原子所引起的。也就是说，只要入射 X 射线的能量低于束缚能，则不变线将会出现，反之就只有变线了。这也就否定了康普顿关于不变线起源于原子核对初始射线的散射的第二个假设。这样，吴有训就以变线与不变线的能量比率分布的实验研究结果，把康普顿的理论向前推进了一步。这项工作得到了美国物理学界的重视。1925 年 11 月，美国物理学会第 135 届会议在芝加哥大学召开，吴有训的上述工作被列为大会的重要议题之一，他的论文被安排在大会上第一个宣读。吴有训的论文后来发表在当年的《物理评论》上，是该期的第一篇论文。在第二年 6 月的美国物理学会会议上，吴有训又提交了 3 篇论文，都列入大会宣读的 15 篇论文中。

1926 年，吴有训以《康普顿效应》为题，通过了博士论文答辩，随后回国。

康普顿和埃里孙（S.K.Allison）合著的《X 射线的理论及实验》（1926 年出版）一书，对吴有训的工作给予了很高的评价。全书有 19 处引述了吴有训的工作，特别是把吴有训所作的 15 种元素的 X 射线散射光谱图与康普顿自己于 1923 年得到的石墨散射光谱图并列，作为其理论的实验依据。吴有训的工作还被其他学者引用。鉴于吴有训工作的功绩，有人将康普顿效应改称为"康普顿-吴有训效应"，但吴有训公开拒绝这一提法，表现出了他谦虚求实的高尚品德。康普顿十分赞赏这位来自中国的学生，常为这位年轻人的独到见解和实验才干所惊异。1962 年 1 月，杨振宁从国外赠给吴有训一册他自己所写的书，在扉页上写道："年前晤康普顿教授，他问我师近况何如，并谓我师与埃尔瓦雷茨*是他一生中最得意的学生。"

吴有训回国后对 X 射线的气体散射问题进行了一系列理论研究，取得了

---

* 埃尔瓦雷茨（L.W. Alvarez）是美国著名物理学家，他发展了氢泡室和数据分析技术，从而为发现大量的粒子共振态提供了条件，对粒子物理学做出了重要贡献。他为此获得了 1968 年的诺贝尔物理学奖。

一些重要成果。1930年10月，他在英国《自然》杂志上发表了题为《X射线经单原子气体之全散射的强度》的论文，接着又发表了两篇关于单原子气体散射的论文，随后就转向了双原子气体散射的研究。他认为，在单原子气体中，由于各个原子（或分子）都处于无规则的热运动之中，可以不考虑不同原子散射的射线间的干涉，可以利用吴有训所简化并计算了的康普顿的一个公式进行理论处理。对于双原子（及多原子）气体，则必须考虑各原子之间的干涉，但只有分子中各原子间的相干辐射才有干涉产生，对不相干辐射只需简单叠加即可。吴有训将单原子气体散射公式推广到多原子气体的情形，得出了与实验相符合的计算结果。对于非相干散射过程，当时虽然还无法做出更细致的描述，但吴有训认为，由于每个分子非相干散射的强度与散射物质的物理状态以及温度无关，只简单地与散射时的分子有效数目成比例，因而可以预期，"非相干散射将在X射线经气体、液体以及固体的散射中占据重要的地位"。后来的发展证实了吴有训的预言。

吴有训还对康普顿在计算单原子气体散射时引入的、其意义不甚清楚的"校正因子"进行了探讨。吴有训把在散射角较小（小于90°）和大散射角两种情况下引入校正因子的计算结果以及不引入校正因子的计算结果与实验数据进行对比，从而得出结论：由量子理论得出的这一因子主要在非相干散射中起作用，不管是对较短还是较长波长的X射线均如此。芝加哥大学的哈维（G.G.Harvey）教授对吴有训澄清这一问题给予很高的评价。

此外，吴有训还就温度对晶体的X射线散射过程的影响、X射线的气体散射系数等问题进行了研究，并修正了德国物理学家德比（P.Debye）的某些理论计算，这些工作获得了国内外的好评。1935年，严济慈先生在回顾中国的物理学发展时特别指出，吴有训的这些工作"实开我国物理学研究之先河"。[①]德国哈莱（Halle）自然科学院也因为吴有训的功绩而推举他为院士。

---

① 严济慈. 二十年来中国物理学之进展. 科学，1935，19（4）：1706 - 1726.

2. 杰出的物理教育家

张文裕先生在一篇纪念文章中提到，吴有训不仅是一位有成就的物理学家，而且是一位杰出的教育家和科学研究的组织者。1926 年秋，吴有训从美国学成归国，先在上海大同大学任教，1927 年上半年，就到南昌参与筹办江西大学。同年夏天，到南京中央大学物理系任副教授旋即任物理系主任。1928年 8 月，受北平国立清华大学物理系主任叶企孙的聘请，赴该校任物理系教授。后受叶企孙之荐，担任物理系主任（1934 年）、理学院院长（1937 年）。后清华大学南迁昆明，与北京大学、南开大学合并组成西南联合大学，吴有训出任西南联合大学理学院院长兼清华大学物理系主任。1945 年 8 月，抗日战争胜利后，吴有训担任国立中央大学校长（1946 年中央大学由重庆迁回南京），1948 年他辞去中央大学校长职务，年底受聘任上海交通大学物理系教授，直到 1951 年 2 月。吴有训在教育界工作了 20 余年，这是他一生活动的重要组成部分。

中国近代的物理学先驱者，大都在留学回国后投身于教育工作。如李书华、饶毓泰、胡刚复、丁西林、何增禄、叶企孙、严济慈、朱物华、萨本栋、周培源等都如此。这种情况与中国当时的国情有关。首先，中国由于长期处于落后的状态，当时的工业基础、技术条件和社会环境都不能提供专门从事物理学研究，特别是与国外同步的近代物理学前沿问题研究的基本条件。实际情况是，在 1928 年，国立中央研究院物理研究所成立之前，国内没有任何物理学的研究机构，只有少数大学能够接纳这些留学归来的物理学先驱们，为他们提供生活保证，结合教学工作逐步开展一些研究工作。另外，近代物理学在中国还是一个刚刚起步、国人十分陌生的学科。为了使它尽快地在中国的土地上生根开花，就必须利用教育的手段，培养大批物理人才，以推动物理学在中国的传播和发展。中国早期的物理学家多数都是教育家，正是这一国情的体现。在当时十分困难的条件下，物理学先驱们齐心协力，坚持不懈地推动我国物理教育事业的发展，培养了大批物理学人才，使科学在祖国生根，吴有训先生便是这些志士中的一员。1926 年，在他获得博士学位后，康普顿曾挽留他，说到美国的科研条件好，中国的条件差。吴有训说："毕竟我是中国人，我有责任使科学在中国生根。"这使康普顿十分感动，从挽留改为送别。吴有训回国后，一直是边教学边做研究。1931年，在他代理清华大学理学院院长时曾著文道：

> 理学院之目的，除造就科学致用人才外，尚欲谋树立一研究科学之中心，以求国家学术之独立……院中教授大多致力于研究工作，投稿于国外专门杂志者，日见其多。

可见他无时无刻不以振兴国家的教育和科学为己任。

吴有训初到清华大学时，物理系共有3名教授，即叶企孙、萨本栋和吴有训。吴有训担任普通物理、近代物理和近代物理实验3门课程的教学任务。普通物理中也包括有一定数量的实验内容。

物理学是一门基础性和理论性很强的学科。为了打好基础，必须让学生先把普通物理这门课学好。清华大学对此很重视，安排高水平的物理学大师教授这门课，不是吴有训，便是萨本栋。普通物理是一门重头课，课堂大，学生多，分甲、乙两组上课，同一内容教师要讲两遍，很是辛苦。但吴有训总是欣然为之，竭尽心力，并总能引人入胜地把学生带入玄奥多彩的物理学境界。王淦昌先生回忆道：

> 听吴有训教授讲课的学生，除增长知识外，还常常觉得是一种享受。他上课，嗓门大，准备充分，选材精练扼要，科学性和逻辑性强，说理深入清楚。并且，他先让学生做适当的预习，对易懂的地方，讲课时一带而过，对不易理解的地方，则绘声绘色地反复讲解，把枯燥的概念、公式生动形象地表述出来，引人入胜。[1]

---

[1]　王淦昌. 深切怀念吴有训先生. 物理通报，1987（5）：16-17.

吴有训非常重视实验教学，注意培养学生的动手能力。吴有训作为我国最早一代的实验物理学家，曾以他精湛的技巧，做过许多重要实验。对于实验在物理学中的地位和作用，他是深有体会的，所以在教学中十分重视实验课。他教的普通物理课每周共 7 节，其中实验占了 3 节；近代物理课与近代物理实验课的比例则是 1∶1。他要求物理系的学生选修一些工学院的课，如制图学、车工和钳工工艺、电工学等。他鼓励学生要学习实验技术和参加具体实践，锻炼动手本领。他常常形象地说明这一信条："实验物理的学习要从使用螺丝刀开始。"

1929 年夏王淦昌毕业后，吴有训让他做"测量清华园周围氡气的强度及每天的变化"的研究，为了选择简便的实验方法，吴先生亲自带领他翻阅资料，建立实验装置。为了制成一台一二万伏的高压电源，他们改造了一台闲置不用的静电发生器，修旧利废，不到一个月全部实验装置就安装就绪。4 个月后，就圆满完成了这个实验研究课题。正是有了在吴有训的教导下培养起来的良好的科学素质，王淦昌后来做出了一系列重大贡献。1987 年为庆祝王淦昌八十大寿，在《王淦昌和他的科学贡献》一书的序中，周培源院士写道：

> 淦昌同志能做出这些突出贡献，除他自己的才能和勤奋努力外，也是和他在清华大学时期所受到的教育与训练分不开的，堪为我们今天培养青年工作的参考与借鉴……淦昌同志任助教期间，吴有训教授曾指导他研究北京上空大气层的放射性……那个时期清华物理系鼓励青年学生自己动手、动脑筋，形成了一种学风，因此培养了一批人才。

1936 年，吴有训指导钱三强做题为《真空条件下钠的金属表面对真空度的影响》的毕业论文。钱三强在"实验技术"课上掌握了吹玻璃技术，吴有训就给他一个真空泵，让他自制玻璃真空系统。由于没掌握好退火技术，玻璃炸裂了，吴有训就帮他总结原因，钱三强制成了真空系统，出色地完成了论文。

后来钱三强到法国做原子核物理研究时，由于在清华大学学过吹玻璃技术并选修过金工实习课，因而简单的实验设备和放射化学用的玻璃仪器都自己动手做，研究工作效率高，深得约里奥-居里夫妇的赞赏。钱三强回忆这段往事时很有感触地说："这说明我在清华大学时受到的教育，特别是吴先生鼓励我们敢于动手的教育是非常重要的，对我一生是有意义的。"由此钱三强也同样鼓励青年人要敢于动手自己做仪器设备，这对以后的成长大有好处。

吴有训在教学中，特别在讲授近代物理学时，经常介绍一些大科学家的生平事迹。他用法拉第、卢瑟福、玻尔的故事启发和开导年轻人，用这些先辈献身科学的高尚品格和顽强精神去鼓舞、激励年轻人踏上科学的征途。他在晚年还很关心自然科学史的研究工作。1977年10月，在逝世前的一个月，他还对一位研究物理学史的学者谈到如何评价玻尔、海森堡等物理学家，以及如何评价哥本哈根学派的问题。他认为，应当充分肯定这些物理学大师的科学成就，对他们的哲学思想也应当进行研究分析，不能一概批判。他特别谈到玻尔是一位品格高尚的科学家，并且对中国人民怀有真挚的友情。他强调说，在评价这样的科学家时，切忌片面性和简单化，而应慎重、全面和实事求是。

吴有训坚持叶企孙的重质不重量的选拔学生的原则。清华大学入学新生都要与系主任谈一次话，这时，吴有训常常要提出这么一个问题：你为什么要学物理。他认为物理系的学生不但要有能力读物理，而且还要愿意读物理，这样才能培养出真正的人才。正是在他们这种教育思想和教育方法的培育下，一批世界闻名的科技精英成长起来。除前文已提到的王竹溪、彭桓武、王淦昌、钱三强、王大珩、赵九章等人外，还有粒子物理学家杨振宁、李政道，海洋物理学家赫崇本等国际知名科学家，都是叶企孙、吴有训的学生。吴有训的学生被选为中国科学院院士、中国工程院院士的多达几十人，真是名师出高徒，桃李满天下。

1949年11月1日，中国科学院正式成立。1950年5月19日，政务院任命吴有训为中国科学院近代物理研究所所长。12月26日，吴有训被中央人民政府任命为中国科学院副院长，主管数、理、化各所，他担任这一职务直至去世。1951 年 2 月 12 日，吴有训辞去近代物理所所长职务，由钱三强接任。1955 年 6 月，吴有训出任中国科学院学部委员和数学、物理学、化学三个部的主任，同年 8 月，任中国科学院研究生招生委员会主任。1956 年 2 月，他组织学部制定"十二年（1956—1967 年）科学技术发展远景规划"。吴有训紧紧把握科学发展的方向，倡议并参与拟定加速发展新技术的紧急措施，为半导体、电子学、自动化和计算机等新技术学科的迅速发展做了大量工作。

在任期间，吴有训会见过许多科学家和学术界著名人士，包括汤川秀树、杨振宁、阿尔文、任之恭、林家翘、李约瑟夫妇及鲁桂珍女士、陈省身、李政道、赵元任夫妇、牛满江夫妇、史密斯、杰拉西、莫拉维兹、施瓦茨、M.戈德伯格、吴健雄、袁家骝、巴顿、胡德强、丁肇中等。

1977 年 11 月 29 日，80 岁高龄的吴有训还在家里接待了来访的同事和学生，并向秘书布置第二天研究成立中国科学院学术委员会事宜。他对家人说："需要做的工作太多了，可惜我已 80 岁了，若能年轻一点就好了。"第二天，吴有训先生因动脉瘤破裂导致大出血而与世长辞。

三、现代声学在中国的发展

（一）空气声学和超声学的早期成就

声音是人们经常接触的一种自然现象，所以人们很早就积累了较丰富的声学知识。在古代，中国是对声学做出贡献的国家之一，到了近代，当声学在西方得到长足发展的时候，中国的声学研究却明显滞后了。20世纪50年代中期以前，只有少数物理学家在少数课题上进行过一些研究工作。

1922年，哈佛大学教授萨宾（W.C. Sabine）出版了他关于建筑声学方面的论文集。当时叶企孙正在哈佛大学留学，该书引起了叶企孙对这一课题研究的注意。回到清华学校以后，他因陋就简，带领赵忠尧、施汝为等几位青年助教，开展了建筑声学方面的研究工作。当时清华学校大礼堂的音质较差，他们就对这个大礼堂的吸音情况进行了测试分析。测试工作必须在熄灯以后夜深人静时进行，为了不影响第二天的工作，他们就常在星期六夜晚抓紧时间连夜工作。在对大礼堂的总吸音能力作统计时，需要涉及会场里穿中式衣服人的吸音能力，但当时尚无这类数据，叶企孙就指导赵忠尧专门进行了这种测定。1929年，叶企孙在《清华学报》上发表了《清华学校大礼堂之听音困难及其改正》一文，定量地分析了该礼堂听音困难的原因，并提出了改进该建筑物音质的具体办法。这一工作开创了我国建筑声学研究的先河。

抗日战争期间，中央大学物理系主任周同庆（1907—1989）随学校迁往重庆。当时的重庆除战祸外，还存在嘉陵江一大水患。长江嘉陵江一段因年久失治，沉岩暗礁散布水底，时常发生触礁翻船事故。周同庆深为此事焦急，就带领李博、林大中等人探索测定河道水深的物理方法。他们自己去争取经费，在查阅国外文献的基础上，决定采用超声反射的方案制作仪器。这种方案的原理与当时刚刚出现的雷达相似，后来被称为"声呐"（sonar），当时他们把它称为"声回响"（echo sounding）。周同庆和当时的中央工业实验所合作，研制成了超声发生器以及超声探测器等，最后制成了水声回响仪。为了检验仪器的性能，他和助手们冒着风险，在长江上进行实地测试，证明了它既可准确测定河道的深度，又能简便地探明暗礁的位置。这一成果获得了教育部的嘉奖，并交付有关部门使用。1943 年，周同庆在中央研究院的《科学杂志》上发表了有关水声回响的论文。

20 世纪 40 年代中期，许宗岳（1911—1974）在美国罗得岛布朗大学期间，从事水超声波吸收的精确测量和理论研究。他采用自己提出的力积分天平法，通过精心设计，抑制各种干扰影响，特别是采用细砂覆盖检测器表面等办法，成功地消除了测量容器壁与声源、检测器表面之间的多次反射，提高了灵敏度。在 10～50 兆赫频率范围内，测得室温下自来水的 $2\alpha\nu^{-2}\times 10^{17}$ 的平均值为 45.4 厘米$^{-1}$秒^2（2α 为声强衰减系数，ν 为声频率）。为了解释这一数值与经典斯托克斯公式计算值之间的明显差异，他倾向于将斯托克斯公式修改为

$$2\alpha/\nu^2 = 4\pi^2 \ (\lambda + 2\mu) \ /\rho_0 C^3$$

即除要考虑水的剪切黏滞系数 μ 外，还应考虑"压缩"系数 λ，量（$2\mu + 3\lambda$）不应当取为零。后来，德国学者伯格曼（L. Bergmann）在他的著作《超声》中，收录了许宗岳的实验数据，并把此文作为声吸收测量的代表性工作。

许宗岳于 1945 年 10 月回国，历任武汉大学教授、华中工学院教授和中国科学院武汉物理研究所研究员。1958 年，他领导建立了中国科学院武汉物理研究所声学研究室，研制出新型压电陶瓷——锆钛酸铅（PZT）和当时国内功

率最大的超声发生器。

从 20 世纪 60 年代开始，他还指导了固体中表面波和板波的激励、传播与应用，水浸法钢坯超声探伤，核燃料棒密合度的超声自动检测，超声调频测厚等多项研究，为发展我国超声检测事业做出了贡献。

这一时期，也造就了中国的两位声学大师——马大猷和汪德昭。

马大猷 1915 年 3 月 1 日生于北京（祖籍广东省）。其父为日本明治大学学士，曾任职北洋政府农商部，后专任律师，于 1929 年去世。马大猷兄妹 3 人由母亲抚养长大。1936 年，马大猷从北京大学物理系毕业后，即以优异成绩考取清华大学的留美公费生，选择的是他喜爱的声学专业。在大学时马大猷几乎没有接触过声学，但在出国前的一年准备期内，他在朱物华和任之恭两位先生的指导下，尽可能地查阅了有关声学的文章，写出了《声学的发展和展望》的综述报告。在这个报告里，他提出了声学研究中两个很有意义的发展方向：声定位和语言声的频谱分析。他还利用简单的阴极射线示波管、高速摄影机、留声机、电磁拾声器和自制的放大器，开始了语言频谱分析的研究。他当时指出的两个发展方向，今天都已取得了重大的进展。

1937 年到美国后，马大猷先在加州大学洛杉矶分校跟随著名声学权威弩德森（V.O. Kmidsen）教授学习。弩德森给了他一个颤动回声（人走在窄巷中听到的声音）的小课题。他通过实验和理论分析证明，从简正波理论得出的结果与从自由脉冲往复反射所求得的结果完全一致，由此写成了出国后的第一篇论文。当时和马大猷一起在这里做研究工作的还有几个研究生，其中一个叫博尔特（R.H. Bolt）的，当时正在做关于矩形房间内简正波数目和频率的关系的博士论文。博尔特得到了一个适合于声频范围内简正波频率分布的公式，与实际非常符合，大家都认为这是一个突出的成就。可是马大猷却觉得这个公式过于复杂，而自然规律本应该是简单的。这个思想在马大猷的下意识中不断闪现，在第二天早饭时他忽然灵机一动，想到何不用频率空间的体积计算求出简正频率的数目呢？果然他由此求得了给定频率下矩形空间内简正波数目的简明公式，物理概念也更为清晰。这个工作成果在 1938 年秋季的美国声学学会年会上宣读，并于 1939 年以《低频范围的矩形室内简正频率的分布》为题，发表在美国声学学会杂志上。这个公式后来成为波动声学的一个经典公式。博尔特后来曾任美国声学学会主席，1981 年曾来我国访问。

由于弩德森去欧洲休假，马大猷又转到哈佛大学跟随亨特（F. V. Hunt）攻读研究生。他与亨特和另一位研究生伯瑞奈克（L. L. Beranek）一起，用简正波理论研究矩形房间的声衰减。马大猷运用波来回反射的概念，以及求解波动方程并使其满足房间边界条件的物理声学方法，分析解决了衰变常数的计算问题。他们合写的论文《矩形房间中的声衰变分析》发表在 1939 年的美国声学学会杂志上。这一成果被声学界认为是建筑声学发展的一个新的里程碑。

20 世纪 30 年代初期，莫尔斯（P. M. Morse）把量子力学中关于固体中电子波的理论用到声学中来，形成了简正振动（简正波）的近似理论。但因为声波波长较长，低频率的波长可与房间的尺寸相比，所以直接采用量子力学的结果有很大误差。后来塞宾（W. C. Sabine）创立了半经验的统计声学方法，直到 20 世纪 30 年代末，在房间声学中有关混响时间、声吸收、声压级等问题，都使用塞宾的方法。但这种方法仅从声能出发，忽略了声的波动性质。马大猷关于低频简正振动分布的理论以及他和亨特等人的工作，建立了房间声学的简正振动基础理论，并使塞宾的方法走向精确的物理方法。

在取得硕士学位后，马大猷又把这一理论进一步发展到矩形房间中非均匀声学边界的情况，使其更接近实际问题。1940 年 5 月他通过了论文答辩，获得了博士学位。就这样，他仅用两年时间，便完成了硕士和博士学业，并在声学领域做出了引人瞩目的成绩，受到声学权威弩德森的赞扬。后来，马大猷还研究了颤动回声理论、声场起伏理论、简正波方向分布理论等。马大猷是房间声学中简正波理论的奠基者之一，并把它发展到实用阶段。

1940 年，马大猷回到抗日烽火连天的祖国，在西南联合大学和清华大学任教。1946 年回到北平，任北京大学工学院院长。

汪德昭（1905—1998）1905 年 12 月 20 日生于江苏灌云板浦镇一个职员家庭。1923 年考入北京师范大学物理系。由于勤奋好学，成绩优异，于毕业前一年被校长张贻惠遴选为吴有训先生的助教。1933 年 10 月，汪德昭前往比利时布鲁塞尔大学深造，一年后就成为法国巴黎大学朗之万（P.Langevin）的研究生。1940 年获巴黎大学国家科学博士学位。由于杰出的研究成果和出众的表达能力，其论文被评为最荣誉级。1938 年，他受聘在法国国家科学研究中心任专任研究员和研究指导主任。他的能力和成就受到朗之万的格外赏识。1939 年第二次世界大战开始，朗之万就推荐他到法国国防第四研究组任研究员，从而使他成为法国国防科研机构在非常时期聘任的唯一一个外国人，他从此开始接触水声技术研究，曾为加大法国海军声呐的发射功率做出成绩。

汪德昭在 20 世纪 40 年代的一项创造性研究成果是关于气体中大小离子平衡态的研究。20 世纪初期，朗之万曾发现大气中除一般的离子外，还存在着大离子，大小离子之间的相互作用十分复杂。进行气体中大小离子平衡态的研究，对云的形成、气象、农业、电离层性质、太阳外层大气现象以及高温等离子体等方面的研究都具有指导意义。但是直到 20 世纪 40 年代，国际上对大小离子平衡态的研究还存在着很大的分歧和困难。世界各地区发表的关于大小离子平衡态的各种重要参数存在着巨大的差异，甚至差几倍到几十倍。朗之万十分重视这项工作，把这个课题交给了汪德昭。经过周密的调研和分析，汪德昭认为世界各地数据的差异，首先是因为在自然条件下进行测量，无法控制悬浮粒子的大小、数量和电离强度等；其次是由于没有一套较完整的理论来描述大离子的复合过程。他认为，需要人为地创造一个可控制的实验环境进行有关参数的测量。他巧妙地选用了中国的蚊香点燃后用压缩空气送入电离室，并用低压筒状电容器将小离子吸收掉，再用一个内筒为正极的大电容器吸收大负离子，并用灵敏静电计测出它们的总电荷；最后改变内筒的极性，则能测出正大离子的总电荷。由于每个离子只带一个电荷，大离子在全部粒子中的比例便可求出。再用光电池的亮度比较测量数据，得到单位体积内大离子的数目。借助于失重法，可以测得粒径。改变蚊香的牌号，则可得出不同颗粒大小的实验结果。在大离子流中加上交变电场，用超显微技术，可以测出其迁移率。汪德昭和朗之万合作，推导出了大离子的合成系数。各项参数的实测值与理论值符合得很好，而且恰好是国际上正在争论的两大派实验结果（一派数值偏大，一派数值偏小）的平均值。汪德昭根据多项测量结果，推出在 1 立方厘米的低压大气中每秒可产生 9.82 对正负小离子，与居里夫人在其巨著《放射学》中的结论完全吻合。汪德昭还应用他和朗之万一起建立的理论，进一步得出了大小离子数目和小离子迁移率的一个新的关系式，并被实验所证实。1945 年，法国科学院鉴于这项成果开创了精确研究大小离子平衡的方法，并建立了大小离子平衡态的新理论，授予这项成果"虞格"奖。此项奖每年只颁发给一名有重要创造性研究成果的学者。1955 年 4 月在爱尔兰都柏林召开的"国际凝聚核学术会议"上，这一理论被称为"朗之万-汪德昭-布里加理论"，并被普遍接受。

负光致效应曾引起爱因斯坦的注意。1939 年 7 月 10 日爱因斯坦在致朗之万的信中说，有人观察到"力作用到粒子上所产生的有趣效应（例如光致效应以及非均匀磁场不可理解的作用力），这些效应至今还不能解释"。当时有人认为负光致效应是光的辐射压力产生的，汪德昭认为有必要用实验加以澄清。他在高度真空中排除一切可能的外界干扰（包括电磁干扰）进行了实验，证明了负光致效应确实存在，但不是由辐射压力产生的。巴黎大学著名光学专家卡班纳（J.Cabannes）看了这个实验后说："这是一个关键性的实验。"

汪德昭是人工放射性核素应用于工业的最早探索者之一。他利用 β 射线吸收来测量纸张和塑料薄膜的厚度，精度达到 1%，这一方法被英法一些部门采用。当时人们认为，照相干板是不能用放射性元素照射的，因为照相干板上的药膜是感光材料，因而工业上只能根据药液的使用量来估计药膜的厚度。汪德昭认为，如果照射时间足够短，使吸收的 β 粒子数量不足以引起感光，则可以用这个方法测定药膜的厚度。他通过实验，利用弱 β 射线穿透照相干板来控制药膜厚度，完全成功。

　　朗之万实验室是近代超声学的发源地。朗之万用压电晶体产生高频声振动，被称为是"发明超声学的基石。"汪德昭在这里进行了不少超声学的研究工作。某些化学液体如二硫化碳，对超声的吸收有反常现象，因而国际上各个实验室发表的数据差别很大。为了精确测出二硫化碳的吸收系数，汪德昭采用声栅光衍射的方法，排除了可能的几种干扰，测量得到的结果被认为是当时"最可靠的数据之一"，被国际超声波工作者多次引用。

　　1956 年底，汪德昭响应周恩来总理的号召，回到了阔别多年而又日夜思归的祖国。

　　中国在本土上有组织地开展声学研究工作，是从 1956 年国家制订"十二年科学技术远景规划"后开始的。中国物理学家在水声传播理论、超声在固体中的散射、喷注噪声、空气声学、语言声学和非线性声学等多个基础研究领域都取得了重要成就。

（二）汪德昭和水声学研究

　　1964 年，中国科学院声学研究所正式成立，汪德昭任所长。他领导这支队伍勇攀高峰，呕心沥血几十年，为我国声学事业特别是海洋声学的发展，做出了巨大的贡献。

　　海洋声学的基本内容是探索声波与海洋的相互作用。它一方面探索海面波浪、海水非均匀性以及海底结构等海洋环境的时空变化对声场的影响的规律（正演问题）；另一方面则探讨如何利用声波来探测海洋结构和海中物体的位置与特性（反演问题）。由于电磁波、激光在海水和海底有强烈的吸收衰减，穿透深度不超过一千米，而声波在浅海中可传播数十千米，在大洋中可传播上万千米，并穿入海底几千米，因而声波成为在海洋中进行远距离探测与传输信息的主要手段。所以，海洋声学在国防与海洋开发中有重要的作用。

在汪德昭的领导和指导下，我国的声学工作者在浅海与深海声场、简正波与射线互换关系、浅海远程混响、小掠射角反射系数、简正波过滤等方面，都达到了国际先进水平。

1. 浅海声场研究

在浅海声场的研究中，20 世纪 60 年代初期声学所的尚尔昌、张仁和等发展了"射线-简正波理论"，对具有任意垂直声速分布的浅海，给出了由海底边界反射系数与本征射线循环距离所表示的简正波指数衰减系数。1965 年，张仁和又给出了任意声速分布的简正波指数衰减系数与群速的普遍公式，首次阐明了波束位移与时延对简正波衰减与群速的影响，不但形式简明，而且精度也比国外 10 年前用微扰法所得的结果高，至今仍被国内外学者广泛引用，张仁和的这一成就及其他一些成果受到了国际学术界的重视。20 世纪 70 年代，尚尔昌提出了适于描写高声速海底的"三参数"模型，得出过渡距离与环境参数的解析关系，用以分析传播、混响、海洋噪声，得到很好的结果。关定华等对海底反射损失随角度增加而单调上升的情况，在传播衰减与距离的关系以及反射损失与角度关系之间得到了简单的映射关系，发展了海底声速测量以及海底沉积层声学遥测的识别方法。

由于声波在海水中的折射与边界反射，浅海中的信号波形变得十分复杂。掌握信号波形的传播规律是实现信道匹配的物理基础。在 20 世纪 70 年代中期，已经观测到负跃层浅海中脉冲信号具有规律的梳状结构。1981 年，张仁和等用射线理论较好地解释了波形的"宏观"结构，进而又根据简正波衰减与群速的一般关系式计算了理想跃变层浅海中的脉冲波形，得到了与实验相同的波形，表明浅海中信号波形的数值预报是可能的。鉴于声呐信号处理技术发展的需要，张仁和等还测量了水听器间距 160～240 米水平线阵、距离 50～130 千米的空间相关，证明浅海中低频远程声场有很强的空间相干性，为利用大尺寸声呐接收阵获得高空间增益提供了物理根据。

　　浅海中的声场常常是由大量的射线或简正波构成，形成复杂的空间干涉结构。通常利用平均强度结构作为对浅海声场的最基本的描述。布勒霍夫斯基（L.M. Brekhovskikh）、施米斯（J.Smith）和威斯顿（D.E. Weston）等人分别用不同方法导出过平均声强的表达式，但都存在着发散性。1981 年，张仁和利用本征函数的广义相积分近似，获得了浅海平均声强的普遍表示式，反映了声速剖面、边界反射损失、频率以及收发深度对平均声强的影响。这个表达式消除了发散性，而且当频率趋于无限大时退化为布勒霍夫斯基等人所导出的表达。张仁和还根据这一表达式，提出了一种反演海底反射损失的方法，即根据测量得到的声速剖面和传播损失，用最优化方法反演该海区的海底反射系数。

2. 深海声场研究

　　在深海声场研究中，张仁和等在国际上首先提出了水下声道中三类反转点会聚区强度的完整理论，指出在三类反转点附近存在高强度的反转点会聚区，并给出了三类反转点会聚区强度的计算公式。1983 年进行的深海实验，证实了这一理论结果。他们还从理论和实验上证明，经过海底反射的声波亦可形成反转点会聚区。在研究大洋远程声传播中，张仁和等发展了利用本征函数的广义相积分近似的简正波理论，考虑了海面附近反转时的相位修正，适合于水平缓变的大洋声道，得到了一种快速而精确地计算大洋远程声传播的方法。他们将这种方法用来研究大洋中远程脉冲声传播问题，运算速度比传统的简正波方法提高几十倍以上。

　　20 世纪 80 年代初，中国科学院声学所的高天赋、尚尔昌在波动传播理论研究领域开辟了新途径。他们从波动方程边值问题出发，导出了严格的简正波和广义射线表达式，证明了分层介质波导中简正波的生成函数与广义射线生成函数之间严格满足傅立叶变换关系，并讨论了分支割线在变换中的影响；继之严格证明了声波简正波表示与广义射线表示满足泊松公式。这项有创建性的工作，被国际学术界称赞为是对"混合表示"新传播理论做出的奠基性贡献。

3. 混响、声吸收与非线性声学

混响是对回声探测的严重干扰，它是声传播与散射的综合效应，而浅海混响则更为复杂。1968 年，巴克尔（H.P. Bucker）和莫里斯（H.E. Morris）最先将简正波方法应用于均匀浅海混响。后来，中国声学所的周纪浔等用射线简正波和角度谱法，计算出浅海远距离混响衰减规律，修正了国外的结果。他们还系统地提取了海底散射系数，得到了对远距离混响有重要意义、而国际文献中尚未发表过的小掠角海底散射系数。1984 年，张仁和、金国亮发展了比较完善的混响简正波理论，提出了用混响衰减作为归一化物理量基本概念，适用于一般的分层非均匀浅海，解决了射线理论计算远程混响以及影区、焦散区的困难。他们的工作证明，复本征值对散射波的影响一般不能忽略；混响衰减与发射信号的幅度和带宽无关；混响具有互易性；不同深度的混响强度遵从"几何平均规律"。

20 世纪 80 年代中期以来，中国声学工作者对海水低频声吸收作了系统深入的研究。准确测定海水声吸收系数对声呐作用距离预报是非常重要的。我国学者对测量海水低频声吸收的共振器法作了重大改进，解决了低千赫频段低吸收溶液和海水声吸收的高精度测量难题，最低测量频率可达 3 千赫，最小可测量的吸收值达 0.02 分贝每千米，是国际上最好的室内测量结果。从理论和实验上证明了硼酸的最大波长吸收随温度升高而显著增大，并用共振器法获得了人工海水和天然海水的声吸收与 pH 的关系，揭示了某些预报公式与实测值之间的偏离现象。

20 世纪 80 年代，中国科学院声学所的冯绍松、钱祖文等在非线性声学方面进行了理论和实验研究。他们研究了非线性声波在边界上的反射，解决了斜入射这一难题，并发现了一项新波（Q 谐波），发展了非线性声学。他们还在小水槽中观察到小振幅声波在水中出现分岔，在扰动水中出现了二分频波，并研究了脉冲参量阵的性质、参量阵辐射近场，提出了新的近场处理方法，并得到了脉冲参量阵的最佳设计原则。

（三）马大猷和空气声学研究

1956 年，马大猷参加了制定国家 12 年科学远景规划会议，他发表了关于发展声学研究工作的意见，高瞻远瞩地提出了物理声学、建筑声学、超声学、水声学、语言声学（包括音乐和听觉）、电声学六大分支学科，以及关系到环境保护和人体健康的噪声控制的发展纲要。几十年来，我国的声学研究正是按照这一蓝图进行的。

1957 年，马大猷运用有关建筑声学理论，独创设计并领导建造了我国第一个大声学实验室，包括消声室、混响室和隔声室三部分，其中一间是以三面全反射三面全吸收的原则构成的卦限消声室。

1959 年修建北京人民大会堂时，马大猷担任声学专家组组长，组织声学界专家对万人会堂的音质问题做出研究设计，提出了具体的方案；建成后的音质特性测量结果表明，设计取得了很好的效果。与此同时，也为全国培养了一批建筑声学的人才。

1965 年，为了配合中国导弹和火箭技术发展的需要，马大猷设计和建立了我国第一个高声强实验室，在国内首先建立了声压级达 165～170 分贝的高声强试验环境，并对火箭、卫星部件的声疲劳以及高声强对生物的影响开展了实验研究。他一直关心电声学的研究。1974 年，他提出了调制气流声源设计原理，为研制 1000～10000 瓦大功率声源提供了理论基础。根据这一原理设计制造了高声强实验和远程有线广播用的气流扬声器。早在 1965 年，他还提出了研制电容器传声器的想法，用于精密电声测量；并提出了"脱胎镀膜"的概念，以保证其质量。以后他又提出了驻极体电容传声器的概念，并批量生产，远销欧、美等国。

在气流声学的研究中，马大猷紧密联系实际，使其理论工作具有自己的特色。1966 年，根据国家地下导弹发射井中噪声控制的要求，他研制了微穿孔板吸声结构，这是一项世界首创的成果。利用微孔内空气的摩擦消耗声能，后

面不必填充国外常用的多孔性吸声材料,防火性能强,吸声效果好。他由此于
1975 年提出了微穿孔板吸声理论,并扩展到民用范围,成为噪声控制和改善
厅堂音质的一个有效手段。20 世纪 90 年代初,这一理论被中国的访问学者用
来成功地解决了德国新议会大厅的声聚焦问题。这一成就轰动了德国工程界,
传遍了欧洲,他们惊呼高科技的德国需要中国人的帮助。柏林电台音频工程师
穆勒说:"我们可以从那儿(中国)学到我们所不知道的东西。"

继 20 世纪 70 年代为解决环保问题而进行的一系列环境噪声研究外,80
年代,根据国内外噪声控制的发展动向,马大猷又指导研究生开展了室内有源
噪声控制的研究。从物理性质考虑,噪声是指紊乱、断续或统计上随机的声振
动。但从心理物理学考虑,凡是不需要的声音均属噪声。噪声控制的目的是为
人们创造舒适、安静的工作和休息环境。对于正在学习、工作或思考问题的人
来说,美妙的音乐也可能成为噪声。1936 年,美国的刘格(Paul Lueg)曾提
出一个有源噪声的控制方法,即用一声源产生与声场相位相反的声信号,以将
后者抵消或降低。直到 20 世纪 50 年代和 70 年代,电声换能器和微电子线路
的发展,自适应技术的成熟,才使有源噪声的控制得以实现。对于露天噪声
源,如通风管道、喷气发动机、火箭试验间等大型设备,用若干个扬声器发出
相位相反的声音,可将周围的噪声降低。但有源噪声在室内的控制则遇到了困
难,因为在很小的空腔内,室内的简正波的干扰使有源控制只能在局部生效,
在一定范围外,简正波的性质改变,人们就无力控制了。马大猷提出了用简正
波控制简正波的办法,克服了这个困难。马大猷重点研究了室内有源器声的控
制理论及瞬态特性,即噪声场变化对墙脚有源控制系统的影响,用一放在室内
一角的传声器-放大器-扬声器有源噪声控制系统降低室内噪声。这种根据简正
波抵消原理降低噪声的理论,已由实验证实了其正确性,其应用的局限性和潜
力也已阐明。

20 世纪 80 年代末,马大猷又指导研究生进入非线性声学领域,开展了大
振幅驻波的研究。他在实验室中观察到了驻波场的半频分岔、高次谐波饱和与

起伏现象，建立了大振幅驻波的新理论。1992 年，国际非线性声学权威、原国际声学委员会主席布莱克斯托克（D.T. Blackstock）来参观访问时，赞扬此项研究"方向正确，思想新颖，在进行别人想做还没有做到的事情"。

还应提到，早在 1940 年，马大猷就曾统计分析过汉语中的语音分配；1958 年他又首先提出汉语语言识别问题，并组织进行了语言声学的基础研究工作。1982 年，他提出了单词的统计分布服从瑞利分布的新观点，这意味着单词出现率的真值是不能接近的。这一结论对语言信息量和多余度的估计将产生影响。他所指导的语言可懂度理论、语言分析合成系统、语言识别系统和保密通信的研究，对"人机语言通信"技术的发展有重大意义。

（四）魏荣爵和物理声学研究

中国声学事业的开创者之一魏荣爵，1916 年 9 月 4 日出生于湖南邵阳一个知识分子家庭。其祖父魏光焘曾任晚清封疆大吏，总督闽浙、两江，还热心筹建两江师范学堂（南京大学前身）。其父魏肇文早年留学日本并参加同盟会，回国后任国会议员，是颇有名气的书法家。1937 年，魏荣爵毕业于金陵大学物理系，任教于重庆南开中学和重庆金陵大学理学院。1945 年以优异的数理、英语成绩考取留美生，赴芝加哥大学攻读原子核物理。1947 年获物理学硕士后，被推荐到加利福尼亚大学师从声学大师 V.O.努德森攻读声学，以《水雾中声波的传播》的论文，于 1950 年获得博士学位。1951 年，魏荣爵响应祖国号召，放弃海外的研究条件和优厚待遇，偕夫人陈其恭和幼女回国，任教于南京大学和金陵大学。1952 年任南京大学物理系教授兼系主任，1954 年在南京大学创建我国第一个声学专业。他把自己的一生贡献于声学事业，在声学的各主要方向上都做出了杰出的成就。

在攻读博士学位期间，他的导师努德森曾观察到水雾中的低频声波存在反常吸收，这一现象与德国物理学家奥斯沃笛希（K.L.Oswatitsch）的理论预见基本一致。但魏荣爵认为有两个问题有待解决：一是奥氏的理论基础不明确，计算有错误，也缺乏实验验证；二是如何准确测量雾滴的有关参数。他受分子弛豫吸收理论的启发，想到水雾中出现的低频声波扰动会破坏水雾的平衡态而趋于另一平衡态；由于这一过程落后于声扰动，故有一部分声能被耗散掉，从而产生了水雾中的声弛豫吸收。他将克内泽尔（Kneser）处理分子热弛豫的理论方法应用于水雾中，发展了低频声波在水雾中的传播理论，被国际学术界称为"奥-魏理论"。由于考虑了水滴在声场中的相变，此理论从根本上更正了奥氏理论的错误之处。为了准确了解天然的或人造的水雾单位体积中有多少个雾滴，它们的大小分布如何，他从当时由核物理中发展出来不久的闪烁计数器得到启发，又想到雾滴穿过光线必然有散射光，于是找到一种金属锆的极微小的点光源，接好一个合适的光电倍增管，制成了雾滴计数器。当水滴或微粒流以均匀速率垂直通过点光源的聚焦光束后产生散射光，利用光电倍增器接收它，就发出"嗒"的响声。我国现在用的、监测因空气污染而产生的尘埃数的计数器，就基于相同的原理。20世纪70年代末，一位国外学者认为魏荣爵的水雾理论不适用于亚微米级超小水滴。魏荣爵与他的学生一起对其声衰减机制作了进一步研究，发现这位国外学者在理论推导和参数选取上均有错误，因而得出错误的结论。魏荣爵经过对含超小雾滴空气中声传播规律的研究，得出了适用于各种粒度的普遍理论公式。这一成果理论上居于国际前沿，并有广阔的应用前景。

20世纪40年代，魏荣爵曾组织美国加州大学的中国留学生做了汉语语言清晰度的测试。回国以后，他陆续开展了汉语清晰度、平均功率谱、混响性质、京剧戏曲语言的研究工作。他较早地认为，不同语种的特征也表现在语噪声谱上。1956年，他建议用语噪声谱测量汉语的平均谱。在此基础上，他又提出识别发音的一种新方法，成功地用语噪声辨别发音人。1958年，他领导南京大学声学研究室，试制成功了我国第一台将语言变成图像的"可见语图仪"引起语言学家的重视，推动了我国实验语言学的开展。

魏荣爵十分关心建筑声学和电声学的研究。1954—1955年，在南京大学建立了国内第一个消声室和混响室。他先后参与南京和平电影院、原中央大学礼堂、上海电影制片厂、上海文化广场等处音质设计和测试等工作。他是1959年首都国庆工程声学设计的主要参加者。1964年建成的南京大学消声室的声学性能和体积均达国际水平。他曾提出瞬态特性是评定扬声器音质的一个重要参量，得到有关部门的重视。

从1979年开始，魏荣爵就认识到非线性振动与孤波孤子等问题的重要性。被他派往美国加州大学洛杉矶分校攻读博士学位的学生吴君汝，在一次实验中观察到一种不传播孤波，即后来所称的"激驻孤波"（forced standing solition）。魏荣爵对这种孤波作了精确的定量测量，对它的机制、它与混沌的关系、多孤子相互作用随参量的变化等问题做了深入研究，得到了重要结果。他领导的南京大学声学所，开展了多项非线性声学的研究，如长波导管中声与声的相互作用、生物媒质中的非线性参量、声悬浮、超声与固体中位错的非线性相互作用等。1985年，在西太平洋声学会议上，日本著名的非线性声学专家中村昭教授在听了魏荣爵关于"非线性孤子理论"的学术报告后，在日本《音响学会志》中发表关于这次会议的报道说："……我认为这项研究是超世界水平的，甚至使我们有种威胁感……"魏荣爵率先从理论上预言并随即与学生一起观察到扬声器的分岔和混沌现象，并在国际上首先观察到孤子过渡到混沌现象、孤子间的相互作用等。

此外，魏荣爵在分子声学、微波声学、低温声学和量子声学的研究中，都取得了重要成果。1957年，他指导学生进行了超声波在液体中传播特性的研究，澄清了苏联声学家对乙酸、乙酯等溶液超声弛豫吸收单峰和双峰的激烈争论。20世纪70年代中期，魏荣爵和他的同事认真调研，开展了声表面波器件和光声效应的研究。他还指导学生从事氦II中第一至四声的实验研究，取得初步成果。

魏荣爵知识渊博，才华横溢，对我国声学教育和科学研究做出了杰出的贡献。

四、中国应用力学学科群群星

应用力学是在牛顿、拉格朗日等建立的经典力学基础上发展起来的、以变形体为主要研究对象的力学学科群，它包括材料力学、弹性力学、塑性力学、断裂力学、流体力学、空气动力学、复合材料力学等主要学科。从20世纪20年代以来，我国学者在应用力学的诸多领域就不断做出卓有影响的工作。周培源、钱学森、钱伟长、林家翘、郭永怀等，都是享誉国际的现代力学学者。

（一）中国学者在固体材料应用力学上的成就

1. 中国现代力学的奠基人钱伟长

"生而知之者是不存在的，'天才'也是不存在的。人们的才能虽有差别，但主要来自于勤奋学习。"这是我国现代应用数学和力学家钱伟长在《才能来自勤奋学习》一文中的一段话，也是他从不停顿的开拓进取的治学道路的写照。

1912年10月9日，钱伟长生于江苏省无锡县洪声乡七房桥一个贫穷的诗书之家，祖父是晚清秀才，父亲钱声一（钱挚）和叔父钱宾四（钱穆）率先在家乡办起了新式小学，钱伟长就跟随父亲和叔父读书。后来他的叔父到北京大学任教，成为著名的国学大师。清贫的幼年生活和母亲贤良勤劳的榜样，培养了钱伟长坚韧不拔、自强不息的性格。19岁时，他随叔父来到北平，以优异的国文和历史成绩考入清华大学。"九一八"事变燃起了钱伟长忧国忧民之情，他抱着"科学救国"的志向，要求读物理系，学习近代科学技术。慧眼识英才的系主任吴有训答应了他的要求，从此使他迈入了物理学的大门。

1935年，钱伟长考入清华大学研究院，在吴有训的指导下作光谱分析研究。1939年，他与郭永怀、林家翘同时考取中英庚款留英公费生。因欧战突发，改入加拿大多伦多大学应用数学系，1940年8月开始在辛格（J. L. Synge）教授指导下研究板壳理论，1942年获博士学位，旋即转入美国加州理工学院喷射推进研究所，与钱学森、林家翘、郭永怀在一起，随冯·卡门（T. von Kármán）教授作航空航天课题的研究。1946年5月，钱伟长只身返国，应聘为清华大学教授，兼北京大学、燕京大学教授。1949年后一直在清华大学任教，曾任教务长、副校长等职，1983年起任上海工业大学（后改为上海科技大学）校长。他是中国科学院学部委员，曾任中国科学院力学研究所副所长，中国力学学会副理事长，中文信息学会理事长，上海市应用数学和力学研究所所长，广东暨南大学等高校的名誉校长，清华大学教授及南京华东工学院等高校的名誉教授，波兰科学院院士，许多国际著名科学杂志的编委。钱伟长是中国民主同盟副主席，第一届和第四届全国人大代表，中国人民政治协商会议全国委员会常务委员、副主席。

钱伟长长期从事科研工作，发表论文200多篇，专著15种。

弹性薄板薄壳内禀统一理论，是钱伟长的成名之作。

在1940年以前，板壳理论的各种近似处理是很混乱的，人们把弹性薄板和各种不同形状的薄壳分开处理，以板或壳的二维单元为基础，以宏观内力素的平衡方程为出发点，再根据基尔霍夫-勒夫（Kirchhoff-Love）3项假设确定内力素和中面应变的关系，从而求出用3个中面位移分量为待定量的3个平衡微分方程。钱伟长深感这种近似理论的烦琐与不足，于1939—1940年对这一问题进行了深入研究。他以三维微元体平衡方程为出发点，引进三维应力应变关系，得到用应变分量所表示的平衡方程；同时首次引用张量分析微分几何为工具，得到了用板壳中面的拉伸应变和曲率变化 6 个分量表示的全部求解方程，建立了薄板薄壳的统一内禀理论。

1940 年，钱伟长在第一次见到他的导师辛格教授时，得知两人都在研究板壳理论，辛格用的是宏观方法，钱伟长用的是微观方法，得出了一致的结果。辛格提出把两种理论合在一起，写成一篇论文。文章发表后，立即受到力学界和数学界的重视，荷兰力学家吕腾（H.S.Rutten）教授推崇说"这是首先用三维弹性理论直接研究壳体理论的最早努力，并给壳体理论注入了新的生命力"。[①]国际上把有关圆柱浅壳和圆球浅壳方程称为"钱伟长方程"。直到 20 世纪 60 年代，美苏学者还在引用和发展钱伟长的这一研究成果。

钱伟长在回国后做出的一项有影响的工作，是圆薄板大挠度问题的摄动解法。

1910 年，冯·卡门提出了关于圆薄板大挠度的非线性微分方程，但是长期找不到求解的方法。1947 年，钱伟长第一次用系统摄动法解决了这个问题。钱伟长的摄动法是用中心点的挠度与板厚的比值作为参数的参数摄动法，即把微分方程中的未知量按照摄动参数的幂级数展开，再代回微分方程，方程依照该参数的幂次分解为若干个方程；其最低幂次的方程就是该非线性方程的线性近似，很易求解；再把低阶解依次代入较高阶方程，就对线性解做出摄动性的修正，从而得出越来越准确的非线性解。这一解析法所达到的精确度以及方程的巧妙都是令人赞叹的，在国际上被公认为逼近真实而又简捷的解法，被称为"钱伟长摄动法"。这项研究在 1955 年获得国家自然科学奖二等奖。

在同一领域中，钱伟长还用奇异摄动法提出了边界层理论。这一工作成为合成展开法的先驱，开创了摄动法的新领域，比国外同类方法的提出早八年左右。

钱伟长另一项享誉世界的成就，是广义变分原理和有限元理论。

---

① RUTTEN. *The Theory and Design of Shells on the Basis of Asymptotic Analysis*，ISBN，2973：2，3，23.

在 20 世纪 60 年代以前，人们在使用变分原理解决弹性力学问题的时候，大多是凑出来的，即分别以应变或应力为基本函数先写出积分泛函，再取驻值验证，所以每一个新原理的提出都是一项重要成果。钱伟长试图克服这种局限，找到系统而普遍的方法。他首先从最小位能原理和最小余能原理出发，利用拉格朗日乘子法把约束条件引入泛函，从而先放松条件，得到相应广义化的变分原理，在变分中可以把待定的拉格朗日乘子唯一地确定下来。这无疑是对建立广义变分原理的泛函提出的重要方法。可惜钱伟长将 1964 年写成的有关论文投给《力学学报》后，因审查者不甚理解拉格朗日乘子法而遭退稿。同样的研究成果直到 1977 年才在国外出现。

1964 年，钱伟长把拉格朗日乘子法应用到壳体理论中，用变分原理导出了壳体非线性方程。1978 年，他进一步讨论了广义变分原理在有限元方法上的应用，并通过开设讲习班和系列讲座，大力推进了拉格朗日乘子法在变分原理中的应用，推动了有限元、杂交元和混合元方面的研究活动和在工程方面的广泛应用。

钱伟长还把广义变分原理推广到大位移和非线性弹性体，并用广义变分原理处理了非协调有限元理论。这些研究为有限元的广泛应用奠定了基础，并于 1984 年获得了国家科学奖二等奖。

钱伟长是一位学识渊博、才思敏捷的多产科学家。在光学方面，他早期（1937—1939 年）曾从事光谱分析的研究。其中硒的单游离光谱分析是稀土光谱的基础性工作，开了我国稀土元素研究的先河，受到国际物理学界的重视。在应用力学方面，他于 1976 年求得了仪表弹性元件和波纹管膨胀节的新分析解。在流体力学方面，在 20 世纪 40 年代，他用一种巧妙的摄动展开法，给出高速空气动力学超音速锥流的渐近解，大大改进了冯·卡门和穆尔（N.B. Moore）给出的线性化近似解，对摄动法是一项重大突破。1949 年，钱伟长基于滑板间黏性流体层很薄的情况，以流体特征厚度为小参数，进行摄动展开，仅用三个简化假设，从纳维-斯托克斯方程导出了润滑问题的高阶雷诺型方程，建立了相应的变分表达式，使计算工作大为简化。1984 年，钱伟长根据流体力学基本方程，对内流、外流等一般的黏性流动建立了普遍的变分原理，对可压缩和不可压缩流体分别建立了最大功率消耗原理；他还把固体力学中变分原理方法推广到黏性流体力学，奠定了流体力学有限元方法的基础。在应用数学方面，钱伟长研究了各种三角级数的求和问题，特别是研究了通过傅立叶变换对有关三角级数进行求和的新方法，编制了包括 10000 个三角级数的《傅氏级数之和》的大表，很有实用价值。钱伟长还以深厚的国学功底，对汉字文字改革和汉字信息处理进行了研究，于 1980 年研制成新型中文打字机，于 1984 年研制成汉字输入计算机的编码方案（钱码）。钱伟长对电机电磁场计算理论和大功率电池的设计理论都有独到的见解，在我国科学史研究上也很有造诣。

钱伟长还是一位杰出的教育家。他担任上海工业大学校长后，就提出要拆掉"四堵墙"，即拆掉学校与社会之间、各学科之间、教学和科研之间以及教与学之间的"墙"。他认为学生在学校里最要紧的是打好基础和培养自学能力；主张理科和工科相互渗透，理工科的学生要学点文史知识、经济知识、管理知识和其他社会科学知识。他要求我们培养的学生首先应当是一个爱国者、辩证唯物主义者，一个有文化修养、心灵美好的人，其次才是一个有专业知识的人。他认为，教育的主要目的不仅仅是为了培养人才，更重要的是为了提高全民族的文化素质。

钱伟长十分重视对学生能力的培养。他提出要把学生培养成不需要教师教学也能获取知识的人，所以要改革传统的教学方法，注意培养学生获取知识的能力。他说，现在知识发展很快，永远也学不完，最好的办法是让学生有自学的能力，自己去学习。他强调，研究生要学习那些正在发展、其中不少问题还有争论的东西。教师要提出问题，让学生"吊在半空中"，逼着学生去思考，去独立地解决问题。他要求学生从学术期刊、会议、内部报告和专利中了解别人的研究成果，同时也把自己的阶段性成果及时发表出去，使自己置身在人类知识发展的长河中，不断向前探索。钱伟长主张基础研究与应用研究必须宏观综合平衡。他指出，要想在学术上有所创新，无论如何离不开基础研究，不能急功近利，忽视基础研究。他号召有志于基础研究的人员坚定目标，安于清贫，把研究工作坚持下去。

钱伟长，这位出身清贫，追求进步，热爱祖国，品格高尚的学者，对中国应用数学和力学的发展，对中国科学教育事业的发展，都做出了不可磨灭的贡献。

2. 中国学者在固体力学上的研究成果

固体力学是力学中形成较早、理论性较强、应用十分广泛的一个分支，主要研究可变形固体在外界因素（如载荷、温度、湿度等）作用下，其内部各个质点的位移、运动、应力、应变以及破坏等的规律。它包括应用力学中的材料力学、弹性力学、塑性力学、断裂力学、结构力学等多门分支学科。我国的学者在固体力学领域取得了不少有价值的成果。

早在 20 世纪 20 年代，留学德国的魏嗣銮（1895—1992）就以变分法探讨了均匀负荷四边固定的矩形板的挠度和弯矩，对各种不同边长比的板中心的挠度做出了数值计算，并得出了应力的真实数值；对工程技术上有重要意义的弯矩问题，魏嗣銮使用不同的方法得出了相一致的令人满意的计算结果。他的工作表明，由变分学的直接方法得出的近似函数，能足够准确地给出二阶导数。

从 20 世纪 50 年代开始，王仁（1921 年生）开始从事塑性力学的研究。1953 年，王仁在其博士论文中对求解理想塑性平面应变问题的滑移线方法进行了研究。一方面他给出了一个从圆形边界出发的滑移线网的精确解析解，它可用来检验差分解的精度；另一方面他又分析了带 V 形和半圆形缺口的拉伸试件的塑性区域随缺口扩展的发展过程。这是滑移线理论中少数大变形非定常运动准确解之一。

王仁还研究了冲击载荷下结构的塑性变形问题。1953 年，王仁对固支圆板受冲击载荷下的塑性变形进行了研究，他利用等倾线方法构筑了真实特征线的上下限，在小变形假定下给出了一个精确度很高的数值解；后来该解被证明可作为变形解的变形率的初始值并被实际应用。1981 年开始，王仁指导他的课题组研究了圆柱壳受轴向冲击的塑性屈曲问题。薄壁结构在压力下的稳定性（屈曲）问题，长期以来是固体力学中的一个重要问题，由于必须考虑结构变形的影响，所以是一个几何上的非线性问题，特别是动载下的问题更是一个前沿课题。当时处理这个问题的方法是假设初缺陷有一个波谱，求它们随时间发展的速率，发展最快的是主导屈曲波长，对应的冲击速度为临界速度或门槛速度。王仁等实验发现在临界速度后的初始塑性屈曲是轴对称的，当速度提高约一倍后屈曲形态变为非轴对称的。他们从理论上解释说，轴对称屈曲时轴向缩短不大，内部空间未受大的影响，设计时加以纠正，就可提高屈曲速度以节省材料。王仁为我国开辟和发展塑性力学研究，做出了奠基性和开拓性的贡献。

清华大学工程力学研究所所长黄克智（1927 年生）在壳体理论、断裂力学、有限变形与塑性本构理论的研究上，取得了突出的成果。

第二次世界大战后，力学性能优异的薄壳结构在工程中得到大量使用。1952 年，黄克智独立地导出壳体的一般弹性理论，经钱伟长教授推荐发表在《科学记录》上。1957 年，他提出的薄壳统一分类理论，是对薄壳理论的一项重要贡献。在他之前，由于基尔霍夫的薄壳理论的基本方程过于复杂，因此出现了很多引进各种假设的简化理论。黄克智根据沿薄壳中面两个坐标方向变化快慢的渐近量级阶次进行分类，导出了实际应用中最重要的各种简化理论。对于任意截面形状的柱壳，黄克智用渐近分析的方法导出，随着壳长 L 和壳半径 R 的比值 L/R 的增加，壳体的应力状态逐步从薄膜理论（含纯弯理论）、半薄膜理论（即中长壳理论）、薄壁杆体理论过渡到梁理论。他确定了各种近似理论的适用范围和误差量级。薄壳的弯曲边界层理论，是薄壳理论的重要组成部分。黄克智等首次对"简单边界层"提出了完备的二次近似理论，以及所对应的边界层效应通解，从而使边界层解的精度提高到与薄壳理论的基本精度相协调的量级。

管壳式换热器是机械、化工、石油行业的重要热工构件，管板是管壳式换热器的主要部件之一。黄克智和他的学生，发现现行各国规范的管板设计公式不尽合理，而且没有考虑管板与整个换热器体系的关联作用。从 1973 年起，黄克智等通过理论研究和测试，把力学有效地应用于我国换热器管板设计，使整个规范建立在复杂弹性体系的严格、详尽的理论分析的基础上，大大减少了薄管材料而提高了它的强度，取得了明显的经济效益。

黄克智在弹塑性断裂力学的研究中，也取得了丰硕的成果。

弹塑性断裂力学是近几十年才发展起来的学科领域，裂纹尖端奇异场和裂纹扩展阻力的研究是这一领域的核心难题。从 20 世纪 80 年代初起，黄克智和他的学生异军突起，取得了一系列令国际断裂学界瞩目的研究成果。1981 年，黄克智和他的学生高玉臣提出了工程中常见的、幂硬化材料扩展裂纹尖端场的对数幂次型奇异场理论，并得到了幂硬化材料中裂纹在起裂后经过稳定扩展至定常扩展的整个裂纹扩展过程的裂纹尖端场。这一突破性进展，得到 1981 年第五届国际断裂大会的肯定，他们的理论被称为"高-黄解"。1989 年，黄克智等又得到了描述幂硬化材料中整个稳定非常定扩展过程的理论阻力曲线，深化了对扩展裂纹力学规律的认识，并为将整个裂纹扩展理论引入结构缺陷评定，提供了现实的理论桥梁。1984 年，黄克智等采用了更接近真实材料的、考虑鲍氏效应的混合硬化模型，研究了裂纹尖端的分区构造及其渐近解，指出混合硬化参数对裂纹尖端场的分区构造有显著的影响。此外，黄克智还得出了理想弹塑性可压缩材料的扩展裂纹尖端的弹塑性场。

由于上述成就，在第七届国际断裂会议（1989 年）上，黄克智当选为国际断裂学会副主席，他是国际上断裂力学领域的著名学者。

1950 年，大学毕业的胡海昌（1928 年生）进入中国科学院，在钱伟长领导的科研集体中开展了活跃的研究工作，至今已发表论文 100 余篇，涉及弹性力学、塑性力学、流体力学和结构力学等领域，对力学学科的发展做出了重要贡献。

胡海昌最重要的成就，是关于弹性力学广义变分原理的研究。在 20 世纪 50 年代以前，工程力学中已经先后建立了 3 种著名的变分原理。一种是根据最小势能原理用里兹法求近似解；一种是根据最小余能原理用里兹法求近似值；一种是根据力学背景做出若干简化假设建立实用的结构理论。这 3 种理论对连续条件、平衡条件和本构关系满足的情况各不相同。因为它们都只等价于弹性力学基本方程的某些部分而不是全体，所以都不是弹性力学的纯变分原理。工程力学界期望有一种方法，它不必强制要求精确满足什么方程，而把哪些方程精确满足、哪些方程近似满足的选择权，留给解题人根据问题性质来决定。1954 年，胡海昌在《物理学报》上发表了《论弹性体力学和受范性体力学中的一般变分原理》的论文，提出了 3 类变量广义变分原理。在这个变分原理中，位移、应变和应力全部 3 类变量都作为自变函数，全部方程都不必精确满足。所以这是一个无条件的变分原理，它为各种近似解法提供了完全灵活的理论基础。次年，日本人鹫津久一郎独立地得到了相同的结果。他们的这一成果被国际上称为"胡-鹫津原理"（"H-W 原理"）。

由于允许解题人根据实际情况决定哪些方程精确满足，哪些方程近似满足，因此 H-W 原理是适应性最强、使用最灵活的一个变分原理，同时也是唯一允许近似满足本构关系的变分原理。1970 年前后，人们指出，广义变分原理是建立包括有限元法在内的各种近似解法的坚实的理论基础。这一时期出现了研究变分原理的热潮。

在 1953 年以前，人们已求得了各向异性弹性体的平面问题、扭转问题、弯曲问题和横观各向同性弹性体的轴对称变形问题等多种解，但都是数学上的二维问题。1953 年，胡海昌把横观各向同性体的位移用两个位移函数表示，大大简化了待解方程。通过位移函数，求得了真正三维的空间问题的一系列解。1954年，胡海昌及其同事又把上述方法用于求解球面各向同性弹性体、中厚板、薄壳及中厚壳等问题，取得了很好的成果。

20世纪80年代以来，胡海昌在新一类边界积分方程、固有振动与动力稳定性方面的变分原理等问题上，都做了富有创造性的工作，推动了国内同类工作的开展。

3. 钱令希的工程力学成就

工程力学是应用力学与工程学科之间的边缘学科。应用力学在土木、道桥、机械、船舶、汽车、火车、航空航天、水利等工程技术中的应用，形成了以应用力学理论为基础、解决工程问题的工程力学。著名学者钱令希在工程力学领域取得了许多重要成果，并促进了计算力学这一新兴学科的建立。

钱令希是江苏人，1916年7月生。从上海中法国立工学院毕业后，1936年赴比利时布鲁塞尔自由大学就读，获"最优等工程师"学位。1988年获比利时列日大学名誉博士学位。1938年回国后，参与多项铁路桥梁建设工程，并先后在云南大学、浙江大学、大连工学院（现大连理工大学）任教授。1982年起任中国力学学会理事长，并作为发起人之一促使国际计算力学协会于1986年成立。

早在年轻的时候，钱令希就对力学理论具有兴趣与素养，并打下了扎实的力学功底。1944年，钱令希发表的关于梁与拱结构函数分布图和感应图之间的连锁关系的论文，就显示了他高度的联想与创造能力。他把人们熟悉的弯矩-剪力-载荷三函数的微分关系向另一维推广，得到了一个崭新的微分关系的矩阵图。

根据悬索桥设计中简化计算的需要，20世纪40年代钱令希就进行了杆系组合结构的非线性分析的课题研究。吊桥体系的诸多优点来自它系悬索、吊杆、加筋梁等组成的传力合理的杆系组合结构，但这种结构也造成了设计计算上的困难。特别是超过200米的大跨度吊桥，由于必须考虑结构体系变形对内力的影响，属于非线性挠度问题，当时的工程师们难以掌握该理论的计算方法。钱令希深入分析了非线性因素的影响情况，大大简化了非线性分析，推演出一套完全是显式的计算方法，并绘制出工程实用的曲线①，使工程师借助计算尺很快就能完成一个设计方案的分析。

20 世纪 40 年代末，钱令希提出了结构分析无剪力分配法。这一方法开始于空腹桁架的计算，后推广到刚架分析，是当时通行的弯矩分配法中最简练的方法。

1950 年，钱令希在《中国科学》上发表了有关"余能定理"的论文。他提出并论证了 5 个定理，并用余能定理对直梁纯弯下的平截面变形假设做出了证明。这篇论文推动了我国学者对变分原理的研究。1962 年钱令希在《力学学报》和《中国科学》上，发表了关于壳体极限承载能力的论文，从能量原理提出了一个壳体极限分析方法。1963 年他与合作者又在《力学学报》上发表了《论固体力学中的极限分析并建议一个一般变分原理》，以假设的速度场和应力场独立变分，以满足极限分析的全部方程，给出了介于上限与下限承载能力之间的近似解。这篇论文为塑性力学中的变分原理，提出了一个新思路。

在实际的工程建设中，钱令希也承担了多种设计领导任务。20 世纪 50 年代初，大力兴修水利的工作，推动了大型薄壳拱坝的采用。当时薄壳理论还不能用于拱坝分析，国外通用的试载法过于烦琐，中小拱坝常用的纯拱法和拱冠梁法又过于粗糙。钱令希提出了考虑扭转作用的拱冠梁法和多拱梁法，弥补了此前方法的缺陷。1959 年，钱令希提出了一种可用于高坝建筑的新的支墩坝——梯形坝坝型。这种坝型较传统的重力坝经济，又克服了传统的大头坝横截面顶部可能产生的集中应力和内部拉应力。

20 世纪 60 年代，钱令希主持的潜艇力学计算和潜艇结构强度规范等课题，涉及壳开孔的应力分析和壳结构的稳定分析。壳体由于有曲率，比杆、

---

① LINGXI. *A Simplified Method of Analyzing Suspension Bridge*，Proc. ASCE，1948，Sept，Trans，ASCE，1949：114.

梁、拱、板更难分析，壳开孔比板开孔更难计算。钱令希利用虚宗量的贝塞尔函数、罕克尔函数等特殊函数对圆柱壳开圆孔、椭圆孔和多孔等困难问题进行了分析，取得了一系列解析解。在壳体稳定性方面，他应用壳体的半无矩理论，结合边界效应理论，利用最小势能原理，解决了锥-柱结合壳的稳定分析问题。

1974 年，钱令希领导建造了大连新港 100 米跨度全焊的抛物线上弦的空腹钢桁架栈桥。他力排众议，认为这种桥型是多、快、好、省的方案。他运用自己在 20 世纪 40 年代末提出的无剪力分配法进行了计算校核，并采用柔化连接方法降低节点的应力集中程度。他亲自带领一个小组进行设计、实验并主持施工，不到一年时间就建成了这座全长 1000 米的全焊桥。钱令希还用极限分析方法分析了我国隋代工匠李春监造的赵州桥，得出了 1400 年前的设计完全符合现代力学理论要求的结论，赢得了国外学者对中国古代科技水平的赞赏。

工程力学实践离不开繁重的计算。在电子计算机发明和使用之后，力学家们便积极地将工程力学推进到计算力学的阶段。20 世纪 70 年代，钱令希就积极推进我国计算力学的发展。1980 年和 1981 年，他在大连和杭州组织了两个全国性的计算力学会议。在结构优化学科上，他主张把规划法与准则法相结合，并归结到序列数学规划的算法上，首次在该领域运用序列二次规划方法，取得了与国际领先水平一致的成果；同时他领导开发了面向工程结构实用优化的 DDDL 程序系统。这些理论与应用成果，先后获得了国家科技进步奖和国家自然科学奖。

为了推动计算力学的发展，钱令希作为发起人之一，推动了国际计算力学协会于 1986 年成立。1983 年，钱令希还创办了《计算结构力学及其应用》杂志，促进了这门新学科的发展与交流。

（二）中国学者关于湍流的研究

1992 年 6 月 1 日至 3 日，为庆贺周培源教授 90 寿辰而召开的国际流体力学与理论物理学术讨论会在北京举行。出席会议的有来自美国、英国、法国、日本、加拿大、意大利、俄罗斯、丹麦、新加坡、德国以及中国的学者 200 余人。其中有陈省身、李政道、林家翘、卢嘉锡、任之恭、吴大猷、吴健雄、杨振宁、袁家骝、朱光亚、周光召等。会议在流体力学和理论物理两个领域，特别是在周培源教授半个多世纪坚持的工作方向——湍流理论、引力理论以及实验研究，总结了当前的研究现状，宣读了一批高水平的研究论文。90 岁高龄的周培源三次出席会议的有关活动，给与会学者以极大的鼓舞。

1902 年 8 月 28 日，周培源出生于江苏宜兴一个书香门第家庭。其父周文伯系清朝秀才。周培源自幼聪慧好学。青年时期，旧中国贫困、动荡和受列强欺压的社会环境，促使他萌发了奋发向上、振兴中华的志向；"民主和科学"，也成了他一生做人的哲学。

1924 年，从清华学堂毕业后，周培源即赴美国芝加哥大学学习，1926 年获学士学位和硕士学位。1927 年到加州理工学院，在著名数学家贝尔（E.T. Bell）教授指导下完成广义相对论方面的博士论文，1928 年获得该校的最佳论文奖和博士学位。1928 年秋和 1929 年春，赴德国莱比锡大学和瑞士苏黎世联邦工业大学，先后在海森堡和泡利指导下完成博士后的训练。1929 年秋回到清华大学担任教授，直到 1952 年。1932 年，周培源与王蒂澂女士结婚。1936—1937 年，周培源利用休假机会，赴美国普林斯顿高等研究院参加爱因斯坦领导的广义相对论讨论班，从事相对论引力论和宇宙论的研究；1943—1946 年，周培源先去加州理工学院进行流体力学湍流理论方面的研究，后在美国国防委员会战时科学研究与发展局、海军军工试验站从事鱼雷空投入水的战时科学研究。

1952—1981 年，周培源转任北京大学教授、教务长、校长。1958 年后，先后担任中国科学技术协会副主席、主席，中国科学院副院长；1951—1982 年，任中国物理学会理事长，并先后担任全国人大常委会委员、全国政协副主席等职。由于湍流研究方面的出色成果，1982 年，周培源获得中国国家自然科学奖二等奖。1980 年和 1985 年，周培源两次获得美国加州理工学院"有卓越贡献校友奖"。1993 年 1 月 24 日，周培源病逝于北京。周培源所信奉的格言是：独立思考，实事求是，锲而不舍，以勤补拙。

湍流现象普遍存在于行星和地球大气、海洋、江河、火箭尾流、锅炉燃烧室、血液流动等自然现象和工程技术中。湍流是流体中局部速度、压力等力学量在时间和空间中发生不规则脉动的流体运动。其基本特征是：流体微团运动具有随机性，不仅有横向脉动，而且有反向运动，各个微团的运动轨迹极其紊乱，各个部分之间剧烈掺混，流场极不稳定，随时间变化很快。湍流的运动不仅有无穷多个自由度，大、中、小、微各种尺寸的涡旋层层相套，而且运动的能量迅速由大尺度运动分散到小尺度运动，错综复杂地由整化零，是高度耗散的。湍流是经过一次次突变而形成的，在杂乱无章的背景中，又会出现大尺度、相当规则的结构和协调一致的运动。这种特点给研究工作带来极大的困难，经过 100 多年的探讨，现在还没有得到令人满意的理论解释。据说量子力学家海森堡在临终前的病榻上，向上帝提出了两个问题："上帝啊！你为何赐予我们相对论？为何赐予我们湍流？"海森堡说："我相信上帝也只能回答第一个问题。"

黏性流体的基本运动规律是纳维（Navier）-斯托克斯（Stokes）方程（简称 N-S 方程）。1895 年，雷诺（O.Reynolds，1842—1912）发现不可压缩黏性流体的充分发展了的湍流运动可分解为平均运动与脉动（或称涨落）运动两部分，并用平均方法从 N-S 方程推导出湍流的平均运动方程。但方程组不封闭，多出 6 个未知的湍应力分量。只有找到湍应力和平均流动元素之间的相应关系式，才可使方程组封闭。1938 年以前，国际上的流体力学家们只注意将这个不封闭的平均运动方程作为湍流理论的动力学依据，并采用引入脉动量和平均流速对空间坐标的梯度有关的不同假设的方法，使其封闭来求解流体的平均流速。

周培源于 1938 年在西南联合大学时就开始进行不可压缩黏性流体的湍流

理论研究。他认识到，仅仅用平均运动方程来说明湍流运动是不充分的，开始探索新的研究方法。他除了采用不可压缩黏性流体的运动方程推导出平均运动方程之外，在国际上首次提出需要考虑脉动方程（即 N-S 方程与平均运动方程之差），并用从这组方程推导出的二元和三元速度关联函数所满足的不封闭动力学方程，再引入一些必要的假设条件使方程组封闭，从而建立起普通湍流理论。周培源根据这一普通湍流理论对一些流动问题做了具体计算，其结果与当时的实验符合得很好。他的这一成果获得了当时的教育部自然科学类一等奖。

1945 年，周培源发表了题为《关于速度关联和湍流涨落方程的解》的重要论文，对湍流理论的研究产生了深远的影响。在这篇论文中，周培源提出了解湍流运动方程的两种方法：一是逐级逼近法，即对平均运动方程和从脉动方程推导出的各元速度关联函数所满足的偏微分方程求解；二是对平均运动方程与脉动方程一同联立求解。这第二种联立求解方法存在严重的困难。因为这两组方程是非线性的积分-偏微分方程；平均速度、平均压力与各元速度关联函数都是坐标与时间的慢变函数，而脉动速度与脉动压力则是坐标与时间的快变函数；在求解非线性偏微分方程时，除它的解要满足边界条件外，还要满足一些物理条件才能定出代表湍流元的解。不借助电子计算机，要对平均运动方程与脉动方程联立求解是不可能的。

随着高速电子计算机和湍流数值计算技术的发展，周培源提出的逐级逼近法已发展成为湍流模式理论，国际上把这一方法誉为"现代湍流数值计算的奠基性工作"。在上述重要论文中，周培源还首次给出了利用脉动压力满足的泊松方程去计算压力梯度和速度关联函数的新方法。

20 世纪 50 年代，周培源把其建立起的理论应用于均匀各向同性湍流的后期衰变运动。他从分析湍流的物理本质着手研究湍流运动，利用一个比较简单的轴对称涡旋模型作为湍流元的物理图像，来说明均匀各向同性的湍流运动。由于湍流在处于后期衰变运动时的雷诺系数比较小，N-S 方程便可以线性化。

周培源和蔡树棠从湍流的后期衰变运动出发，引入求解方程的相似性条件和涡旋角动量守恒条件，并利用上述的轴对称涡旋模型作为湍流元，从 N-S 方程解得了最简单的均匀各向同性湍流的后期衰变运动的二元速度关联函数。由此解得的二元速度关联函数、湍流能量衰变规律和泰勒湍流微尺度扩散规律都与实验结果相符合。以这一思路和结果为基础，黄永念用同样的湍流元计算得到均匀各向同性湍流后期衰变运动的三元速度关联函数。这个结果后来被实验证实。在 1965 年发表的论文《高雷诺系数下的均匀各向同性湍流运动》中，周培源与是勋刚、李松年对衰变早期的均匀各向同性的湍流运动进行了探讨。周培源提出，略去 N-S 方程中的黏性项和对时间的偏微商项，引入求解方程的相似性条件和涡旋角动量守恒条件，求出方程的涡旋运动解，进而求得了均匀各向同性湍流在高雷诺系数下的二元和三元速度关联函数，结果与实验定性地符合。

但是，在对早期和后期衰变的流体运动方程求解时，必须引进各自不同的相似性条件。为了统一这两种情况下的相似性条件，周培源于 1975 年提出了"准相似性"概念和相应的条件，他与黄永念一起，把这两个不同的相似性条件统一成为一个确定解的物理条件——准相似性条件。1986 年，北京大学湍流实验室证实了这个准相似性条件。后来，他们又利用勒让德函数微商的级数展开式求解涡量方程与连续方程，进而采用近似方法计算出从衰变早期到衰变后期的各期的能谱函数、能量转移函数、二元与三元速度关联函数等。理论结果与国际上多年来所发表的实验数据基本符合，是当时世界上关于均匀各向同性湍流的最具代表性的理论。

1985 年，周培源在《关于准相似性条件和湍流理论》一文中，又把准相似性条件推广到具有剪切力的普通湍流运动中，并引进了逐级奇数元关联截断逼近解法求解。这种方法的提出是由于奇数元速度关联函数的数值比偶数元速度关联函数的数值为小。作为零级近似，可联立求解平均运动方程与二元速度关联函数方程，而略去后者中的三元速度关联函数项；在一级近似中，除平均运动方程与二元速度关联函数方程外，再加上三元和四元速度关联函数方程，而略去后者中的五元速度关联函数项，然后联立求解。更高级的近似，可类似地推广这种逐级奇数元速度关联函数截断逼近解法求解。当然，这种解法的计算是极为烦琐的。到 20 世纪 80 年代后期，周培源与他的同事和学生以平面湍射流作为例子，用逐级迭代法求出平均运动与脉动方程的联立解。他们先用上述的逐级奇数元速度关联函数截断逼近解法，求得平面湍射流的平均运动速度与湍流应力的零级近似值；再把它们引入脉动方程组内与准相似性条件一同联立求解，由此得到的脉动速度作为一级近似；类似地可推广到高级近似中，并用来求解其他发展了的湍流运动，特别是在得到了脉动速度之后，任何阶的速度关联函数都可简捷地计算出来。这种新的逐级迭代法，是周培源关于湍流理论研究的重大进展，使以往求解速度关联函数方程的极为烦琐的做法得以突破。近年来，周培源的学生们首次给出了一个在物理空间有限区域内展示流体质点浑混运动轨道的涡形的真实运动，从某一侧面初步证实了周培源在 20 世纪 50 年代提出的湍流涡旋结构的猜测。

张国藩（1905—1975）从 20 世纪 30 年代开始从事湍流理论研究。他认为流体力学传统的 Navier-Stokes 方程不能用于湍流，而必须先把湍流的物理机制搞清楚，按照新的物理模型建立基本方程。为此，他进行了以下工作：第一，类比于分子运动论的方法，建立了湍流"温度"、"压强"和"熵"等新物理量，并将它们编入流体力学方程，相当详细地讨论了湍流通过圆管和两个平行平面之间的情况，并讨论了湍流的衰减、湍流结构和关联作用的特性等问题。后来他又发展了上述思想，用量子统计方法求湍流能谱分布式。第二，他论证了湍流运动是一种非牛顿流体运动，其内部阻力应改用幂数式表示，并依此建立了他自己的湍流运动方程。张国藩的理论物理概念深刻，数学模型明确，其结论与国际上的数据基本上相符合。1950—1951 年，李政道也曾讨论过湍流。他将海森堡湍流模型与实验结果相结合，计算了各向同性湍流的涡旋黏滞系数，证明在二维空间中不存在湍流。

力学家谈镐生（1916年生）对非均匀各向同性湍流进行了研究。1963年，他与林松青通过低速水槽实验发现，网格后湍流末期能量按时间平方反比规律衰减，并且末期湍流有随机取向、互不作用的旋涡条纹图像。据此，他们提出了互相独立、取向随机、只通过黏性耗散进行衰变的末期湍流动力学模型，并由此导出了平方反比律。1964—1966年，谈镐生指导他的学生研究了非均匀各向同性的分层湍流模型，给出了末期速度和压力-速度相关张量谱的表示式，并就末期湍流得出两点重要结论：能谱在波矢量空间的原点即使初始时解析，以后也变得不解析；对称条件、质量守恒条件和轴对称条件不足以限定能谱在原点的包括解析性质在内的局部性质，从而不能确定分层湍流的末期衰减规律。因此，为弄清湍流的末期性质，应直接从相关函数动力学方程出发作适当近似。这些结论，指出了进一步研究末期湍流的方向。

（三）中国学者关于流动稳定性理论的研究

流动稳定性是指某种形态的流体运动受初始扰动后恢复原来形态的能力。如果运动能恢复原来形态，则流体的运动为稳定的，反之为不稳定的。流动稳定性理论研究流体运动稳定的条件和失稳后流动的发展变化，包括过渡为湍流的过程。流动稳定性理论是流体力学的一个分支，从1883年O.雷诺首次做了层流过渡为湍流的实验以来，这方面的探索工作已有百余年的历史。中国学者在这一领域中所做出的早期的杰出贡献，当数林家翘于1944年关于平行流动的稳定性的一项研究成果。

林家翘1916年7月7日生于北京。其父林凯是民国初年交通部的一名官员。其伯父林旭是戊戌变法后遇难的六君子之一。林家翘先后就读于北京四存小学、北京师范大学附中和清华大学物理系，1937年，毕业后留校任助教。1939年，林家翘应考英国庚款公费留学生，他和郭永怀、钱伟长一起以优异成绩被录取。他们原来都准备到英国去学习与航空工业有关的专业，但因欧洲战争爆发，去英的海路中断，英国政府同意他们到英联邦成员国学习。1940年9月，他们一道远涉重洋，来到加拿大多伦多大学，跟随应用数学系教授、力学家辛格研究流体力学。辛格看了他们的成绩，和他们交换了学术见解，发现他们基础扎实，学识渊博，而且在国内就已做了第一流的工作，因此对他们十分赏识。他们3人仅用半年多的时间就完成了硕士论文，取得了出色的成果。辛格教授赞叹说："想不到中国有这样出色的人才，他们是我一生中很少遇到的优秀青年学者！"

立志献身于空气动力学事业的林家翘和郭永怀于1941年5月来到美国加州理工学院的古根海姆航空实验室，跟随世界一流力学大师冯·卡门做研究工作（1942年钱伟长在获得博士学位后也来到这里做研究员），1944年获加州理工学院航空学博士学位。林家翘毕业后先到布朗大学任助教、副教授，1947年转到世界著名学府麻省理工学院任副教授，1953年升任教授，1966年当选为麻省理工学院的学院教授。他曾两次获得古根海姆奖金（1953年和1956年），两次当选为普林斯顿高级研究院院士（1959—1960年，1965—1966年）。他是美国科学院院士，曾获美国科学院应用数学奖金（1976年），并第一个荣获美国物理学会颁发的流体力学奖金（1979年）。他还曾获得美国机械工程学会的Timoshenko奖金和麻省理工学院1981—1982年度的Killian奖金等。他是北京大学的客座教授，清华大学的名誉博士、名誉教授和香港中文大学的名誉博士。

20世纪40年代到60年代初期，林家翘主要从事流体力学方面的研究，涉及高速空气动力学、湍流、流体力学稳定性、浅水波、边界层流动等。其中最重要、影响最大的是关于流体力学稳定性的工作。

1944年，林家翘发表了《关于二维平行流的稳定性》的重要论文，这是他的博士论文《关于湍流的发展》（*On The development of Turbulence*）中的某些结果的简短报告。这篇论文对平行流稳定性的研究取得了突破性进展，一举解决了海森堡有关湍流的一个疑案。

关于平行流的稳定性问题，如果应用小扰动理论，就可归结为研究一特征值问题。以两平行板间的平面流动为例，就是要研究奥尔-索末菲方程的特征值分布。这个方程是 20 世纪初就提出来的，但是一直没有获得较彻底的解决。1924 年，海森堡在他的博士论文中提出：在两平行板之间的二维流动，它的稳定与不稳定，可由参数 a（扰动波波数）和雷诺数 R 间的函数关系 $a(R)$ 来决定，曲线 $a(R)$ 的内部为不稳定区，将会发展为湍流。海森堡当时猜想当 $R \to \infty$ 时 $a \to 0$，但他未做出论证。海森堡的论文引起了批评和争论，成为流体力学中的一桩"悬案"。1944 年林家翘在他的论文中指出："海森堡对于二维平行流的流体力学稳定性的杰出贡献，由于其文章中的尚未完全摆脱模糊之点而未能得到充分的肯定和恰当的评价。""因此，阐释高雷诺数下层流不稳定性的理论变得很混乱，从而严重阻碍了该理论的进一步发展。"林家翘在肯定了海森堡猜想的基本正确性之后，首次运用渐近分析方法比较彻底地解决了奥尔-索末菲方程这个数学难题，得到了 $R^{\frac{1}{3}}$-a 平面内划分稳定和不稳定区域的中性曲线，并从而求出临界雷诺数。曲线表明，当雷诺数充分大时，流动总是不稳定的。这一较精确的结果，廓清了海森堡留下的疑团。1950 年，海森堡肯定了林家翘的结果；两年之后，托马斯（L.H.Thomas）在 IBM 机上工作 150 小时，证实了林家翘的结论。1955 年，英国剑桥大学出版了林家翘的专著《流体稳定性理论》，成为该研究领域里具有里程碑意义的著作。

但是，小扰动理论不能很好说明过渡现象。对圆管内的泊肃叶流动，用小扰动理论也不能求出不稳定扰动波，不能最终证明无论雷诺数为何值扰动都衰减。另外，实验表明，一般当雷诺数超过 2000 时，层流即可转变为湍流；但若采取措施减小扰动，直至雷诺数为 100000 时，仍可保持层流。这种情况表明，要全面解决问题，还必须考虑有限扰动。

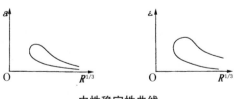

中性稳定性曲线

中国科学院院士、天津大学力学系教授周恒（1930 年生）从 20 世纪 60 年代中期开始进行流动稳定性理论的研究。流动稳定性理论中的线性理论，虽然已于早期基本完成，但还缺乏数学上严格的根据而不尽完善。周恒于 1963 年通过严格的数学演绎，终于很好地解决了奥尔-索末菲方程这一非自伴随方程的特征值问题，得出了展开定理，并证明了展开式是一致且绝对收敛的；他还将 Liapounoff 方法推广到连续介质力学，用它证明了条件稳定性定理，为线性理论提供了严格的数学依据。值得指出的是，周恒于 1963 年关于奥尔-索末菲方程特征值问题的展开定理的研究结果，美国直到 1969 年才分别由应用数学家迪普里玛（R. C. Diprima）等人和萨格廷（D. H. Sattinger）解决，而对展开定理，他们尚未得到展开式是绝对收敛的结论。

20 世纪 60 年代初期，逐渐形成了一种弱非线性理论。它实际上是从天体力学和非线性振动理论中常用的小参数法、渐近法等引申出来的，逐渐形成了分支理论。周恒将非线性振动理论中的 K-Б 渐近法推广到流动稳定性理论中，按照这样的方法求解、计算，也对中性曲线附近的情况进行研究，得出的结果跟分支理论的结果在定性方面完全一致。用这种方法研究周期解的稳定性，比较直观、简捷，可以避开传统方法中须引进 Floquet 指数等较复杂的数学演算，在工程设计中很实用。

周恒依据把非线性理论中的 K-Б 法推广到流动稳定性理论中的思想，又提出一种新方法，克服了已流行 20 年的弱非线性理论对线性化问题为非中性情况时不好用的困难。具体地说，就是提出了一个研究亚临界（一般可为非临界）平面 Poiseuille 流的稳定性的非线性方法，并将该方法推广于研究二维和三维扰动波的非线性强相互作用问题，这就是"共振三波"问题。原来人们认为"共振三波"概念只适用于边界层问题，不适用于平面 Poiseuille 流，但周恒证明只要稍加修改就可适用。他还以平面 Poiseuille 流为例，通过深入研究，指出了在流动稳定性研究中有重要意义的二次失稳理论，实际上可以纳入弱非线性理论。运用周恒的新方法得到的结果优于其他方法所得到的结果，因而周恒的新方法被国际流体力学权威们认为是流动稳定性理论研究中的一个突破。

关于平板边界层流的非平行性对流动稳定性的影响，其他学者往往忽略了边界层增厚的影响，也略去了非线性对稳定性的影响。周恒通过分析证明，非线性的影响是必须考虑的因素。1988 年，他提出了一个不可压缩流边界层外扰动如何传入边界层而形成不稳定波的理论模型；他还将流动稳定性理论应用于湍流边界层内相干结构的研究，分别提出了边界层底层和外区相干结构的模型，并将相干结构的知识用于边界层传热的计算。对于在减阻和减噪声中有重要应用前景的柔性壁边界层流的稳定性问题，周恒也提出了新的计算方法，弥补了以往计算方法中连续性条件不能全部满足的缺陷。

周恒在流动稳定性理论领域所做的研究工作，不仅在国内是领先的，而且在国际上也产生了积极的影响，受到普遍赞许。他的研究获得了 1987 年国家自然科学奖二等奖。

(四) 中国学者在空气动力学上的杰出贡献

1. "中国导弹之父" 钱学森

1955 年 10 月 8 日，一个世界闻名的中国科学家钱学森，乘坐美国邮船，横跨太平洋，从美国回到他日思夜想的祖国，开始了他推进中国的火箭和航天事业的伟大征程。

钱学森 1911 年 12 月 11 日出生于上海。其父钱均夫是杭州一丝商之子，民国成立后就职于当时的教育部；其母章兰娟是杭州一富商之女。钱学森 3 岁到了北京，后在北京师范大学附小和附中读书。1929 年中学毕业后，为振兴中华决心学工科，考入上海交通大学机械工程系。1934 年，刚刚毕业的钱学森考取了清华大学公费留学，学习飞机设计。1935 年 8 月到美国麻省理工学院航空系学习，一年后转入加州理工学院，师从力学大师冯·卡门教授攻读航空工程理论，开始了他们先是师生后是亲密合作者的情谊。1939 年 6 月，钱学森以《高速气动力学问题的研究》等 4 篇论文，获得了博士学位，并成为冯·卡门的助手。

1942 年，由于战事的需要，美国军方委托加州理工学院举办喷气技术训练班，钱学森是教员之一。1944 年，美国陆军得知德国研制 V-2 火箭后，委托冯·卡门领导大力研制远程火箭，钱学森负责理论组工作，吸收了林家翘、钱伟长进行弹道分析、燃烧室热传导、燃烧理论等研究工作。1945 年，冯·卡门被聘为空军科学顾问团团长，前往德国对希特勒的火箭技术发展情况进行考察，并把他们先进的导弹成果和技术专家接收过来。冯·卡门提名钱学森为团员，并被授予上校军衔。这一时期，钱学森取得了在近代力学和喷气推进的科学研究方面的宝贵经验，成为这个领域的著名科学家。冯·卡门评价钱学森说：

> 他在许多数学问题上和我一起工作。我发现他非常富有想象力，他具有天赋的数学才智，能成功地把非凡的想象力与准确洞察自然现象中物理图像的非凡能力结合在一起。作为一个青年学生，他帮我提炼了我自己的某些思想，使一些很艰深的命题变得豁然开朗。这种天资是我所不常遇到的，因而他和我成了亲密的同事。①

1946 年，钱学森进入麻省理工学院专教空气动力学专业的研究生，次年升为正教授。1947 年 9 月，钱学森回国探亲并与蒋百里（著名军事理论家）之女蒋英结婚。蒋英是在维也纳和柏林受过音乐教育的女高音声乐家，后为中央音乐学院教授。为了准备回国，钱学森自己要求辞去在美国空军和海军中的科学顾问职务。

1949 年，钱学森加紧了回归祖国的准备工作。后来竟被取消参加机密

---

① 文洋. 钱学森在美国. 北京：人民出版社，1984：69，63.

研究的资格，而且在他一家动身回国时遭拘留。在美国朋友的大力帮助下，钱学森虽被保释出来，却受到美国当局的监视达 5 年之久。当时任美国海军次长的 D.金布尔说："我宁可把这家伙枪毙了，也不让他离开美国！""那些对我们来说至为宝贵的情况，他知道得太多了。无论在哪里，他都值 5 个师。"①

1955 年 6 月的一天，钱学森夫妇摆脱特务监视，在一封写在香烟纸上寄给在比利时亲戚的家书中，夹带了给陈叔通先生请求祖国帮他早日回国的信，这封信被送到周恩来总理手中。1955 年 8 月 1 日在日内瓦举行的中美大使级会谈中，王炳南大使按照周总理的授意，以钱学森的信为据与美方交涉，迫使美国政府不得不允许钱学森离美回国。9 月 17 日，钱学森夫妇和两个孩子一起启程返回祖国。这时已回到航空喷气公司的金布尔十分懊丧地说："这是美国有史以来做得最蠢得一件事""他根本不是什么共产党，而是我们逼他走这条路的"。钱学森后来回顾在美国的经历时说：

> 我们 1935 年去美国，1955 年回国，在美国待了 20 年。20 年中，前三四年是学习，后十几年是工作，所有这一切都在做准备，为了回到祖国后能为人民做点事……因为我是中国人，根本不打算在美国住一辈子。

从 1955 年 11 月起，钱学森先后担任中国科学院力学研究所所长、中国应用与理论力学学会第一任理事长（1957 年）、中国自动化学会首任理事长（1961 年）。早在 20 世纪 40 年代，钱学森就意识到导弹的重要性日益增长，需要建立一个喷气武器部的机构，用新的军事思想和方法专门进行研究。回国后在哈尔滨参观军事工程学院时，院长陈赓大将专程从北京赶回哈尔滨接见钱学森。他问钱学森的第一句话是："中国人搞导弹行不行？"钱学森回答说：

---

① 文洋. 钱学森在美国. 北京：人民出版社，1984：63, 69.

"外国人能干的，中国人为什么不能干？"陈赓说："好！就要你这一句话。"这次谈话，决定了钱学森从事火箭、导弹和航天事业的生涯。钱学森提出了关于《建立我国国防航空工业的意见书》（1956 年），主持制定了《十二年科技发展远景规划纲要》中的"喷气和火箭技术的建立"的规划，先后担任了导弹研究院院长（1956 年）、国防部第五研究院第一任院长（1957 年）、第七机械工业部副部长（1965 年）、中国空间研究院第一任院长（1968 年）、国防科技委员会副主任（1970 年）、国防科技工业委员会科学技术委员会副主任（1982 年）等职。1986 年，钱学森当选中国科协主席。1986 年 4 月 11 日，增选为全国政协副主席。1980 年 5 月 18 日，我国向太平洋预定海域发射运载火箭获得圆满成功。两天后，合众国际社在《中国导弹之父——钱学森》的专稿中写道：

> 主持研制中国洲际导弹的智囊人物是这样一个人：在许多年以前，他曾经是美国陆军上校。由于害怕他回中国，美国政府竟把他扣留了 5 年之久……金布尔对钱学森博士的才能的高度评价，已经被 1955 年钱获准离开美国回国以来的事实所证明。正是因为有了钱学森，中国才在 1970 年成功地发射了第一颗人造卫星。现在，由他负责研究的火箭，正在使中国成为同苏联、美国一样能把核弹头发射到世界上任何一个地方的国家……

1979 年，钱学森荣获加州理工学院"杰出校友奖"；1985 年，钱学森因对我国战略导弹技术的贡献，作为第一获奖人和他的合作者获全国科技进步特等奖。

2. 钱学森、郭永怀关于跨声速流的研究

1957 年初，当有关方面询问谁是承担核武器爆炸力学工作最合适的人选时，钱学森毫不迟疑地推荐了他在加州理工学院时的学友郭永怀。

郭永怀 1909 年 4 月 4 日出生于山东荣成西滩郭家村一个农民家庭，其父郭文吉略通文墨，三叔郭文秀读过十几年书，在村里办了一个初级小学。郭永怀 10 岁时进入这所小学读书，后入石岛镇明德小学读完高小，考入青岛大学附属中学。初中毕业后在父兄的支持下，只身来到天津，考入南开大学预科理工班。在这里，郭永怀对数学产生了浓厚的兴趣，打下了坚实的数学基础。1931 年 7 月，郭永怀转入本科，选择了物理学专业。因为当时南开大学物理系教师缺乏，所以郭永怀就投到电机系顾静薇教授的门下，成了她唯一的物理专业的学生。她为郭永怀单独开课，使他在学业上有很大进步。1933 年，从德国回来的饶毓泰先生应聘担任北京大学物理系主任。顾先生鼓励郭永怀到光学专家饶毓泰那里去深造，郭永怀便经过考试进入北京大学物理系，插班在三年级学习。他以优异的成绩毕业后，便被饶毓泰先生留作自己的助教和研究生。这一时期郭永怀还参与了吴大猷、郑华炽教授关于拉曼效应的研究工作。

1937 年"七七事变"后，北京大学等南迁长沙，郭永怀回到家乡，在威海中学教授数学和物理。1938 年 3 月，日军侵占了威海，郭永怀便辗转来到昆明西南联合大学。民族危亡更增强了他的民族责任感，坚定了他科学救国的信念。他放弃光学，立志学习航空工程。在听了周培源教授的流体力学课程后，便开始步入空气动力学研究的科学道路。

1939 年夏，通过中英庚款留学考试，郭永怀、钱伟长和林家翘因成绩优异，被原来计划只招收 1 名学生的力学专业破格全部录取，从此郭永怀开始了他长达 16 年的留学生活。

1940 年 9 月，郭永怀、钱伟长和林家翘来到加拿大多伦多大学，在物理学家辛格的指导下学习。半年后，他们都取得了优异的成绩，郭永怀以《可压缩黏性流体在直管中的流动》的论文获得了硕士学位。接着，他向导师表示要研究一个更难的题目：可压缩黏性流体跨声速流动的不连续问题。由于辛格教授对此也不甚熟悉，郭永怀决心求教于当代航空大师冯·卡门，于是 1941 年 5 月，郭永怀来到美国加州理工学院古根海姆航空实验室。当他向卡门陈述了自己的想法后，卡门十分高兴，因为卡门和他的同事们也正在探索这个棘手的难题。

20 世纪 20 年代末期，对飞机机翼理论和流体在物体表面产生的摩擦阻力的研究，导致了流线型单翼飞机设计概念的产生，推动了航空技术的发展。30 年代中期，由于全金属薄壳结构的出现，完成了飞机设计中的一次革命。30—40 年代，出现了航空技术发展史上的第二个里程碑。当时，由于速度的提高，驾驶员遇到了所谓"声障"问题，即当飞机以接近声速的速度飞行时，驾驶员便会感到一系列蹊跷的现象：飞机受到的阻力剧增；支撑飞行的升力骤降；舵面失灵，头重尾轻，机翼、机身发生强烈震动；等等。30 年代大力发展的气动力学，即可压缩流体力学，陆续产生了后掠翼概念、有效等截面概念、超临界翼概念以及计算发动机功率要求的方法。虽然这些发展为跨过声速的飞行提供了理论基础，但是，真正在理论上对跨声速流进行研究也有很大困难。因为在跨声速范围内，既要考虑非线性效应，又由于出现兼有亚声速和超声速区域的混合流动，必须发展混合型方程的理论。尤其是当来流速度超过某一临界值时，还会出现激波——周围气体性质发生跃变的不连续面。具体地说，就是在飞机表面的局部区域，相对流动的空气速度已经超过了声速，在这个区域里微小的扰动在传播时，会在某些地方聚积起来，使流动空气的压力、密度、温度、速度等物理量在极短的距离内发生跃变。在数学上就可以把它当作不连续面（激波）来处理。出现激波时，飞机受到的作用力就会发生突然变化。人们猜测，这可能就是"声障"的根源。于是，研究跨声速流动中不连续解的课题就提出来了。为了攻克这个难题，古根海姆航空实验室的力学家们开展了大量艰苦的研究。钱学森和郭永怀就是在这样的科学背景下做出他们的杰出贡献的。

从 20 世纪 30 年代末到 40 年代，钱学森和冯·卡门合作进行了多项研究工作。1938 年在《航空科学杂志》第 5 卷中发表的《可压缩流动边界层》一文中，他们揭示了即使一个运动的热体与外界冷空气在某一飞行马赫数时有相当的温度差，对物体的冷却仍逆变为加热。这是由于空气受压缩，温度升高和边界层传热率增加的结果。他们给出了发生这种逆变的马赫数计算公式。这个理论结果后来在垂直起飞火箭等实际问题中有重要意义。

20世纪30年代末到40年代初，钱学森与冯·卡门合作，在一个有实际意义问题的研究中，共同创造了著名的"卡门-钱学森公式"或叫"卡门-钱学森方法"。当时试验飞机模型的风洞，其风速一般都不高，与声速比马赫数不到0.2，不能测定飞机在高马赫数飞行时表面所受的压力，因此急需一个从低马赫数风洞实验结果修正到高马赫数的方法。冯·卡门的老师L.普朗特（Prandtl）和H.格劳厄（Glauert）曾根据扰动很小的假设，提出过一个计算压缩性影响的近似理论，该理论在亚音速情况下能给出一种适用于估计压缩性影响的简单修正法，但不够完善。钱学森在1939年发表了关于可压缩流体二维亚声速流动的研究结果，冯·卡门在1941年发表了关于空气动力学中压缩效应的研究成果。他们对机翼上的压缩作用，共同提出了一个更普遍的修正，即不用扰动很小这一假设，而是基于被他们修正了的流动方程的某种线性化处理，使它能应用于高速流动。这个公式第一次发现了在可压缩流体中，机翼在亚音速飞行时的压力和速度之间的定量关系。不久，全世界的空气动力学家都认识到，"卡门-钱学森公式"是空气动力学中的一个重大成果。冯·卡门在他1954年出版的《空气动力学发展》一书中，多次阐述了这一公式的由来和意义。

在早期薄壳结构理论的研究中，存在着这样一个困难：如圆柱形薄壳受轴向负载时，其理论失稳值比实际值差3～4倍。为解决这个问题，从1939年起，钱学森与卡门合作，对飞机金属薄壳结构非线性屈曲理论进行了一系列研究，包括外部压力所产生的球壳的翘曲，结构的曲率对于翘曲特性的影响，受轴向压缩的柱面薄壳的翘曲，有侧向非线性支撑的柱子的屈曲，以及曲度对薄壳翘曲载荷的影响等，研究揭示出原先的理论的缺陷在于忽视了大挠度非线性的影响。他们合作先后发表了《外压引起的球壳的翘曲》（1939年）、《曲泵对结构翘曲特性的影响》（1940 年）、《薄壳柱在轴压下的翘曲》（1941 年）等论文。

钱学森在加州理工学院的另一项重大成果，是关于火箭喷气推进技术的研究。1936 年，他参加了马林纳（FJ.Malina）领导的火箭研究小组，在冯·卡门的指导下，与马林纳一起研究火箭发动机的热力学问题、探空火箭问题和远程火箭问题。1938 年，他和马林纳在《航空科学杂志》上共同发表了有关"探空火箭（特别是有关连续脉冲式推进的）飞行分析"的论文。1943 年以后，在美国军方的支持下，钱学森与马林纳合作，一起研究用火箭发动机推进导弹这一课题，并于 1943 年 11 月提出了《远程火箭的评论和初步分析》的研究报告，对远距离火箭导弹的几种可能性进行了分析，并指出超越 160 千米射程的大型火箭是完全可以制出来的。他们在报告中提出了 3 种火箭导弹的设计思想。这份报告和冯·卡门的一份备忘录和一份研制计划，很快被美国军方接受，于是钱学森便参加了美国早期用可储存液体推进剂的几种试验性火箭的研制工作。第二次世界大战结束后，美国空军高度赞扬钱学森，称他为战争的胜利做出了"巨大的贡献"。

1949 年，钱学森担任加州理工学院新设立的古根海姆喷气推进中心的主任及"戈达德教授"，专门讲授火箭技术及喷气推进技术课程。从 20 世纪 40 年代到 60 年代，钱学森在这一领域提出了若干重要思想。如在 40 年代提出并实现了火箭助推起飞装置，使飞机跑道距离缩短；1949 年提出了火箭旅客飞机概念和关于核火箭的设想；1953 年研究了行星际飞行理论的可能性；1962 年又提出了用装有喷气发动机的大飞机作第一级运载工具，用一架装有火箭发动机的飞机作为第二级运载工具的天地往返运载系统的思想。这些思想，对航天技术的发展都产生了重要的影响。

从 1941 年开始，郭永怀投入到了跨声速领域的理论研究中。凭借他在数学、物理学和空气动力学上的扎实功底以及他的顽强毅力和科学胆略，用了整整 4 年的漫长岁月，终于完成了有关跨声速流动不连续解的出色工作，于

1945 年获得了博士学位。钱学森评价说："郭做博士论文找了一个谁也不想沾边的题目，他孜孜不倦地干，得到的结果出人意料。"

1946 年，郭永怀与钱学森合作，发表了重要论文《可压缩流体二维无旋亚声速和超声速混合型流动和上临界马赫数》。这篇论文求解得出了同时具有亚声速流和超声速流的混合型流动；并且利用超越几何函数的渐进特性，用渐近分析方法克服了 Chaplygin 方法的级数收敛缓慢的困难，使原先仅适用于亚声速的这一方法推广到了跨声速范围。更重要的是，他们首次提出了"上临界马赫数"的概念，回答了机翼剖面上何时会出现激波这个重要的理论问题。当时虽然人们已经凭直觉意识到，激波的出现是飞机气动特性改变的主要原因，但原来只注意下临界马赫数（即流场中第一次出现声速的飞行马赫数）这个参数。郭永怀和钱学森指出，超过下临界马赫数后，物体附近出现超声速流场，但连续解仍然存在；当来流的马赫数再增加时，数学解会突然不可能，即没有连续解，这就是上临界马赫数。只在这时，才会出现激波，即等熵流动条件被破坏，流动出现分离和旋涡，流体的一部分机械能转变为热能，从而严重改变了流场和气动特性。所以，真正有实际意义的是上临界马赫数，而不是下临界马赫数，这是一个重大的发现。

1946 年，郭永怀由于在空气动力学研究方面的突出成就，被康奈尔大学主持航空研究院的西萨斯（W.R.Sesars，也是冯·卡门的优秀学生）聘请前往任教，并共同主持研究工作。在这里，他度过了 10 个春秋，并在黏性流体力学和高超声速空气动力学方面取得了重要成就。

郭永怀和钱学森的研究结果，虽然指出了只当飞行速度超过上临界马赫数时才会出现激波，但这只是一个理论预测。风洞实验表明，实际的临界马赫数是介于两个极限马赫数之间的，而边界层的影响是可能的原因之一。郭永怀从另一角度出发，研究了跨声速流动的稳定性，给出了发生流动不稳定性并导致激波产生的条件，这就解释了理论与实验之间的矛盾。

既然超出上临界马赫数后不可能有连续解，在流场的超声速区会出现激波，而激波的位置和形状又是受边界层（物体表面附近的薄层）影响的，因此必须研究激波与边界层的相互作用，这是一个没有现成方法的极为困难的问题。这一时期，虽然不少学者利用简化模型在速度型这点上逐步接近于实际，但他们的共同缺陷是都没有真正考虑黏性效应，因而只能给出定性结果。郭永怀从两种不同途径直接考虑了弱激波从沿平板的边界层的反射，得出了一些与实验一致的结果。他的研究回答了激波是怎样影响翼剖面气动特性的问题。

3. 郭永怀关于奇异摄动法和高超声速流的研究

在激波与边界层的相互作用这个问题的研究中，郭永怀施展他数学上的才智，运用并发展了一种数学方法——奇异摄动法。

在天文学、力学等学科中，常常遇到解含有小参数的非线性微分方程的问题。19 世纪末，天文学家林德斯特（Lindstedt）在研究行星轨道的摄动问题时，利用小参数的幂级数展开表示原问题的解，这种数学方法就是所谓摄动法，它是求近似解的一个有效手段。但是这种方法应用起来常发生奇异性困难——所得到的解有时在某些区域失效，即不是在整个区域中一致有效。原因在于，实际问题中常出现不同的空间、时间尺度，必须对各个区域、各个变量分别处理。为了克服这个困难，奇异摄动理论应运而生。这个理论最常用的方法是匹配渐近展开法和变形坐标法，郭永怀在这两方面都做出了杰出的贡献。1892 年，法国数学家彭加勒（H.Poincaré）对小参数的幂级数展开法给予了严格的证明，并尝试对自变量也作级数展开，解决了部分困难。1904 年，普朗特在研究黏性流体时又提出了边界层理论，把黏性起重要作用的边界层和黏性可以忽略的层外区域分别处理，再对接求解，这是匹配方法的雏形。1949 年，英国的赖特希尔（J.Lighthill）发展了彭加勒的思想，把自变量坐标也进行展开，提出了变形坐标法，解决了一大类问题。20 世纪 50 年代初，郭永怀在研究平板的黏性绕流问题时，敏锐地抓住了坐标变形法的思想并把它与普朗特的边界层理论结合起来，大胆地应用于黏性流动问题，消除了长期存在的边界层前缘的奇异性。在 1953 年发表的《关于中等雷诺数下不可压缩黏性流体绕平板的流动》一文中，郭永怀提出了准确描述前缘流场的新方法。1956 年，钱学森在《应用力学进展》一文中，将这一方法命名为 PLK（彭加勒、赖特希尔、郭永怀）方法，指出，"郭永怀的贡献在于将坐标变形法'乘以'边界层理论，解决了边界层理论的非一致有效性问题，把彭加勒和赖特希尔的方法作了有效的推广"①。PLK 方法是奇异摄动理论的一个重要方法，在力学和其他学科中得到了广泛应用。现在，摄动理论已成为比较系统和完整的理论，郭永怀是这门学科最重要的理论奠基人之一。

20 世纪 50 年代，人类进入了空间技术时代。人类在越过声障以后，又开始向飞出地球的目标前进。于是，高超声速流即来流马赫数超过 5 的气体流动，自然成为空气动力学研究的前沿课题。郭永怀及时注意到这个动向，对沿高超声速平板与楔的黏性流动、普朗特数对平板高超声速黏性流动的影响以及高超声速黏性流动中的离解效应进行了研究，重点解决高超声速下激波与边界层强相互作用以及内自由度激发对流动的影响等两个关键问题。郭永怀是这一领域进行开拓性研究的先行者之一。郭永怀以其在跨声速与奇异摄动理论研究方面的重大成就而驰名世界。

1956 年 11 月，郭永怀舍弃了在美国的优越研究条件和社会地位，回到了阔别 16 年的祖国。回国的当年，郭永怀就参加了制定我国科学技术十二年发展远景规划的工作，并和钱学森一起，倡导了高超声速空气动力学、电磁流体力学和爆炸力学等新兴学科的研究。郭永怀还参与发展我国航天事业的预测和规划，参加了负责本体设计的人造卫星设计院的领导工作；正确提出了风洞建设的低、高、超高速配套，重点搞脉冲型高速、超高速风洞，优先实施投资规模小的炮风洞和自由飞弹道靶方案。在我国第一颗原子弹的研制过程中，他参与领导并保证了爆轰物理实验的顺利进行，并直接参与了原子弹爆炸试验。在

---

① TSIEN. *The Poincaré-Lighthill-Kuo Method*. Adv. Appl. Mech., 1956（4）.

核弹的武器化和系列化研究中，他亲自参与了核航弹、氢弹气动外形设计和飞行弹道空气动力学计算，对核武器的适应性、机动性、小型化发展提出了许多重要建议。他为我国核武器的研制做出了重要贡献。

1968 年 10 月，郭永怀赴西北核基地进行我国第一颗导弹热核武器发射试验的准备工作。12 月 5 日，当他乘飞机从兰州到北京准备着陆时，飞机发生事故，郭永怀不幸以身殉职。郭永怀的杰出成就和高尚品德，受到人们的敬仰和钦佩。

（五）中国火箭、导弹和卫星的发射

1957 年 10 月 4 日，苏联将第一颗人造卫星送上了天。它的质量是 86.3 千克，形状为球形，直径为 58 厘米。数月之后，1958 年 1 月 31 日，美国就将一颗质量为 4.8 千克、直径为 15.2 厘米、名为"探险者"1 号的卫星送上太空。这两颗卫星上天，拉开了人类挺进太空、角逐宇宙的序幕。

卫星、导弹和火箭是紧密相关的，甚至可说是"三位一体"的东西。搞卫星和搞导弹是互为表里、相互为用的；而发射卫星和导弹所需要的火箭技术，基本上是相同的。苏联和美国的卫星上天，公开讲是为了民用，实际上主要目标还是军用，是为他们的全球战略服务的。

面对这种形势，中国怎么办？

早在 1956 年制定的"十二年科学技术发展远景规划"中，国家就把国防现代化建设摆在突出的地位，导弹也与原子弹一样，是重点发展的尖端技术。

1956 年 4 月，周恩来亲自主持中央军委会议，专门听取刚回国不久的火箭专家钱学森关于中国发展导弹技术的规划设想，并于当月成立了航空工业委员会。1956 年 10 月 8 日，中国第一个导弹研究机构——国防部第五研究院正式成立，钱学森任院长，决定以自力更生为主、争取外援为辅的方针搞导弹研制。国防部第五研究院先后组建了导弹总体、空气动力、发动机、弹体结构、推进剂、控制系统、控制元件和无线电、计算机、技术物理等 10 个研究室，并决定从地地弹道式导弹、地空导弹和无人驾驶飞机 3 个方面入手进行研究。

在苏联和美国的人造卫星分别上天之后，1958 年 5 月 17 日毛泽东提出："我们也要搞人造卫星！"著名科学家钱学森、赵九章、钱三强、陈芳允等也积极倡导中国开展人造卫星的研究工作。1958 年秋天，中国科学院组织钱学森、赵九章、郭永怀、陆元九等专家制订人造卫星发展规划设想方案，并成立了"581"小组，由钱学森任组长，赵九章、卫一清任副组长，赵九章和钱骥担任科学技术领导。

1958 年 10 月 16 日，由赵九章任团长的中国科学家代表团专程飞往莫斯科，学习苏联研制卫星的经验。团员中有卫一清、钱骥、杨嘉墀等。但是由于对方的保密和拖延，代表团在苏联待了两个半月，仅考察了一些天文、电离层、地面观测站等研究机构，未能参观到他们的卫星研制部门以及有关的地面试验设备，这更加坚定了赵九章等"一定要有自己的卫星"的决心。

卫星的发射是一个极其复杂的系统工程，它包括卫星本体、运载火箭、地面跟踪测控网、信息处理和发射场等五大部分。卫星的研制和发射，还必须与国家的科学技术水平、工业基础和经济状况相匹配。根据当时的情况，我国尚不具备发射卫星的条件，应该先以小型探空火箭练兵，以高空物理探测打基础，同时筹建空间环境模拟实验室，研制地面跟踪测量设备，不断探索人造卫星发展的新方向。

1958 年 11 月，在上海成立了我国从事火箭技术研制的机构——中国科学院上海机电设计院，由杨南生担任副院长，王希季担任总工程师。他们从 1959 年 10 月开始，进行"T-7M"无控制探空火箭的研制。这种火箭是由硝酸和苯胺自燃液体主火箭和固体燃料助推器串联起来的两级无控制火箭。当助推器工作完毕后，主火箭能够在空中自动点火，其箭头和箭体在弹道顶点附近自动分离，并分别用降落伞进行回收。这种火箭的起飞质量为 190 千克，总长度为 53.45 米，主火箭推力为 226 千克，飞行高度为 8～10 千米。

1960 年 2 月 19 日，中国第一枚自己研制的液体探空火箭，在上海南汇县老港镇的一个发射场上成功地飞上了天空。虽然它的飞行高度只有 8 千米，却为此后中国卫星上天开辟了道路。6 个多月后，即 1960 年 9 月 13 日，装有气象和探空仪器的"T-7"探空火箭在安徽发射成功。它的改进型号"T-7A"火箭也很快研制成功，其发射高度达 100～130 千米，是一种高空探测火箭，共发射 23 次；进行过电离层探测、高空生物学和医学试验；它还为我国第一颗卫星运载火箭的研制进行了固体发动机高空（300 千米以上）点火试验，并为返回式卫星进行了高空摄影和红外地平仪的试验。

1959—1964 年，虽然国家经济状况比较困难，但导弹的研制工作始终处于由仿制转向自行设计的大发展时期。搞导弹很重要的是看火箭用什么燃料，苏联给我们的样品是烧煤油的导弹，只是个样子，燃料也是落后的。钱学森提出一定要搞新的高能燃料。中国科学院承担了这一任务，先后制成了液氧、液氢和固体燃料，并由林鸿荪领导进行了发动机试验。1960 年，我国第一枚以液氧为燃料的导弹发射成功，虽然它的射程只有 1000 千米，尚不能用来发射原子弹和氢弹，但却开辟了我军武器装备的新纪元。

钱学森随即提出，一定要进一步地搞高能燃料，加大导弹的推力和速度，要越过太平洋。特别是质量达数吨的卫星的发射，不是一般的燃料和氧化剂所能完成的。从理论上讲，以液氢作为燃料、液氟作为氧化剂是最理想的；或者以硼氢作为燃料、氟化物作为氧化剂也是最上乘的。但是，硼氢、氟和含氟氧化物都是剧毒和易爆炸的无机化合物。上海有机化学研究所的科研人员不顾危险，克服重重困难，终于研制成了一系列氟化物和硼氢化合物。

中国科学院还研制出了耐高温材料，并配合五院研制和解决了远程多节导弹的自动控制问题，还研制出跟踪观察的远程雷达。由王大珩领导的研究组还研制出在导弹发射场用于测量导弹飞行轨道参数、记录飞行姿态的大型快速摄影经纬仪。

1965 年我国第二颗原子弹试爆是用飞机投放的。但是，作为实战的武器，最终要靠导弹发射运送原子弹和氢弹，即在导弹上安装核弹头，使之成为战略导弹，这对于打击远程目标是非常重要的，于是就提出了"两弹结合"的问题。国家要求导弹研制突破自行设计这一关，迅速建立起我们自己的高水平的导弹技术体系。

1964 年 6 月 29 日，我国自行研制的第一枚弹道式导弹发射成功；同年 7 月 9 日和 11 日，又成功地发射了两枚导弹；1965 年 12 月，还研制成功代号为"541 工程"的肩扛式超低空地空导弹，填补了一个空白。这一系列成就表明，中国航天技术从无到有、从仿制到自行设计、从研究试验到定型试验，已经进入航天工业发展的新时期，并为发射人造卫星提供了技术条件。

在国家渡过经济困难时期以及 1964 年 10 月"东风"2 号导弹发射成功之后，我国已经具备了重新启动卫星计划的条件。1965 年 5 月 31 日，中国科学院正式成立了卫星本体组，由解肇元、杨嘉墀、方俊任组长，成员有力学所的胡海昌、沈以明，电子所的陈芳允、魏钟铨，自动化所的屠善澄、张翰英，"581"组的何正华、胡其正和潘厚任等。王大珩和陈芳允负责地面设备组。6 月 10 日，他们便拿出了一个卫星初步方案。这个方案归纳为 3 张图、1 张表，即用红蓝铅笔画成的卫星外形图、结构布局图、卫星运行星下点轨迹图、主要技术参数和分系统组成表，并把它命名为"东方红"1 号卫星。8 月 2 日，中央专委会批准了中国科学院的报告，并提出了一些具体的技术要求。于是，代号为"651"的中国人造卫星工程便开始了。

1965 年 10 月 20 日到 11 月 30 日，在由国防科委、国防工办、国家科委、军事科学院和中国科学院等单位联合召开的有 120 人参加的人造卫星方案论证会上，专家们对这颗卫星的轨道倾角、运载工具和地面观测等问题进行了探讨；解决了由红外地平仪与两个二自由度陀螺相结合的姿态测量问题，由大小推力器相结合的冷氮气喷气推进系统的参数选择问题；制订了返回姿态调整的方案。会议初步确定了这颗人造卫星的总体方案，并确定为科学探测性质的试验卫星，其任务是为发展我国的对地观测、通信广播、气象等各种应用卫星取得必要的设计数据。对这颗卫星的总体要求可以概括为：上得去，抓得住，看得见，听得到。

1966 年初，中国科学院正式成立了"651"设计院，由赵九章任院长，负责卫星总体方案和筹建试验室的工作。1966 年 5 月，成立"701"工程处，由电子学专家陈芳允担任技术主管，进行地面观测跟踪系统的研制。

王希季作为七机部第八设计院的总工程师，承担了研制我国第一颗卫星运载火箭的重任。在分析了这颗卫星对运载火箭的要求和我国导弹、探空火箭技术发展的情况后，他们提出了一个以中程液体推进剂导弹为第一、二级，由七机部研制的固体推进剂火箭为第三级的运载火箭方案。这是一种以导弹技术与探空火箭技术相结合、液体推进剂火箭与固体推进剂火箭组合的充分利用我国工业技术基础的火箭，后来取名为"长征"1 号。其设计运载能力在 400 千米圆轨道和 70°倾角时为 300 千克。

为了让这颗卫星能够"听得到"，中国科学院原自动化所遥控室的刘承熙等人接受了让卫星在太空播放《东方红》乐曲的任务。他们采用了电子线路制造复合音响，使用无触点电子开关，并模拟太空环境进行连续试验，到 1969 年上半年完成了这一设计制造工作。

为了让直径只有 1 米、在 2400 多千米的高空飞旋、表面亮度只相当于一颗六等星的卫星实现"看得见"的要求，只能在末级火箭上安装增加亮度的观测裙。这项困难的任务交给了八院的史日耀。由于当时卫星和火箭的设计已完成并投入生产，史日耀及其小组必须在不改变原设计的情况下进行这一设计。他们通过多方调研，终于研制出一种又轻又薄、径向拉力达到 28 千克、在 −269 ℃的环境下仍保持柔软性能、表面有高反光度的特殊金属材料；他们又从伞的结构受到启发，研制成一个未展开时又轻又扁，一旦卫星进入轨道则利用末级火箭的自旋离心力、用弹射杆弹出展开成表面积达 40 平方米的球面"观测裙"，这一任务于 1969 年 4 月完成。

所谓"抓得住"，就是在卫星进入轨道后，地面跟踪测量系统能够跟得上卫星，随时掌握其飞行动态，并将获得的信息和数据及时反馈给指挥中心。所以，这个任务包括跟踪、遥测、控制和通信 4 个方面，陈芳允承担了这一重任。他带领着魏钟铨和自动化所、地球物理所及紫金山天文台的专业人员开展了研究工作。卫星地面观测是一个包括光学跟踪系统、无线电跟踪系统、遥测系统、时间统一勤务系统、通信系统、控制计算中心系统、发射安全系统和海上观测船等在内的大型工程。陈芳允和王大珩经过反复论证认为，无线电观测具有全天候观测等优点，所以提出以无线电观测为主，以光学观测为辅的原则。但在采用无线电跟踪设备的问题上，当时提出了三种方案：第一种是采用四机部研制的 154-Ⅱ型单脉冲大型高精度跟踪雷达；第二种是采用苏联和美国普遍使用的无线电比相干涉仪；第三种是由地球物理所电离层研究室周炜提出的多普勒测速系统，但需要解决卫星入轨后轨道数据的计算方法问题。陈芳允根据我国的情况和国际技术发展状况，大胆提出了跟踪系统以多普勒测速仪为基础，卫星入轨点测量以 154-Ⅱ型雷达为主，无线电比相干涉仪只作为试验用的方案。

为了保证卫星不会"丢"，必须选择适当的观测站站址。我国卫星上天后的第二圈要在新疆进行观测，这一次的观测可以确定卫星运行是否正常，并可以把轨道算得更加准确；十多圈后，卫星则转到东部沿海地区。所以要在新疆西部的喀什、东北和胶东以及其他地方建立观测站，我国先后建起了 8 个观测站，并在西安建立了测控中心。后来因发射静止通信卫星，又增建了 3 个观测站和测量船。

1970 年 4 月 24 日，"东方红" 1 号卫星终于成功地飞上太空。这颗卫星重 173 千克，运行轨道距地球最近点 439 千米，最远点 2384 千米，轨道平面与地球赤道平面的夹角为 68.5°，绕地球一周 114 分钟。

1971 年 3 月 3 日，中国第二颗人造卫星"实践" 1 号又发射成功，这是一颗科学探测实验卫星。

1981 年 9 月 20 日，利用运载能力超过 1 吨以上的大型运载火箭"风暴"

1 号，将 3 颗卫星"实践"2 号甲、"实践"2 号乙和"实践"2 号顺利送上轨道，成功地实现了"一箭三星"，这是携带有 12 台探测仪器的一组空间物理探测卫星。

1984 年 4 月 8 日，中国的"长征"3 号火箭将中国第一颗同步通信卫星送入轨道。4 月 16 日 18 时 27 分，这颗卫星成功地定点于东经 125°的赤道上空，在地球赤道上空 36000 千米的太空轨线上，为中国抢占了一个可以实现全球通信的制高点。

1975—1985 年，中国发射了 7 颗返回式卫星，回收成功率为百分之百。

1999 年 11 月 20 日 6 点 30 分，中国第一艘无人航天试验飞船"神舟"号，在酒泉卫星发射中心发射升空，在完成预定的空间科学试验之后，于 21 日 3 点 41 分，在内蒙古中部地区成功着陆。

作为火箭诞生地的中国，终于依靠自己的力量，跻身于航天大国之列。

五、中国学者的光学、光谱学和应用光学研究

从 20 世纪 20 年代中期开始，中国近代物理学的一批先驱者相继投入到光学和光谱学的研究中，取得了较多的成果，其中包括一些超越时代的重要成果。他们的工作为我国基础光学研究奠定了良好的基础。

20 世纪 50 年代以来，中国物理学家们紧跟世界光学研究的步伐，他们的研究工作与光学的各个分支学科的发展同步进行，在应用光学、发光学、光散射、激光、非线性光学和光学信息处理等方面，都取得了一定的成就。

（一）光学、光谱学成果选出

1. 我国光谱学研究的开创者严济慈和饶毓泰

严济慈是我国研究水晶压电效应的第一人。他的博士论文就是《石英在电场下的形变和光学特性变化的实验研究》。在居里兄弟（J.Curie，P.Curie）于 1880 年发现了晶体压电效应的"正现象"——石英受压后产生电量的变化之后，人们依据能量守恒定律和电量守恒定律，预言了其"反现象"——石英在电场下的形变的存在，而且正、反现象的系数均为 6.32×10^{-8}。但由于对石英片施加电场后其厚度变化非常微小，用普通的机械方法无法做出精确测定，严济慈通过一年半的实验，采用单色光干涉法对不同方向、不同电压的电场所产生的"反现象"进行了精密测量，发现了一些普遍的规律。在此项研究中，严

济慈同时观察到在水晶上施加电压时产生的双折射现象，发现在垂直于电轴方向的水晶面上施加电压时，在这个方向的双折射增大，而垂直于光轴和电轴的第三轴方向的双折射减小；如所施加的电压为负，则结果相反。严济慈的导师、著名的法国物理学家、法布里-珀罗干涉仪的发明者法布里（C.Fabry）教授对严济慈的这项成果非常满意，在他当选为法国科学院院士后第一次出席法国科学院会议时（1927 年 7 月 1 日），就宣读了严济慈的博士论文。

从 20 世纪 30 年代起，严济慈和他的助手钟盛标、陈尚义、翁文波等一起，在北平研究院开展光谱学研究，共发表论文 23 篇。他们从研究氢、氦原子以及分子连续光谱入手，进而对钠、铯、铷 3 种碱金属蒸气在电场下的紫外连续光谱做了一系列研究，发现主线系有移位；还发现这 3 种碱金属在外加稀有气体氖、氦、氩压力下，其吸收系的高项谱线产生压力移位，并从实验研究发现轴向对称的分子有效截面数值与 Fermi-Reinsberg 方程不符。严济慈关于碱金属吸收光谱的研究，为原子物理学中的斯塔克效应等提供了重要的实验证明。直到最近几十年，在一些原子光谱学的专著中，还常引用严济慈在 20 世纪 30 年代测定的光谱数据和拍摄的光谱图。

高空大气中臭氧层的多少和分布，对地球的环境、人类的健康以及气象学中气旋与反气旋的产生有着很大的影响。因而 1929 年春巴黎臭氧会议决定，重新测定臭氧层紫外吸收系数。严济慈在钟盛标的协助下，于 1932 年采用照相光度术，精确测定了臭氧在全部紫外区域的吸收系数，并发现了若干新光带。后来，世界各国气象学家利用严济慈的这一成果测定高空臭氧层厚度的变化达 30 年之久。20 世纪 50 年代以后，臭氧的测量研究成为大气物理学的重要分支，其方法仍是基于严济慈 30 年代的工作。1934 年，钟盛标入法国巴黎大学深造，1937 年因光谱学研究获法国国家科学博士学位，后在中山大学等任教和进行光谱学、晶体物理学的研究。

中国物理学会的创建者之一饶毓泰（1891—1968）在光学和光谱学研究上取得了极有意义的成就。饶毓泰的父亲饶之麟是清朝举人、拔贡生，曾任七品京官户部主事。饶毓泰于 1913 年赴美国留学，1922 年获普林斯顿大学哲学博士学位，同年回国创建南开大学物理系。1929—1932 年，饶毓泰在德国莱比锡大学波茨坦天体物理实验室研究原子光谱线的斯塔克效应；1933年后，在北京大学担任物理系主任、理学院院长等职。1944—1947 年，他再次赴美与尼尔森（A.H.Nielson）等合作，进行分子光谱的研究。1952 年院系调整后，饶毓泰任北京大学物理系教授，1955 年被选为中国科学院学部委员（院士）。

饶毓泰的博士论文是研究低压电弧的电子发射率。在 1922 年，他设计了新型的电弧光源，其电压比通常的低，在当时是气体导电研究的一项新成就。20 世纪 20—30 年代，正是对原子斯塔克效应进行深入研究的时期，用微扰理论处理和计算斯塔克效应是量子力学的重要应用之一。饶毓泰在研究铷和铯原子光谱的倒斯塔克效应时，观察到这两个元素主线系的分裂和红移，这一成果对当时正在发展的量子力学微扰理论提供了重要的实验数据。1933—1938 年他在北京大学系统地研究了氯酸盐 ClO_3^-、溴酸盐 BrO_3^- 和碘酸盐 IO_3^- 的拉曼光谱，测定了光谱的退偏振度，从而定出了这些自由基的结构。他发现，在拉曼效应中每个离子都有 4 条线；与退偏振的测量及红外谱数据一起，表明这些离子有四面体结构。他们按照列切纳（F.Lechner）方程和自己测得的数据计算了这些离子的价键力常数。1944—1947 年，饶敏泰在美国与尼尔森等合作，研究了 $^{12}C^{16}O_2$ 和 $^{13}C^{16}O_2$ 的分子振动-转动光谱。他们以高分辨率（0.07 厘米$^{-1}$）的棱镜-光栅分光光度计，将这两种分子的难以分辨的转动光谱同时清楚地记录下来。这样，就同时获得了含放射性核素的气体分子的转动光谱，为研究含放射性核素的气体分子的振动-转动光谱提供了方法和基础，并且可以获得分子内部运动的重要信息。饶毓泰还研究了丁二烯的吸收谱带。激光问世后，光学和光谱学得到了迅速发展，饶毓泰为帮助中青年教师提高业务水平，专门为他们开设了光的相干性理论、光磁双共振等反映当时科学发展的课程。

严济慈和饶毓泰是我国光谱学研究的开创者。

2. 谢玉铭和"兰姆移位"的发现

一项被称为"惊人的提议"的光谱学研究的杰出成果，是由中国学者谢玉铭（1893—1986）和他的合作者取得的。

谢玉铭出生于福建泉州蚶江赤湖乡一个商人家庭。1917 年从北平协和大学毕业后，谢玉铭先后在泉州培元中学（1917—1921 年）、燕京大学（1921—1923 年）任教。1923 年得到洛克菲勒基金会的资助赴美国留学，1924 年获得哥伦比亚大学授予的硕士学位，随后到芝加哥大学物理系在诺贝尔奖获得者迈克耳孙（A. A. Michelson，1852—1931）指导下从事光的干涉的研究，1926 年获得博士学位。1926 年燕京大学正式成立物理系，谢玉铭就回到燕京大学物理系任教，1929 年接任物理系主任，对燕京大学物理系的建设做出了重要贡献。1937 年后，他先后在长沙湖南大学、南迁的唐山交通大学任教，1939 年后到闽西山区在厦门大学数理系任教授、系主任、理学院院长和教务长。1946 年，他赴菲律宾在东方大学物理系任教并兼任系主任，1968 年退休后回台北居住，1986 年逝世。他的女儿谢希德是著名的物理学家，曾任复旦大学校长。

1932—1934 年，谢玉铭第二次赴美在加州理工学院与豪斯顿（W. V. Houston）合作，开展氢原子光谱巴耳末（Balmer）系精细结构的研究。

1926—1927 年，量子力学诞生后不久，量子电动力学也奠定了基础。氢光谱的巴耳末系是对应于氢光谱中主量子数 $n = 3，4，\cdots$ 的较高能级跃迁到 $n = 2$ 能级的谱线。按照当时的理论，即描述电磁势中电子的运动和自旋的狄拉克方程，可以得出氢原子的能级分裂存在精细结构，但是氢原子的能级仅由主量子数和内量子数决定，而与角量子数无关。对于 $n = 2$ 的情况虽然有一个 s 能级和一个双层的 p 能级，但由于简并化的关系，仅仅角量子数不同的 $2s_{1/2}$ 和 $2p_{1/2}$ 能级的能量相同，所以应该只显示出（$2s_{1/2}$，$2p_{1/2}$）和 $2p_{3/2}$ 两层。根据选择定则 $\Delta l = \pm 1$，$\Delta j = 0$，± 1，能够跃迁到 $n = 2$ 的这些能级的高能级

只能是 $n > 3$ 的 s、p、d 三种能级。对于 $n = 3$ 的能级，有一个 s 能级、一个双层的 p 能级以及一个双层的 d 能级。但同样由于简并化的关系，不是显示出五层而只能显示出 $(3s_{1/2}, 3p_{1/2})$，$(3p_{3/2}, 3d_{3/2})$ 和 $3d_{5/2}$ 三层。这样，巴耳末系则是由 $n \geq 3$ 的三层较高能级及两层 $n = 2$ 的能级间的跃迁构成的，其中 $n = 3, 4, 5, 6, 7$ 分别对应于巴耳末系的 H_α、H_β、H_γ、H_δ、H_ε 线，每条线都有 5 条精细结构，但它们之间的间隔很小，实际上它们的强度互有重叠，表现上构成相距 Δv 的双主峰。20 世纪 30 年代初期，有 3 个小组即斯培丁（F.H. Spedding）等、豪斯顿和谢玉铭、吉布斯（R.C.Gibbs）等，几乎同时开展了氢原子巴耳末系精细结构的研究工作，希望通过实验精确测定在原子物理学和量子电动力学中有重要意义的精细结构常数 $\alpha = e^2/hc$（其数值为 1/137），以进一步检验狄拉克的相对论量子力学方程。1933 年 7 月至 1934 年 2 月，3 个小组先后以短文宣布，测定的值与 1/137 有百分之几的差别。紧接着，豪斯顿和谢玉铭于 1934 年 2 月首先在《物理评论》上发表长文指出，他们用具有高分辨率的法布里-珀罗干涉仪和棱镜光谱仪组成的摄谱仪所进行的测量表明，实验所达到的精确度说明理论结果是不够令人满意的。他们所测得的 Δv 比理论计算的小，例如对于 H_β 线，$\Delta v = 0.329\ 8 \pm 0.000\ 4$，这相当于精细结构常数从原来的 1/137 改为 1/139.9。对于 H_γ、H_δ 和 H_ε 来说，其精细结构双线重心间的分离，即双主峰间的间距 Δv 分别为 $0.338\ 8 \pm 0.000\ 4$、$0.345\ 1 \pm 0.000\ 6$、$0.350\ 6 \pm 0.000\ 6$。这些值显著偏小，不能和这些线的理论值相符。由于 $\alpha = e^2/hc$ 是由 3 个已经精确测定的普适常数所决定的，因此这样大的修正是令人难以接受的，谢玉铭及其合作者的实验所达到的精确度也完全可以排除产生这个差异的实验根源。对此，谢玉铭和豪斯顿吸收了玻尔（N.Bohr）和奥本海默（J.R.Oppenheimer）的观点，大胆提出，产生这个差异的根源可能是在关于能级的理论计算中忽略了电子和辐射场之间的相互作用（即忽略了自具能效应）。他们相信，一旦把原子和场组合成一个单一系统，"预期会有能级的相对移位，且数量级为 α 与精细结构间距之乘积"。在他们的论文发表两年之后，吉布斯等也发表论文，指出实验和理论的差别可以用 $2s_{1/2}$ 能级向上移动一个微量来解释，但他们没有讨论这一移动的原因。事实上，谢玉铭及其合作者已经发现了 20 世纪 40 年代后期才肯定的著名的"兰姆移位"，但当时对于他们的实验结果和建议，物理学界并未给予足够的重视。原因之一是由于当时理论上尚不能计算自具能修正；原因之二是由于他们的结果尚未在实验上得到进一步肯定。斯培丁等在 1934 年末又发表文章否定了自己原先的结果，他们宣布经过更仔细的处理后，实验和理论的差异已被消除。此后，其他人的实验也没有肯定实验与理论不符的结果。

1946—1947 年，兰姆（W. E. Lamb）等人用微波共振法精确测定了 $2s_{1/2}$ 能级比狄拉克理论值高一个小量，即发现了"兰姆移位"；同时理论界也完成了自具能修正计算，得到了与兰姆移位一致的结果，从而引起物理学界的震动，并推动了极其重要的重整化概念的发展。谢玉铭和吉布斯等人的实验结果和建议终于得到了肯定，兰姆也由于这期间的出色工作获得了 1955 年的诺贝尔物理学奖。

这个事实说明，豪斯顿和谢玉铭早在 20 世纪 30 年代初期就以精确的实验发现了"兰姆移位"现象，他们提出的解释也是正确的。1986 年，两位研究物理学史的作家克里斯（R. P. Creass）和曼（C. C. Mann）在他们所著的《第二次创造——20 世纪物理学革命的缔造者》一书的第七章中，对豪斯顿和谢玉铭的工作给予了高度的评价，认为他们在 1934 年提出的解释"从现在看来是惊人的提议"，这个提议也是后来 1947—1948 年关于重整化理论的主要发展方向。杨振宁将这个评价告诉了当时正在美国访问的谢希德，当时谢玉铭刚去世不久。

3. 周同庆等物理学前辈的光谱学成就

在光学和光谱学研究上取得重要成就的中国学者，还有周同庆（1907—1989）、郑华炽（1903—1990）、赵广增（1902—1987）和周誉侃（1908—

1976）等人。

周同庆于 1929 年在清华大学物理系毕业后，即考取了"庚款"赴美国留学，他是清华大学毕业生中最早出国的。在美国普林斯顿大学物理系，周同庆师从 K.T. 康普顿（A.H. 康普顿的哥哥）攻读光谱学。1931 年，他在美国物理学会年会上报告了他的第一项研究成果"气体放电管的一个实验现象——充氩放电管中的振荡及纹辉"，受到光学界的注意。1933 年发表的他的博士论文《二氧化硫的光谱》，对二氧化硫分子的发射光谱和吸收光谱进行了详细的研究。他发现了在比较难离解的流动的二氧化硫中发生放电现象，还发现了大部分的发射谱带和吸收谱带都符合振动能级简图，但也发现存在有疑问的频率。他的这一工作对当时正在兴起的多原子分子光谱的系统研究做出了颇有启发性的贡献。

郑华炽于 1928 年从南开大学毕业后，自费赴德国柏林工科大学深造，并到柏林大学听课。1930 年到格丁根大学研究量子力学理论，1931 年又前往慕尼黑大学听索末菲（A.Sommerfeld）的课。1932 年秋到奥地利格拉芝（Graz）工科大学，在著名物理学家柯尔劳施（K.W.F.Kohlrausch）指导下完成博士论文，于 1934 年获得博士学位。同年，郑华炽前往法国蒙皮里埃大学与卡班（J.Cabannes）合作研究拉曼效应等有关课题，并在巴黎大学进修红外吸收光谱学。

郑华炽的主要研究工作是通过光谱分析探讨物质的原子结构和分子结构。1932—1935 年，光谱学作为一种研究物质结构的方法，逐渐成熟起来。印度物理学家拉曼（C.V.Raman）避开了晶体散射太强、气体散射太弱的缺陷，用液体作散射物，选择可见光作光源，研究了散射光谱随入射光波长变化的规律，于 1928 年发现了拉曼效应，使光谱学得到新的发展。另外，红外吸收光谱的研究也是比较新的，在对物质结构的研究上和拉曼光谱有互相补充的作用。郑华炽认为，通过拉曼光谱的研究，可以把量子力学理论引入到分析分子结构的问题中，所以他选择拉曼效应作为自己的研究课题，同时也进行红外吸收光谱和紫外吸收光谱的研究，发表了多篇论文。1936 年，郑华炽在北京大学与吴大猷、薛琴访合作，开展了拉曼效应应用于同位素的研究，这项研究工作在国际上属于首创。他们克服了资金不足、设备简陋的困难，经过连续几百小时的照相，终于在苯、氯苯、溴苯、甲苯和环乙烷的拉曼光谱中，观察到在强谱线 990 厘米$^{-1}$附近存在一条弱伴线，随之测定了苯的弱伴线 984 厘米$^{-1}$和该强谱线的相对强度，并进一步建立了同位素移动的近似理论估算。他们从数学上证明，这条弱线是由分子产生的，分子中的一个碳原子是质量为 13 的碳的同位素，同位素移动就是由于苯环中一个碳原子被质量为 13 的同位素代替而产生的；而环乙烷中相应弱线的极低的强度表明一种非平面结构的存在。1937 年，当 N.玻尔访问中国了解到这一工作时，他对在这种简陋条件下做出这么出色的工作感到非常惊讶，认为是相当了不起的。1938 年底，印度人也发表了结果一致的成果，使郑华炽等人的工作得到国际科学界的公认。

赵广增专长光谱学，对我国实验光谱学研究起过重要作用。1936—1939 年，他在美国密歇根大学由杜芬达克（O.S.Duffendack）主持的气体导电光谱学实验室从事电子与原子、分子的碰撞激发，原子和分子的激发与离化的研究。1939 年又在克拉尼（H.R.Crane）实验室利用直线加速器研究高能电子与原子核的相互作用。1940 年回国后继续进行电子与原子、分子的碰撞与离化的研究。20 世纪 50 年代中期，他在中国科学院应用物理研究所和北京大学分别研究了 CdS 和 Cu_2O 单晶激子光谱，获得了 Cu_2O 在可见光谱区液氮温度下，黄区和绿区吸收的类氢光谱线系以及红区的极细吸收谱线系和吸收台阶，分别研究了这些光谱线系和吸收台阶随晶体各向异性压力的移位。同时，他还在红外光谱区开展了 Cu_2O 的压力效应及价带的压力效应的研究。这些工作在国际上都具有领先意义。

周誉侃在光谱光理论和实验方面均有很深的造诣。20 世纪 40 年代初期，他在德国着重研究稀土金属盐的晶体及其溶液的吸收光谱，选择 NdF_3 晶体作为样品。他拍摄和测量了可见区的 7 个谱线组和红外区的 2 个谱线组，从电子跃迁和外晶格振动激发的复合谱线中成功地分离出纯电子跃迁谱线，发现这类谱线强而尖锐，而晶格振动谱线则在短波方向上弥散。他的实验精度也达到很高的水平。另外，周誉侃还测算了一些谱线组，通过单个谱线组的分量的数目，确定出激发态能级的内量子数 J 值，得出了与理论一致的结果。虽然他还未能完全确定 Nd^{+++} 的能级顺序，但却指出了前人的排列顺序的矛盾。周誉侃对钕（Nd）离子光谱的研究是富有成效的。

4. 关于光散射的研究

前述物理学家的工作表明，我国学者很早就开展了光散射的研究。光散射是指光与物质相互作用时发生的弹性和非弹性散射。1899 年，著名的瑞利定律的发现，使得人们对于光的弹性散射有了初步的认识，"天空为什么是蓝色的"这个自然之谜得到破解。1922 年布里渊散射和 1928 年拉曼散射的发现，把光与物质的相互作用又扩大到非弹性过程。在这一过程中，不仅光的传播方向发生变化，而且光的频率也发生移动，从而提供了更丰富的关于光与物质相互作用的信息。20 世纪 50 年代以前，由于只有普通光源，要获取一张散射谱通常要好几小时甚至上百个小时，信号还可能完全被背景淹没。1960 年激光的出现带来了革命性的变化。激光的单色性、相干性和高强度等特点非常适合于光散射的研究，加上光谱仪和弱光测量技术的进展，光散射研究出现了蓬勃发展的局面。从 20 世纪 70 年代后期开始，我国的光散射研究工作得到了全面系统的开展。

关于拉曼光谱的研究，我国是从 20 世纪 70 年代开始的，包括晶体及相变的拉曼光谱、表面增强拉曼光谱和相干反斯托克斯拉曼散射等方面的研究。关于晶体拉曼光谱的研究，我们比国外晚了近 20 年。众所周知，拉曼散射是研究波矢位于布里渊区中心附近的光学声子最有利的工具。南开大学、北京大学等单位的蓝国祥、李丽霞等进行了晶体声子谱的研究。他们研究的晶体材料有些是我国首先生产出来的。中国科学院物理研究所、南开大学等单位开展了结构相变的光散射研究，包括位移型、有序无序型、非公度的铁电相变和铁弹相变等。中国科学院半导体研究所、北京大学、复旦大学等单位进行了半导体材料的光散射研究，并在半导体超晶格中发现了新的声子模式，还有单位进行了高压拉曼散射的研究。从总体上看，这些工作尚处于追赶国际先进水平的阶段，个别方面已接近于国际先进水平。1974 年，夫里斯切曼（Fleischmann）等发现吸附于银胶上的吡啶拉曼光谱强度得到很大的增强，简称 SERS，这一现象吸引了国内外广大学者，成为当前光散射研究的热点之一。中国科学院物理研究所最早在国内开展了较为系统的 SERS 研究工作。他们的实验证实，单纯电磁模型不能解释 SERS 增强因子的波长关系，进而提出了同时计入物理化学增强作用的模型。中国科学院化学研究所用简化模型从散射强度推算了 SERS 中分子因吸附而造成的极化率改变，这一方法引起国内外同行的关注。吉林大学发现了一种测量 SERS 的简便方法。中国科学技术大学化学系发现在氯化银胶体中的 SERS 效应并不以银颗粒的存在为前提条件，这受到特别的关注和国际上的好评。另外，复旦大学和中国科学院上海光学精密机械研究所等单位在相干反斯托克斯拉曼效应方面，也进行了卓有成效的研究。

关于布里渊散射，由于设备比较复杂，国内的研究起步较晚，主要集中在弹性波的散射及磁振子的散射上。中国科学院物理研究所借助球形小单晶的声速方向异性的布里渊散射测量以及相应的计算机程序，同时得到晶体的全部弹性参数及压电参数。在磁振子的研究中，他们在含铋的石榴石中发现连续自旋波谱，在反平行磁化的双层膜中获得了新的高频支自旋波模式。南京大学开展了超晶格中声子的布里渊散射研究。我国许多研究单位在受激光散射的理论和实验上都开展了大量工作，包括受激拉曼散射、受激布里渊散射以及受激瑞利散射等内容，并且取得了很大进展。

（二）现代光学研究的初步成果

20 世纪 60 年代后，中国的光学研究开始向现代光学领域迈进，在激光、光学信息处理、纤维光学方面逐步开展起来。对于基础性和理论性的工作，如激光物理、非线性光学的研究，已开始关注起来，并取得了一些初步成果。

1. 发光物理的研究进展

发光学研究原子、分子及凝聚态物质在激发态下的性质及其变化。物体将自己吸收的能量转化为光辐射的过程表现为发光。针对发光发生的条件及规律，发光学研究各类发光中心的来源及结构、发光物质中基质及杂质的能量状态、发光中电子过程的渠道及概率、电声子或其他元激发态之间的相互作用、各种光现象中的动力学等。发光材料处于激发态的时间很短，例如短到 10^{-15} 秒；但是，即使在这么短的时间内，它就可以完成重要的物理、化学、生物等变化或运动，引起很多新奇的现象。所以，激发态过程已成为当代发光学中争相开拓的前沿领域。

我国在 20 世纪 50 年代以前没有系统的发光学研究。1951 年，中国科学院应用物理研究所施汝为代所长决定组织发光学研究。1965 年，成立了以发光学为专业的中国科学院长春物理研究所。在 1956 年制定的"十二年科学技术发展远景规划"中，发光学是一个课题。后来，厦门大学与中国科学技术大学又设置了发光专业；许多大学和研究所普遍开展了发光学的研究与应用工作。

发光学的基础研究，不仅对材料的研制具有指导意义，而且是凝聚态物质性质研究的重要手段之一。国际上引人注目的工作是瞬态光谱、非平衡声子效应、能量传递、激子及电磁激子、光学非线性及双稳态、高分辨光谱、量子阱及超晶格的光学性质、集体效应、过热发光、电致发光、分数维系统的发光等。

徐叙瑢（1922 年生）院士是我国发光学的开创者及奠基人之一。他曾任中国科学院长春物理研究所所长、中国科学技术大学教授、中国物理学会发光分科学会理事长、天津理工学院材料物理所所长。他的研究涉及发光动力学、过热电子、电致发光、能量输运、高激发密度下的发光性质、皮秒光谱等。

固体发光的基本过程可分为两大类：如果激发时发光中心的电子只是被激发到激发态而没有离开发光中心，这是分立中心的发光；如果激发时电子从发光中心离化出来进入导带，或被陷阱俘获，或同离化了的发光中心复合而发光，这是复合发光。20 世纪 40 年代，苏联和英国两大权威学派对复合发光的机理持有截然不同的观点。苏方认为复合发光的衰减符合双分子反应规律，英方则认为符合单分子反应规律。在分析加热发光时，这两种观点所得出的陷阱能级的深度可以相差一倍。徐叙瑢抓住了在硫化锌、铜、钴中只有两个截然分开的加热发光峰的事实，联想到单分子或双分子规律的差别就在于陷阱电子获释后是否还能重新被俘获。那么随着陷阱填充程度的不同，这两个加热发光峰的增长就不一样，从而可以测定电子被陷阱俘获与被离化中心复合的截面之比。徐叙瑢通过测量导带电子被俘获和复合的概率之比以及运用动力学规律进行分析，指出双分子反应与单分子反应虽然是两种本质不同的过程，但复合发光衰减中却可以有单分子反应，它和双分子反应是两个极端，实际情况通常是居中的。这样，徐叙瑢就以令人信服的结果，解决了苏、英两大学派对发光衰减规律认识上长达十多年的分歧，克服了他们各执一端的偏颇。

20 世纪 40—50 年代，在关于导带电子行为的论述中，都认为导带电子是不可分的，它的复合或俘获都发生在导带电子弛豫到导带底之后。著名的固体物理学家莫特（N. F. Mott）就持这种观点。徐叙瑢怀疑这种观点的正确性，就设想用测量电子复合与俘获比的方法，验证能量不同的电子是否有差别。为进行这种测量，首先要产生能量较高的电子。他采用的方法是以红外光释出经离化后被俘于陷阱的电子，它们将达到导带中能量较高的能级，称为"光电子"。在实验中要尽量减小热电子的干扰，以研究纯属光电子的行为；但光电子的复合发光很弱，测量有困难，因而徐叙瑢就改为测量它的互补量即光照后仍留在陷阱中的电子的浓度，这个浓度与随后的热释光有关。徐叙瑢的测量结果明显地区分了光电子（即当今所称的过热电子 hot electrons）和热电子

(thermal electrons)，从而肯定了过热电子的存在，冲破了导带电子不可区分的旧观念，开创了固体中过热激发态研究的先河。1981年徐叙瑢访问英国雷达及信号研究中心时，当时已获得诺贝尔奖的莫特先生特别赶去会见了他。

1936年人们已经发现，利用外电场使电子不断获得能量，维持导带电子的过热性质，就可能出现电致发光，但这一现象的机制一直缺少实验证明。1963年，徐叙瑢从实验上证实了电场对复合发光的调幅作用，它既可将导带电子从高场区扫出，又可提高电子的能量，引起它的复合截面减小。在此基础上，徐叙瑢采用周期性的光探针法研究了电致发光的机制，发现了在调幅存在下的电子倍增及碰撞离化。这样，徐叙瑢就提出并证实了电致发光中的调幅现象和碰撞离化倍增过程，揭示了电致发光中的能量输运现象（即发光材料受到外界激发后到发射光之前的一段过程中，激发能在晶体中的传输现象）。

我国比较稳定而有系统的发光物理研究，是在1977年全国基础研究规划之后展开的。中国科学院长春物理研究所、长春应用化学研究所、北京半导体所、上海光学精密机械研究所以及中国科技大学、厦门大学、北京大学、复旦大学等单位，在基础研究中有较完善的设备和较强的队伍，取得了一系列得到国际学术界注目的成绩。他们的主要工作包括凝聚态物质的激发态和运动，无机晶体中发光杂质和中心的结构及能级，辐射弛豫和无辐射弛豫过程，过渡族和稀土元素的高分辨光谱及其与结构对称性的关系，晶场和配位场理论、荧光光谱的窄化和光谱烧孔，束缚激子发光和过热电子发光的发光动力学，中心间能量传递的机制和途径，高密度激发下等离子体的发光及激子复合过程，光合作用的原初反应等方面。此外，在发光材料、发光器件、发光应用等方面，都取得了可喜的成就。

2. 激光物理成果喜人

1959年底到1960年初，我国科学工作者在看到肖洛（A.L.Schawlow）和汤斯（C.H.Townes）的《红外与光学量子放大器》一文后，对于光受激发射的可能性给以充分的注意，认为这是极为重要的设想，可能会引起光学史上的一次革命，所以积极开展了这方面的研究。1961 年 9 月制成了我国第一台红宝石激光器；1963 年 7 月制成了我国第一台氦氖气体激光器；1964 年 2 月制成了我国第一台半导体砷化镓激光器。这些类型激光的获得只比国外晚一年多一点。1964 年，我国就成立了专门从事激光研究的研究所，这在国际上也是很早的。于是就有条件从 1964 年起步研究高能激光器和高功率激光器，这首先是为了引发激光核聚变。

邓锡铭（1930 年生）院士是我国激光研究领域的开拓者。1960 年他首先提出在我国开拓激光科学技术新领域，并与王之江一起组织研制成功我国第一台红宝石激光器；1963 年又主持我国第一台氦氖气体激光器的试制；与国外同时独立提出高功率激光调 Q 开关原理。他于 1963 年向中国科学院倡议建立激光专业研究所，并于 1964 年负责组建了中国科学院上海光学精密机械研究所，任首届副所长。

从 20 世纪 60 年代初开始的 30 多年中，邓锡铭主要致力于发展用于惯性约束聚变的高功率激光技术。众所周知，在核聚变能源的开发中，最有希望的是氢的同位素氘和氚的核聚变。为了使氘氚原子核有足够的初始速度来克服它们之间的库仑势垒实现聚合，需要将氘氚加热至亿度高温（约 10^8 开）。为获得充分数量的核反应，则要求在高温下维持足够长的时间，持续时间 τ 与氘氚离子密度 n 的乘积 $n\tau$ 须大于 10^{14}，即满足所谓"劳逊判据"。20 世纪 70 年代前，可控核聚变研究选择了"磁约束聚变"的点火方案，即利用磁场来约束氘氚等离子体，它采用极低的密度 $n \approx 10^{14}$，利用磁场将稀薄的高温氘氚等离子体约束 1 秒或更长时间。近 20 年又出现了"激光惯性约束聚变"的点火方案，即用极高峰值功率（大于 10^{14} 瓦）的强激光束，在极短时间内（约 10^{-9} 秒）加热并内爆压缩一个氘氚靶丸，使丸内高温、高压、高密度的氘氚等离子体在迅速膨胀、扩散之前得到充分的核燃烧。这种方案要求 τ 足够小，因而 n 要达到固态氘氚密度的千倍以上，这同样要靠激光与氘氚等离子体相互作用中产生的巨大反冲动量来实现。

1964 年，我国著名核物理学家王淦昌独立地提出了用强激光来引发热核反应（即激光惯性约束聚变，简称 ICF）的倡议。邓锡铭立即在王淦昌、王大珩两位大师的指导下，领导着一个科研大集体，开创了我国用于 ICF 研究的高功率激光领域。1965 年，他们就提出了用几十路激光束沿 4π 立体角均匀照射靶丸的概念和建造大型激光系统的设想，走在当时世界各国的前列。20 世纪 70 年代后期，上海光学精密机械研究所和中国工程物理研究院通力合作，推进高功率激光器的研制工作。1977 年，我国建成了 10^{11} 瓦、1×10^{-10} 秒 6 路激光系统及相应的靶场。在邓锡铭的领导部署和总体技术决策下，上海光学精密机械研究所组织了几百位科技人员，历时近 10 年，终于在 1986 年建成了大型高功率钕玻璃激光器——"神光"装置。这是一个输出功率为 10^{12} 瓦、用于激光爆炸模拟、激光惯性约束聚变以及 X 光激光研究的激光工程。"神光"装置的建成，是我国激光技术发展的重大成就，标志着我国已成为在高功率激光领域中具有这种综合研制能力的少数几个国家之一。

1961 年，邓锡铭就提出高功率激光调 Q 开关原理，这是他与因此获得美国 1984 年 Towns 奖金的 Hellorth 几乎同时分别独立提出的。他指出，设法使光频谐振腔的品质因数 Q 可变，在光泵起始激发的积累阶段把 Q 弄得很小以获得足够多的净受激粒子数；然后突然增大 Q 值，这时净受激粒子数可以超过临界振荡数目，从而大大加速起始振荡的雪崩过程，达到增加峰值功率输出的目的。

1982 年，邓锡铭从对激光单色亮度 B_v 的表达式的分析中，发现频带宽度参数很少受人关注，这是一个长期受到忽视的重要参数。特别是在激光问世以来，几乎所有的研究者都在追求窄频带激光，而很少有人思考在一些特定领域激光的单色性反而会成为缺点：窄频道激光的衍射效应及其在等离子体中激发出的非线性受激散射等缺陷，对高功率激光系统本身以及等离子体的相互作用都是不利的。因此他确信，宽频带激光应成为用于 ICF 研究的高功率激光系统的重要发展方向，他和他的合作者在这个方向上做了许多研究。五六年之后，国外才开始重视这方面的研究。1990 年，在美国召开的一次国际学术会议上，澳大利亚新南威尔士州立大学物理系主任霍拉（Hora）教授发言指出，现在大家都认识到使用宽频带激光的重要性了，但要记住，中国人最早认识到宽频带激光的重要性，并且一直坚持搞宽频带研究！

1978 年，邓锡铭在采用一个透镜阵列代替哈特曼板的小孔阵列以提高激光束波面测量的精度时，偶然发现把这个透镜阵列插入一个主聚焦光学系统时，焦斑上的光强分布与入射光束近场分布无关，他立即领悟到这是获得均匀焦斑的一个新方法。1982 年，当我国的 ICF 研究提出靶面均匀照射的要求时，他当场提出了这个方案，使他的同事们颇感惊讶。经过近 3 年的努力，他们终于用列阵透镜实现了无旁瓣的大焦斑靶面均匀照射，并在状态方程的实验研究中获得了出色的结果。他的这一方法深得国际学术界的赞赏并被称为"上海方法"。邓锡铭在我国发展强激光科技以及实现强激光点火研究的各个阶段，都留下了他创新思想的痕迹。

X 光激光的发展是激光发展史中引人注目的事件。因为 X 光波段的激光能在分辨很多非常细小物体的光学系统中得到应用，可以在微光刻、X 光全息、生物活细胞研究中发挥独特的作用，所以人们对 X 光激光渴望已久。如果用 X 光激光诊断激光等离子体，那么高密度、深层次等离子的行为将可以直接观测到。高能量 X 光激光还有潜在的军事应用价值。早在 20 世纪 70 年代，人们已经设想了多种 X 光激光产生机制，此后十几年人们就此做了大量工作，其间还出现过美国一所大学宣布实现 X 光激光最后又被否定的插曲。直到 1984 年，美国劳伦斯利弗莫尔实验室才用类氖硒离子实现了 $3p$-$3s$ 激光跃迁，产生了波长为 20.6 纳米（1 纳米 = 10^{-9} 米）和 20.9 纳米的 X 光激光。我国 X 光激光研究工作在国家高技术"863 计划"的支持下获得了蓬勃的发展。X 光激光专题负责人王世绩领导的一个小组，采用我国独特的多靶串接和对接技术，使类氖锗 $3p$-$3s$ 跃迁的 5 条激光谱线均获得高增益，其中 23.2 纳米和 23.6 纳米两条激光线已实现激光增益饱和。由于采用了 X 光反射镜和行波放大，X 光激光输出发散角达到世界领先水平。

激光对自由原子的辐射压力是 20 世纪 70 年代中期蓬勃兴起的新课题。由于光子对原子的动量传递过程不同，形成了光场对原子的各种力学效应，使原子在光场中产生偏转、冷却、加热、准直和聚焦等多种物理现象。由于激光对自由原子的辐射压力研究的发展，80 年代中期又产生了激光冷却和囚禁原子的新的研究方向，取得了令人鼓舞的研究成果。在此基础上诞生了一门专门研究原子波动性的学科——原子光学。中国科学院上海光学精密机械研究所的王育竹（1932 年生）近 10 年来在激光辐射压力、激光冷却和囚禁原子、原子光学、量子光学等方面进行了许多创造性的研究。

所谓激光辐射压力是指光辐射到物质上时，将使物质原子的动量和能量发生变化，从而对物质产生压力。由于激光的辐射压力可以改变原子的运动状态，美国斯坦福大学的汉斯（Hansch）和肖洛（Schawlow）于 1975 年提出利用激光冷却气体原子的设想。1980 年，苏联和美国的科学家就用这种方法冷却了气体原子。如何将原子冷却到更低的温度，并把它们囚禁在一个极其窄小的区域，是引人关注的问题。1985 年，美国的菲利普斯（Phillips）和美籍华裔科学家朱棣文在实验中将经多普勒冷却后的原子"赶入"由三维激光束交汇构成的一个窄小区域，通过光的辐射压力，使原子进一步冷却，获得了温度接近于 240 微开的冷原子气体。当原子温度很低（速度很小）时，就可以长时间被激光"囚禁"在一个很小的空间范围，其运动处处受到激光场的阻尼，就如同在"光子胶水"中运动一样。因此，这个由激光和阻尼原子构成的整体称为"光学粘胶"。

王育竹在国内率先开展了激光冷却气体原子的研究。1980 年，在尚无激光冷却原子有关报道的情况下，他和同事们几乎与美国贝尔实验室的科学家同时进行了激光偏转原子束的研究，其目标在于展示光压力对原子运动所产生的影响和验证二能级原子辐射压力的理论。由于采用了多光束以及探测原子束的新方法，他们的实验结果比贝尔实验室的结果在信噪比、偏转角和测量精度上均高出 1～2 个数量级，获得了最佳实验结果。王育竹还第一个提出利用交流施塔克效应（光频移效应）冷却气体原子的思想，第一次将光频移的概念引入激光冷却气体原子的研究。原先人们认为，只有自发辐射过程才能耗散原子的动能，而受激过程只能用于捕捉原子而不能冷却原子。王育竹根据光频移效应进行分析后确信，受激过程与自发辐射过程相结合时就会耗散原子的动能而实现激光冷却。5 年以后，法国的坦诺基（C.Cohen-Tannoudji）发表了学术思想相同的论文。经过近 10 年的发展，今天所有获得深度激光冷却气体原子的方法，都包含了光频移效应。诺贝尔奖获得者肖洛对这个思想给予了高度评价，他说："这是一个全新的学术思想。"

二能级原子的共振荧光中发射光子的统计分布——亚泊松分布，是一个纯粹的量子力学效应。从实验上证实它的存在，对于认识光场的量子力学性质有重大意义。但很多实验室对这个效应的观察均未获得成功，主要困难在于原子速度分布淹没了有用的信号。1985 年，王育竹等提出利用多光束偏转原子束的方法验证这一分布规律。这个方法巧妙地消除了原子速度分布的影响，并提高了信噪比，在国际上首次成功地观察到强烈的亚泊松分布现象。5 年后，美国和荷兰的科学家用几乎相同的方法分别观察到了这个效应，他们都把王育竹称为用激光偏转原子束方法观察到这个现象的第一人。

有关原子在驻波场中一维运动的研究，对了解激光辐射压力的基本性质有重要意义。王育竹第一次利用滞后偶极力在正失谐条件下产生激光冷却原子并准直了原子束。获得有良好准直度的原子束；获得的一维运动等效温度达到 60 微开，这个结果远低于二能级激光理论所预言的 240 微开冷却极限，是国际上最早发现存在低于多普勒冷却极限的实验证据之一。在研究原子在驻波场中所受光压力性质的基础上，他还提出了一种新光谱技术——原子沟道光谱技术，并用这种方法成功地观测到了原子的高分辨光谱。

随着激光冷却原子技术的发展，原子光学的研究也蓬勃地开展起来。以往在原子物理研究中着重考虑原子的粒子性；现在随着激光冷却原子技术和原子束速度单一化技术的发展，人们能够研究原子的波动性，即原子光学。原子光学把原子在原子束中的行为看成类似于光子在光束中的行为一样，可以操纵和控制。原子光学研究中最核心的问题是观察原子波包的干涉现象和研制原子干涉仪。在原子光学建立和发展的同时，王育竹立即在国内开展了原子光学的研究工作。与光学干涉相类似，原子干涉实验需要一个原子点光源。王育竹等人在通常的激光束中插入一块相位板，使光束相位沿圆周变化 $0\sim2\pi$，因而用透镜聚焦光束时，在焦平面上由于干涉而形成了中心为黑洞的光场分布。这个方法比国际上常用的方法容易得多。王育竹还提出了利用原子力探针探测飞行原子的建议，为原子光学研究提供了一种新的探测手段。王育竹的上述工作，获得了国际学术界的高度评价与重视。

3. 非线性光学的可喜成就

激光的问世给传统的光学学科带来了新的生机。由于激光的高强度、单色性和相干性，介质在强激光光场的作用下，其响应不再是线性的，而是与场强的高次项有关，从而出现了各种非线性光学效应，并形成了一门崭新的学科——非线性光学。基本的效应包括二次谐波（倍频）、三次谐波、和频差频、四波混频、光学双稳以及一系列受激光散射效应等。

还在激光发展初期，中国科学院固体理论研究室的李荫远（1919 年生）在非线性光学理论方面就做出了重要贡献。1964 年，李荫远发表了《论高阶辐射过程拉曼效应及其在光谱学中的应用》的论文，首次指出在激光束的高强度电磁辐射场内，可以观测到物质从光束吸收两个频率为 ω_0 的光子而产生一个频率为 $2\omega_0\omega_s$ 的散射光子，同时在介质中出现能量为 ω_s 的元激发跃迁效应，这是一种高阶辐射过程。从理论分析得出，可以利用这一效应来观测分子或晶体的振动谱。由于其选择定则不同于红外吸收和通常拉曼效应的选择定则，因而提供了一个新的光谱学实验方法。李荫远的这一工作还同时指出了实现三光子拉曼效应激射现象的可能性。1965 年，这一理论被美国物理学家特休恩（Terhune）等人所证实，后来在国际上通称为超拉曼散射效应。这一新的光谱学实验方法已发展成一种测定既不可能被红外吸收，也不被拉曼散射激发的"哑模"（指某些分子振动、晶体光学声子或其他元激发态）的方法，受到国际物理学界的重视。20 世纪 80 年代中期，这一研究领域已发展成为激光光谱学的一个分支。

我国非线性光学系统的基础研究工作，是从 20 世纪 70 年代末才真正开始的。中国科学院物理研究所的叶佩弦（1934 年生）和他的同事们一起，为发展我国非线性光学的基础研究做出了可贵的贡献。

早在 1978 年，叶佩弦就预言在液晶中存在具有特殊机制的四波混频[*]及其弛豫效应，他和同事通过实验证实了这个预言。叶佩弦在此基础上又提出可以用液晶四波混频及其弛豫效应来研究液晶相变的相变行为，这个思想由他的研究组（所）实现。

以光子回波为代表的相干瞬态光学效应，是一类重要的非线性光学效应，在原子分子和凝聚态物质的快速和超快弛豫过程的研究中有着重要的作用。但在历史上，这类效应的研究和四波混频的研究形成了相互独立的两个分支。1981 年，叶佩弦和沈元壤一起在系统建立瞬态四波混频理论的研究中，利用拓扑图方法分析了二、三、四能级系统的瞬态混频相干效应，发现各种光子回波均可看做是瞬态四波混频的相干输出，从而首次将四波混频与相干瞬态光学效应这两种传统上认为互不关联的非线性光学效应从理论上统一起来。由此人们便可用更简单和直观的方法去讨论传统的相干瞬态光学现象，也使光子回波现象更易于分析和理解，并扩展到多能级系统和简并能级系统，也为后来出现的非相干光时延四波混频的提出奠定了基础。著名激光光谱学者、哥伦比亚大学的哈特曼（S.R.Hartmann）教授 1985 年评论说："虽然光子回波和四波混

---

[*] 三束频率分别为 ω_1、ω_2、ω_3 的激光束与物质相互作用，可以产生频率为这三个频率某种和差组合（即 $\omega = \omega_1 \pm \omega_2 \pm \omega_3$）的激光束，称为四波混频。

频的研究在 60 年代早期已有所发展，但它们之间的直观联系只是最近通过叶（佩弦）和沈（元壤）的工作才能得到确认。"

物质被激发后，各种弛豫过程的测量是一个重要问题，但许多凝聚态物质的这种弛豫过程都非常快，时间只有 10^{-12} 秒或 10^{-13} 秒的量级。为了测量这些超快过程，过去通常用短于 10^{-12} 秒或 10^{-13} 秒的超短脉冲激光进行，这给技术上带来许多难题。1984 年，日本学者在瞬态四波混频与光子回波理论的基础上，提出了非相干光时延四波混频这种新的非线性光谱术。利用这种光谱术，可以用 10^{-9} 秒脉冲激光甚至连续激光探测 10^{-12} 秒和 10^{-13} 秒的超快弛豫过程。但他们的理论是在二能级系统中建立的。1985 年起，叶佩弦和他的合作者也开展了这方面的研究。他们从红宝石吸收带的非相干光时延四波混频实验环节开始进行探索，发现了将传统的二能级理论应用到吸收带实验时所存在的问题。为了解决这个矛盾，叶佩弦提出了一个适合于这类吸收带的简化的多能级模型，建立了非相干光时延四波混频的多能级理论。用这个理论很容易弄明白，用二能级理论分析吸收带实验得到的失相时间不是个别光学跃迁的失相时间，而是反映整个吸收带谱宽的有效失相时间。他们用进一步的实验证实了多能级理论的正确性，发展了非相干光时延四波混频光谱术。他们的这一成就引起了国际学术界的广泛关注。

20 世纪 70 年代后期，中国科学院物理研究所的张洪钧以液晶为非线性介质，在光电混合装置中观测到了光学双稳现象，并在非线性标准具中也观测到了光学双稳现象，这些都是前人未曾观测到的。在研究中，张洪钧测量了临界慢化过程，用图解法解释了所观测到的现象。在研究光电方法产生光学振荡的机理时，张洪钧通过具有双反馈回路的法布里-珀罗标准具观测到连续光的输入转变为强度交变的光输出，并证明这种光输出是以反馈时间为周期的自脉冲。1982 年，张洪钧等通过改变脉冲宽度，在国内首次观测到混沌现象。进而，他们研究了通向混沌的途径、混沌中的滞后现象、光学双稳态与混沌运动的临界现象间的相似性等。通过这些研究，他们证明在双延迟反馈光学双稳系统中，随着输入光强的增加，系统经过锁频、准周期运动和锁相而走向混沌。这些工作，不仅揭示了液晶光学双稳系统中发生分叉和混沌现象，而且也为混沌理论研究提供了一个便于进行实验验证的非线性系统的模型。

（三）应用光学事业的开拓

在应用光学领域，龚祖同和王大珩是我国这一科技事业的奠基人。

龚祖同（1904—1986）出生于上海一个书香世家，从小就热爱科学技术，立志科学救国。1926 年他以优异成绩考入清华大学物理系，由于父亲去世，家庭经济拮据，他说服母亲，抵押了家里的土地并向亲戚借钱上了大学。大学毕业后留校做了两年助教，后研究原子核物理。时任清华大学物理系主任的叶企孙对他说："应用光学在军事上很重要，世界列强都在研究，而在我国还是个空白。"在考取中美庚款公费生后，他放弃了原子核物理的研究，远渡重洋，到应用光学发达的德国留学。1936 年他从德国柏林高等工业大学毕业，获得特准工程师称号后，就选择了有实用价值的题目"光学系统的高级象差"攻读工程博士学位。经过两年努力完成了论文，只要通过答辩，就可获得学位。这时抗日战争全面爆发，国家急需建立制造光学仪器的工厂，龚祖同毅然放弃了获得博士学位的机会于 1938 年回国。

龚祖同回国后来到昆明，参加筹建中国第一个光学工厂，为抗日前线试制成功 6×30 军用双目望远镜、机枪瞄准镜和 80 厘米倒影测远机等中国第一批军用光学仪器。后曾任上海、贵阳、秦皇岛等地玻璃厂的厂长和总工程师。20世纪 50 年代后相继任中国科学院长春光学精密机械研究所副所长、西安光学精密机械研究所所长、中国科学院西安分院副院长等职。1952 年，在他的领导下，研制出我国第一炉光学玻璃。在成型工艺上，当传统的徐冷成型法取得成功后，他大胆采取革新的浇注法，不仅提高了成品率，还为制造大型天文望远镜做好技术准备。龚祖同为我国的光学玻璃工业做出了重要贡献。

从 1957 年起，龚祖同将主要精力转到应用光学的其他领域，先后组织研制我国第一台红外夜视望远镜和当时亚洲最大的 2.16 米天文望远镜，这台天文望远镜在他去世后于 1989 年研制成功。1962 年，龚祖同接受了领导研制核武器试验急需的高速摄影机的任务。在美国、苏联等国禁止出售相关设备和技术封锁的情况下，龚祖同领导西安光学精密机械研究所的人员日夜奋战，不到一年就完成了任务，保证了核试验的顺利进行。在他的领导下，该所先后研制成功了"等待型"转镜超高速摄影机、克尔盒高速摄影机、可控转镜超高速摄影机、扫描超高速摄影机、变像管超高速摄影机等。拍摄频率从每秒几百幅发展到每秒 2000 万幅，扫描速度达到 27 毫米/微秒。20 世纪 80 年代初，该所还研制成功皮秒变像管摄影机和铍转镜超高速扫描相机，跨入世界先进行列。他的工作受到国内外专家的高度评价，并获得多种奖励。在他的领导下，西安光学精密机械研究所在我国首先开拓了纤维光学和变折射率光学的研究领域，拉制了我国第一根光学纤维，成为我国在光学工程上有特色的科研基地。

王大珩（1915 年生）祖籍江苏，父亲王应伟是一位天文学家和气象学家。少年时期王大珩就常去观象台跟随其父观测天象，对使用科学仪器产生了极大兴趣。王大珩 1936 年毕业于清华大学物理系，1938 年考取留英公费生赴英国帝国理工学院攻读应用光学。1941 年转入雪菲尔大学，在著名玻璃专家特纳（W.E.S.Turner）指导下研究光学玻璃，1942 年受聘于 Chance 玻璃公司从事研究工作，1948 年回国。

1941 年王大珩发表了关于光学设计的一篇论文，论述了光学系统中各级球差对最佳焦点位置的影响，创造性地提出了用低级球差平衡残余高级球差并适当离焦的观点。他的一些思想至今仍是大孔径小像差光学系统（如显微镜）设计中像差校正和质量评价的重要依据。时至 1989 年，日本学者小仓磐夫仍给王大珩青年时期的这篇论文以高度评价。

王大珩在英国的大部分时间从事光学玻璃研究。他最早研究的稀土光学玻璃曾获得专利。他用光谱方法研究了光学玻璃的吸收与脱色。他研究了光学玻璃不同退火条件对折射率、内应力、光学均匀性的影响；改进了退火样品折射率微差干涉测量方法；发展了 V 棱镜精密折射率测定技术，获得了英国科学仪器协会第一届青年仪器发明奖。后来他在国内进一步把 V 棱镜折光仪作了改进，至今该折光仪仍是许多部门的基本测量仪器。

1952 年，王大珩被任命为中国科学院长春光学精密机械研究所所长，在他的领导下，该所已发展成为我国应用光学研究与光学仪器研制的基地。在我国第一炉光学玻璃的研制中，王大珩在玻璃配方、退火及测试技术方面做出了他的贡献。从 20 世纪 60 年代开始，他和长春光学精密机械研究所转向以国防光学技术及工程研究为主，先后在红外和微光夜视、核爆与靶场光测设备、高空和空间侦察摄影等方面做出了重要贡献。他参加了我国第一次核爆炸试验，指导改装了普通高速摄影机用于火球发光的动态观测。在国家提出的研制大型精密光学跟踪电影经纬仪的工程中，王大珩担任总设计师。他提出了工程总体方案设想和一些技术路线，对作用距离进行了周密的技术分析，综合考虑了目标与天空背景的对比度、大气衰减与抖动、光学系统与摄影底片分辨率、跟踪过程的平稳性、人眼能分辨的物像大小及其阈值对比度等各种因素。这些思想成为仪器总体设计和确定光学系统的孔径、焦距、快门曝光时间等参数的主要理论依据。

1980 年 5 月，在我国向南太平洋发射远程运载火箭的试验中，长春光学精密机械研究所研制的多种仪器出色地完成了火箭再入段的跟踪测量任务，独立解决了当今远洋航天测量的稳定跟踪、定位、标校和抗干扰等技术难题。王大珩在测量船的光学测量布局以及船体摇摆、挠曲变形的补偿和实时修正等方面均有重要创造。

王大珩在发展我国彩色电视广播事业和航空遥感试验中也做出了重要贡献。我国第一台激光器诞生于王大珩领导的长春光学精密机械研究所，他在解决晶体与氙灯的结构设计中起了重要作用。在成立我国第一个激光研究所（上海光学精密机械研究所）后，王大珩兼第一任所长，组织和领导了我国激光科研的深入开展。1986 年 3 月，由他发起和另外三位著名科学家联名向国家最高领导提出了"关于跟踪研究外国战略性高技术的建议"，即"863 计划"。这对于发展我国高新技术，跟踪世界先进水平，缩小同发达国家的差距，有着深远的影响。在中国光学与应用光学研究、光学技术与光学工程的开发中，都凝聚着王大珩所付出的辛勤劳动。

六、攀登相对论、原子和分子物理学、量子力学高峰的中国学者

（一）中国学者的相对论研究工作

1. 周培源关于引力场的研究

1936—1937 年，在清华大学任教的周培源利用学校休假的机会，到美国普林斯顿高等研究院进行访问。在此之前，1933 年 10 月，由于受到德国纳粹的迫害和悬赏暗杀的威胁而逃离德国的爱因斯坦，到达美国应聘为普林斯顿高等研究院教授。周培源参加了爱因斯坦主持的广义相对论讨论班，并从事相对论引力论和宇宙论的研究。

爱因斯坦于 1916 年发表了广义相对论之后，在理论物理学界一直存在着争论。主要原因是在广义相对论引力论中，表示爱因斯坦引力场的方程是一组 10 个二阶非线性偏微分方程，但方程组中存在着由 4 个独立的非线性偏微分方程组成的比奇（Bianchi）恒等式，致使仅仅用引力方程得不出 10 个引力函数（即引力张量的 10 个分量）的确定解，必须引进另外的物理条件才可求得其确定解。这个难题至今未获解决。周培源在 20 世纪 20 年代开始从事爱因斯坦引力论的研究时，就主张用附加物理条件的办法解决这个问题，并曾引入一个物理条件而获得了轴对称静态引力场的一些解。20 世纪 30 年代，周培源又引入各向同性的条件求得静止场的不同类型的严格解。

　　1979 年，周培源重新开展了爱因斯坦引力论的研究。对于爱因斯坦引力场方程中引力函数（即引力张量的分量）的数目多于独立的引力方程的数目的问题，物理学家们曾采用坐标变换法来减少引力函数的数目以求得引力场方程的确定解。但是，这种方法只能求出一种常微分方程的特殊引力场——球对称静态引力场的引力方程的严格解，例如史瓦西（Schwarzchild）解，而对非线性偏微分引力场方程表示的许多情况，仍然无法求得确定的严格解。这种采用坐标变换法来减少引力函数数目的主张，被称为"坐标无关论"。但周培源从开始进行引力论的研究时，就一直认为在广义相对论引力论中的坐标是有物理意义的。根据这种"坐标有关论"的观点，周培源于 1979 年开始把严格的谐和条件作为一个物理条件引入引力论中，以补充引力场方程。爱因斯坦在1918 年也曾引用谐和条件的近似式求解线性化近似引力场方程，获得了确定的引力波解，从而预言了引力波的存在。后来德·东德尔（De Donder）将谐和条件的近似式改写成数学上严格的表达式，1923 年，朗道斯（P.Lanczos）用这个严格的谐和条件求得静态球对称引力场的解。1936—1937 年，爱因斯坦根据引力场方程及谐和条件，用逐级逼近法建立了多体运动理论。

　　周培源在引用谐和条件作为引力场方程的补充物理条件后，与他的同事和学生一起，发表了多篇论文，求得了无限平面、无限长杆、绕无限长杆轴做匀速转动的稳态解和严格的平面波解。

　　在周培源指导下获得博士学位的李永贵，从攻读博士生起，先后经过 10年时间在周培源的指导下进行与地面平行和与地面垂直的两种光速的比较实验，希望证实在史瓦西和朗道斯的两种解中，到底哪一种解符合静态球对称引力场的客观实际。因为在史瓦西解中，与地面垂直和与地面平行的两种光速的一级近似之差与光速 c 的比值（$\Delta c/c$）为 7×10^{-10}；但在同一级近似下，朗道斯解中的这一比值为零。李永贵的最新实验结果在精确到 10^{-11} 的精确度下，证明光的传播是各向同性的，从而判定朗道斯的解符合客观实际。如果这个结论是正确的，"坐标有关论"就得到支持，从而就会统一人们对爱因斯坦引力论的认识。

在广义相对论宇宙论研究方面，以往的学者们采用群论方法求出弗里德曼（Friedmann）宇宙的度规表达式。周培源于 1939 年证实，在均匀性（或各向同性）条件下，爱因斯坦引力场方程本身即可给出均匀的和各向同性的弗里德曼宇宙的度规张量，从而使这一问题的求解大大简化。

1987 年，周培源和他的学生黄超光合作，把谐和条件引用到宇宙论中。原来用坐标变换法解得的宇宙都是有限的；但在引用谐和条件后，有物质的爱因斯坦宇宙仍是有限的，但德·西特（De Sitter）的无物质的宇宙则是无限的。1989 年，周培源与黄超光合作讨论了德·西特宇宙中一个星系的径向运动，并用引力场中的电磁理论来计算宇宙中后移的星系所辐射的光的强度，以此来定出离开我们的银河系的距离，并推导出新的红移关系与该星系的质量有关。这个关系是以往学者仅仅从纯几何的观点求解爱因斯坦引力场方程所不能得到的。

2. 束星北关于引力场与电磁场统一的研究

才华横溢的理论物理学家束星北（1907—1983）是在爱因斯坦身边工作过并担任过爱因斯坦研究助手的中国学者。束星北出生在江苏南通唐家闸掘港村（现为邗江区头桥镇安帖村）。他自幼聪敏过人，秉性耿直。高中毕业后以优异成绩考入杭州之江大学，翌年转入济南齐鲁大学。1926 年自费赴美留学，在堪萨斯州拜克大学和伯克利加州大学念书。在大学读书时，他就十分崇拜爱因斯坦，对爱因斯坦关于时间与空间的统一性，以及质量与能量既统一，又可互相转换的观点十分欣赏。1927 年 7 月，因仰慕爱因斯坦，他几经辗转，到柏林拜访了爱因斯坦。年轻的束星北率直地向爱因斯坦谈起了他正在研究的四维时空中的一些具体问题，并提出了希望在爱因斯坦身边学习的要求。爱因斯坦当时正担任威廉大帝物理研究所所长兼柏林大学教授，他热情帮助束星北得到了一个研究助手的职务，束星北得以在爱因斯坦研究室继续他的研究。束星北就四维时空的问题多次向爱因斯坦请教，都得到了耐心而详细的解释。爱因斯坦告诉他：

> 因果律不能颠倒，时间不能倒回去，将来不能影响到现在。

这些教诲对他以后的思想发展有很大影响。1928 年 10 月，束星北到英国爱丁堡大学师从著名理论物理学家惠特克（E.T.Whittaker）和达尔文（C.G.Darwin），于 1930 年获得硕士学位；随后又到剑桥大学师从著名天文学家和理论物理学家爱丁顿（A.S.Eddington）进行学习和研究。1930 年 8 月，束星北到美国麻省理工学院数学系师从思特罗克（D.J.Struik），当研究生兼研究助教，于 1931 年 5 月再获理学硕士学位。1931 年 9 月他回国探亲，时值"九一八"事变，国难当头，他投笔从戎，任南京中央军官学校上校物理教官，后辗转在浙江大学、上海暨南大学、交通大学任教，还曾受聘为重庆军令部技术室技术顾问，参加研制雷达。1952 年，束星北任青岛山东大学物理系教授，1978 年被聘为青岛国家海洋局研究员，1981 年先后当选为山东省物理学会名誉理事长和中国海洋物理学会名誉理事长。束星北晚年从事海洋动力学研究，培养了一批海洋动力学人才，为我国海洋内波的研究打下了基础。

束星北是我国早期从事相对论研究的学者之一。1930 年他在美国《物理评论》上发表了《爱因斯坦引力定律的非静态解》的摘要，1934 年在《浙江大学学报》上刊登了全文。爱因斯坦广义相对论的引力定律，开始时只得到真空球对称静态引力场的近似解，随后史瓦西得出了精确解。20 世纪 30 年代初，束星北试图将之推广到球对称的有质量辐射的动态引力场，后来得到了近似解，并从所得到的黎曼线元推导出宇宙学方面的一些结果。关于这篇论文，束星北有这样一段回忆：

> 对四维空间的一个问题，我想出了一条路子，请教爱氏。爱说这条路

子他走过了，走不通。看来，他还花了不少时间，我还认为对。后来到了麻省理工学院，我继续做这个工作，写了一篇论文，发表在美国《物理评论》上。后来，我寄给了爱，爱还认为是个结果。我当时认为这是一个很大的成果。①

束星北在推导时曾引用了真空条件，所以这个解不一定正确。但可惜的是，束星北对动态解，特别是对有质量辐射的动态解的探索，未能持续下去。1951 年，瓦伊达（P.C.Vaida）在非真空情况下得到了辐射的球对称引力场的非静态解，即著名的 Vaida 解。

1933 年 5 月，束星北在麻省理工学院的《数学物理期刊》上发表了题为《一个有关引力和电磁的理论》的论文。这篇文章是他在剑桥大学时写成，又在麻省理工学院定稿的。爱因斯坦曾对其中一个公式的引用提出过疑问，束星北作了补充证明。这是一篇关于引力场与电磁场统一理论的论文。爱因斯坦在把引力场几何化获得成功之后，便希望用类似的纯几何概念来描述电磁场，建立引力场与电磁场的统一场论，这是爱因斯坦后半生一直追求的广义相对论的基本问题。韦耳（H.Weyl）、爱丁顿和爱因斯坦都曾经想通过对黎曼几何的修正，把用于引力场的广义相对论推广到电磁场，但都未获成功。1930 年前后，束星北也探讨了这个问题。考虑到引力场与电磁场之间的本质差异，他想到用质量密度 ρ 和虚数电荷密度 $i\sigma$ 之和（$\rho + i\sigma$）来代替爱因斯坦广义相对论中能量-动量张量中的质量密度 ρ，从而导出一级近似的复数黎曼线元，实数部分正可以代表引力场，复数部分则可以代表电磁场，并由此进一步推导出麦克斯韦方程组和洛伦兹作用力方程。束星北在这里所探讨的是一个超越时代的课题，当然不可能解决统一场论这个难题。但他能抓住物理本质，巧妙地把引力场与电磁场结合起来，得出一些有启发性的结果，不能不算作是一个富有创造

---

① 李寿枏. 才华横溢的理论物理学家束星北教授. 自然辩证法通讯，1994，16（6）：63.

性的尝试。

1941 年浙江大学迁到湄潭后，有了一个比较安定的教学和科研环境，束星北又试图从一个新的途径对广义相对论进行探索，并在他身边形成了一个小规模的研究集体。在关于任意参照系之间的相对性问题的探讨中，束星北试图放弃爱因斯坦的统一场论，由等效原理中的时空变化率进入广义相对论，只承认洛伦兹变换，将普遍时空变成相对于运动质点的时空，而不是一个统一的唯一的时空。他用瞬时洛伦兹变换方法，得到任意相对运动的参照系之间的变换系数。于是，电磁场张量在具有相对加速运动的参照系之间具有相对性，即无论是电荷加速运动而观察者静止，还是电荷静止而观察者加速运动，所观察到的电磁场完全一样。在这方面的研究中，束星北与合作者一起发表了一系列论文。

应该注意到，束星北关于广义相对论的研究，都是这个理论中的基本问题，是爱因斯坦本人终生未能解决的问题。束星北勇于探索，思想深刻，工作极富创造性。终因抗日战争以及后来的种种挫折，这种探索多次中断，未能继续深入下去，造成无法弥补的遗憾。

3. 胡宁关于引力辐射的研究

1943 年，中国学者胡宁（1916 年生）在美国加州理工大学获得博士学位后，来到普林斯顿高等研究院，在理论物理学大师泡利（W.Pauli）的指导下，从事核力的介子理论和广义相对论等方面的研究。胡宁在此期间，在广义相对论方面完成了一项重要的工作。

在牛顿力学中，引力场像静电学中的静电场一样，只是一种不能在空间传播的静态场；但在广义相对论中，引力场要满足一个二阶非线性偏微分方程。爱因斯坦在建立了这个相对论性的引力理论后，马上就意识到这个方程应存在引力波解。1918 年，他在弱场线性近似下果然找到了这种引力波解，预言了引力辐射的存在。但在很长时间里，关于这种引力波动究竟仅仅是一种数学形式，还是一种物理实在，一直存在着争议。1937 年，爱因斯坦和罗森（N. Rosen）发表了《论引力波》一文，给出了柱面引力波的严格解。1938 年，爱因斯坦又同英费尔德（L. Infeld）和霍夫曼（B. Hoffmann）发表了《引力方程和运动问题》的论文，对引力波问题做了进一步探讨，这就是被人们称为 EIH 理论的工作。论文在对引力方程进行了一般性的讨论之后，试图利用逐级近似方法，计算出"离开牛顿运动定律的主要偏差"，以考查"相对论性引力方程对于有重物体的运动确定到什么程度"。不幸"随着工作的进行，计算愈来愈广泛地包括大量的技术细节"，以致不可能把全部计算过程都写出来。实际上 EIH 的工作只计算到三阶近似，远不足以得出有意义的结果。

1943 年，胡宁到普林斯顿高等研究院后，上述问题正是泡利建议他去深入钻研的课题之一。胡宁从学院的资料库中找出了所保存的 EIH 计算稿，作了深入分析。他发现，在 EIH 理论中，把质点处理成场中的一些奇点而得到运动方程的方法虽然是巧妙的，但在高阶近似中变得愈来愈复杂，以致对第九阶项的推算来说几乎是不现实的，而这些项相信会给出辐射阻尼力。胡宁指出：在先前的尝试里，是由对能量-动量张量引进额外的假设而得出运动方程的；在 EIH 理论中不存在这样的张量，这是因为物质现在是由奇点代表的缘故。然而，因为 EIH 理论是应用于实际天体的运动的，所以可以争辩说质点不应当由奇点而应当由源的有限分布来表示。在 1947 年发表的《广义相对论中的辐射阻尼》一文中，胡宁表示：在本文中，我们将把质点看成质量的有限分布，并且使用与 EIH 相同的近似方法去求解场方程。即把质点当作场的一些扩展源，给出了一种新的解法，即建立了能量-动量张量，然后由能量-动量守恒定律直接得出运动方程。胡宁的新方法比 EIH 的方法容易得多，大大简化了原来的计算，并在这个基础上很容易依次推算出对双星运动（二体问题）的各项更高阶次的修正公式。

胡宁一直算到九阶近似，首次得出了双星系统辐射阻尼力的确定结果，看到了双星系统引力辐射率 $-\mathrm{d}E/\mathrm{d}t$ 同 $(m/a)^5$ 成比例的重要定律（式中 E 为引力系统的能量，t 表示时间，m 为星体质量，a 为公转轨道的半长轴）。胡宁就这样通过对双星系统能量损失的定量预言，提出了关于引力辐射存在的第一个可供观测检验的真实存在的天体实验装置。

1973 年，约瑟夫·泰勒（J.Taylar）和罗素·胡尔斯（R.Hulse）提出了利用脉冲双星的轨道参数来探测引力波的设想，并于 1975 年发现了名为 PSR1913-16 的脉冲双星。他们利用波多黎各的亚莱西堡直径为 305 米的射电望远镜对它进行了长达 18 年的连续观测，实测到双星公转轨道的周期变化率，确凿无疑地证实了广义相对论理论所预言的引力波和引力辐射的存在，从而获得了 1993 年度的诺贝尔物理学奖。应该说，胡宁的工作在这一成果的先行理论研究方面，的确是一项开创性的贡献。

（二）"拉蒙·马格赛赛奖" 获得者吴大猷

科坛巨子、著名物理学家和教育家吴大猷（1907—2000）从 20 世纪 30 年代至逝世，发表了论文 120 余篇，出版专著 10 余部，研究领域涉及原子和分子理论、相对论、经典力学、统计物理、核物理、大气物理、等离子体物理和天文学等，其贡献范围之广泛，论著之丰硕，在国内外都是不多见的，因此获得了很高的国际声誉。1939 年他撰写的《多原子分子的振动光谱及其结构》一书，是国际上第一部有关专著，获得了中央研究院丁文江奖，1943 年获教育部科学研究著作一等奖。1948 年吴大猷被选为中央研究院第一届院士，1957 年被选为加拿大皇家学会会员。由于他在科学研究方面的贡献，1967 年获 Chai-Hsing 基金奖，并于 1984 年获得有"亚洲诺贝尔奖"称誉的菲律宾拉蒙·马格赛赛（Ramon Magsaysay）奖。1991 年吴大猷被授予密歇根大学荣誉博士学位。

1931 年，经由饶毓泰和叶企孙的推荐，吴大猷获中华教育文化基金会乙种研究奖助金，到美国密歇根大学学习。20 世纪 20—30 年代，物理学研究的主流是关于原子和分子结构问题，密歇根大学物理系是红外分子光谱研究的发祥地。吴大猷先随系主任兰德尔（H. M. Randall）进行红外光谱实验研究，于1932年6月获得硕士学位。兰德尔的为人和科学管理方法，也使吴大猷深受教益。他后来回忆说："在台湾发展科学的工作中，我对若干政策，及对学术支持的态度，都可追源于他（兰德尔）的影响。"这一段研究工作，不仅使他受到了良好的实验训练，并且在二氧化碳、氧化氮等分子的红外光谱研究方面取得了成果。他曾将红外光谱仪的直线狭缝改为弯形狭缝，使原来红外光谱的弯形影像成为直像，从而提高了光栅的分辨率。改进后的这种光谱仪在美国获得了专利。随后，吴大猷在理论物理学家古兹米特（S. A. Goudsmit）指导下做博士论文，1933年获密歇根大学博士学位后，他继续在该校做博士后工作，研究原子和分子理论及实验。在密歇根大学期间，他参加了"密歇根大学暑期物理研讨会"，聆听了海森堡、布赖特（G. Breit）、费米、范夫莱克（Van Vleck）、N. 玻尔等著名物理学家的演讲，开阔了视野。

密歇根大学的学习和研究生活，为吴大猷在原子和分子光谱学及其一般理论方面打下了坚实的研究基础。在他后来发表的科学论文中，有一半以上属于这一领域的成果。

吴大猷的第一个重要贡献是关于重原子 f 态的计算。1933年他在《物理评论》上发表了两篇文章，这是他学位论文的一部分。第一篇以致编者的信的形式发表，题目是"重元素的低态"，文中报告了他关于铀原子和铀离子低态能级的计算结果，这是在西博格（G. T. Seaborg）发现超铀元素之前18年的一项工作。虽然早在20世纪20年代玻尔就曾在旧量子论的基础上预见到铀后原子的存在，但真正寻找超铀元素是在1934年才开始的，1933年尚无人探讨这个问题。吴大猷通过对铀原子 $5f$ 电子能态的计算，发现不同的态的能量主要依赖于电离的程度和核电荷从92到89的微小变化。因此，他认为铀离子能级的相对位置应该类似于钚、钍和镧的相应的能级。由于计算是近似的，他不能肯定铀的最低态是否已经包含了一个 $5f$ 态电子，但他肯定93号以后的元素至

少包含一个 $5f$ 电子。吴大猷由此从理论上预言了铀原子可能是一组化学性质类似的 14 个元素的起始，这 14 个元素依次把 $5f$ 壳层填满，其情形与周期表中稀土族元素依次填满 $4f$ 壳层而形成的元素系相同。这就是说，吴大猷通过 f 态的计算，预言了铀后元素的存在。他的这一工作为超铀元素的发现以及迈耶（M.G.Mayer）对同类问题的计算开了先河。1951 年，西博格因发现 9 种以上的超铀元素而获得了诺贝尔化学奖。1989 年 12 月，西博格到台湾时对吴大猷说：

> 当年能获得诺贝尔奖，应该归功于你的论文。

如果不是因为科技上落后的国情，或许吴大猷早就获得了这一殊荣。不过他的开创性的工作，对后人在锕系元素的研究上是有启发意义的，所以人们把吴大猷誉为"锕系元素研究的先驱者"。

吴大猷 1933 年的第二篇论文是《具有两个最小值的特征值问题和重原子 f 态的量子数亏损》。这篇论文讨论了前人没有讨论过的势场中两个势谷不相同，即具有两个不对称的最小值位势的量子力学问题。他运用 W-K-B（Wentzel-Kramers-Brillouin）近似方法求解了具有两个不对称势最小值的波动方程的本征值的表达式，证明了该结果可用于计算某些原子能态，尤其是用于诠释重原子 f 态的量子亏损都非常接近于 1 的这个事实。前面说到的他的第一篇文章，只是这项工作的一个具体结果。1991 年，在密歇根大学授予吴大猷荣誉博士学位的学术讨论会上，杨振宁高度评价了吴大猷这一成果的不寻常的意义。

20 世纪 30—40 年代，吴大猷最早在中国进行了原子多重激发态的研究。1934 年，吴大猷发表了有关"双重受激氦的能态"的论文。此前不久，芬德尔（Fender）和文蒂（Vinti）发表了他们对双重受激氦的较低能态的计算结果，他们将结果与克鲁格（Kruger）所做的极端紫外区两条谱线的测定，以及罗森泽（Rosenthal）所做的日冕谱线的测定进行了比较。在尝试探讨双重受激氦的光谱和日冕光谱的可能的关系时，吴大猷和古兹米特也对双重受激氦能级的近似位置做了同样的计算。他们运用修改了的变分法和氢的波函数，并将两个屏蔽常数（每一个屏蔽常数对应于一个电子）当作与趋于最小值的能量积分有关的变分参量，满足于最小值的近似值，得出了计算的初步结果。虽然计算的结果显示出一些出乎意料的特点，但与观测的结果却是符合的。

通常所称的"多重激发态"是指第一电离电位以上的激发态，它可以由两个以上的电子激发形成，也可以由单个闭壳层电子激发得到。多重激发态可区分为两种类型：一种是库仑相互作用的自离化，寿命很短；另一种虽然也是库仑相互作用的自离化，但与一般选择定则不相合，它是通过其他某些通道离化的，寿命很长。后一种又可分为两种情况，即可以通过辐射衰变到第一电离电位以下的各激发态与不能通过辐射衰变到基态或第一电离电位以下的电离态；但它们是多重态，可以衰变到它们中的最低态。正是吴大猷首先计算了后一类型的第二种情况，所以这种态被天体物理学家瓦什尼（Y. P. Varshni）称为"吴态"，并于1978年把"吴态"用于他的类星体的等离子体激光星模型。那些由两个以上的闭壳层电子激发的更高的多重激发态也属于"吴态"。吴大猷有关这项研究的两篇主要论文是《论原子光谱的附线和闭壳层电子激发》（1940年）和《轻原子2电子和3电子组态的非正常态的变化能》（1944年）。

通过对原子和分子的电子碰撞激发的研究，吴大猷对散射理论做出了贡献。关于电子碰撞分子激发的实验研究，早在20世纪20—30年代已由哈里斯（W. Harries）和拉曼（H. Ramien）进行了；从30年代开始，莫特（N. F. Mott）和迈塞（H. Massey）又做了理论计算。1947年，吴大猷发表了有关"由电子激发的分子振动"的论文，这是继他们之后的重要的理论研究。论文分两种情形计算了由电子碰撞激发的分子振动的截面：（1）假设分子与电子通过由振动产生的振荡电矩相互作用，激发与去激发的截面的量级为 $y^2 \cdot 10^{-15}$ 厘米^2，而 $y \cdot 10^{-13}$ c.g.s. 单位是与振动跃迁相联系的电矩的矩阵元；（2）对于不旋光振动，用畸变波的方法近似地计算了氢分子的激发截面（对几伏的电子而言，截面量级为 0.5×10^{-18} 厘米²）。论文还计算了电子和分子振动之间的能量交换的概率。

吴大猷还研究过电子和氢原子碰撞这种最简单的三体问题以及核子与核的碰撞等散射问题，改进了近似方法，给出了更精确的计算结果。这些工作都是在散射理论大发展之前完成的，因而更具有重要意义。

（三）微波量子物理学家任之恭

任之恭，1906 年 10 月 2 日生于山西沁源县。在山西太原第一中学读了一年书后，即插班考入清华学校初等科三年级。当时同班同学大都能写短篇英文作文和做代数习题，他却只能认英文字母和做四则运算。但他刻苦攻读，一年后功课就赶上了同班同学。1926 年任之恭毕业后即赴美国留学，先后获麻省理工学院电机学士学位（1928 年）、宾夕法尼亚大学无线电硕士学位（1929年）、哈佛大学哲学博士学位（1931 年），并于 1930—1933 年任哈佛大学助教和教员。1933 年任之恭回国后，历任山东大学物理系教授（1933—1934 年）、清华大学物理系和电机工程系教授（1934—1937 年）、清华大学无线电研究所所长和西南联合大学物理系与电机工程系教授（1937—1945 年）。1946 年他被派遣出国研究，1955 年定居美国，先后在哈佛大学、约翰·霍普金斯大学任教和进行微波物理学研究。1978 年任之恭受聘为清华大学和中国科学技术大学名誉教授。

任之恭的主要研究领域是无线电和微波物理学。

从 20 世纪 40 年代后期开始，任之恭从事波谱学研究，发表了大量论文，涉及多种分子和原子的微波谱线的塞曼效应和帕邢-巴克效应，观测了某些分子的超精细谱线，测定了多种分子和核子的磁矩，对核磁共振和电子自旋共振进行了多方面的深入研究，对于分子磁矩的经典模型和以波谱方法测定自旋、宇称与核矩等问题做了探讨。其中不乏开创性的贡献和新的发现。

任之恭于 1946 年到美国后，在短短几个月之内，就对微波物理学做出了重要贡献。1947 年，他首先以充气共振腔作为检测微波波谱的手段，使在很弱的磁场中测量超精细谱线的分裂成为可能。他不仅观测到 NH_3 的主要吸收线，而且还观测到核的超精细谱线。1948 年，他设计了一种微波空腔分光仪，它在微波频率范围内，对于观察分子吸收线的塞曼效应具有高灵敏度和高分辨率。他还建立了这种分光仪的运算理论和灵敏度判别标准。微波区域的塞曼效应是由柯莱斯（D.K.Coles）和古德（W.E.Good）于 1946 年在 NH_3 的反转光谱中观察到的，但他们没有对该效应做出解释。任之恭于 1947 年测量了 NH_3 气体分子微波谱线的塞曼效应，1948 年又测量了 $^{14}NH_3$、$^{15}NH_3$、$CH_3^{35}Cl$、$CH_3^{37}Cl$ 和 SO_2 的一些微波谱线的塞曼效应。对这些实验结果，任之恭都用原子核的和分子的 g 因子的综合磁作用（存在自旋耦合）或仅用分子转动的磁作用（不存在自旋耦合）做出了圆满的解释。因此他认为，通过验证微波吸收光谱中的塞曼效应，我们能进一步获得有关核的和分子的磁特性方面的知识。

NH_3 和 N_2O 分子具有较小的核电四极耦合数值，任之恭研究了它们的微波谱中的帕邢-巴克效应。实验发现，在 $4\pi \times 10$ 安培/米的磁场中，一个核（^{14}N）耦合的 $^{14}NH_3$ 的退耦不是十分完全的，两个核（^{14}N，^{14}N）耦合的 $^{14}N^{14}N^{16}O$ 则几乎完全退耦。实验证明 NH_3 和 N_2O 分子的帕邢-巴克效应存在于相当强的磁场微波谱中，该效应对于阐述自旋转动耦合的性质和测量分子的 g 因子都有用处。任之恭还用量子力学的微扰理论对实验结果做出了很好的解释。

20 世纪 50 年代以来，任之恭在测定分子和核子的磁矩方面做了大量工作。在 1951 年发表的《多原子分子的转动磁矩》一文中，他叙述了用分子转动谱线的微波塞曼分裂来测定 g 因子的新方法，并分别测定了 NH_3、H_2O、OCS 等多原子分子的转动磁矩。在理论分析中，任之恭建立了一个普遍适用的理论，既满足具有刚性转子的多原子分子的情况，又适用于非刚性的多原子分子的情况，从而使有关对称陀螺分子的转动磁矩的量子力学理论得到了发展。在后来的研究中，任之恭综述了对称陀螺分子的转动磁矩的量子力学理论的结果，证明了分子转动磁矩和核磁矩可以分别从观测塞曼分裂中加以测定。在对分子转动磁矩的经典模型的探讨中，任之恭指出分子电子的转动磁矩可看做由两部分组成：一部分是与核架一起的"刚性"转动；另一部分是"非刚性"运动。

从 20 世纪 50 年代下半期开始，任之恭致力于波谱学中电子自旋共振的研究，对于液氦温度下俘获的氢原子的顺磁共振、液氦温度下俘获的原子和分子的自由基团的电子自旋共振、惰性气体基体中碱原子的电子自旋共振等，都取得了很有价值的成果。

任之恭从无线电的研究开始，逐步深入到分子、原子的层次，最后又进入核子的领域，不断推进着探索的步伐，成绩斐然，贡献尤多。

从 1972 年起，任之恭经常回国讲学。从中国古代 1054 年超新星的记载，到当代前沿领域的研究进展，他无不精心讲述介绍，为祖国科学技术事业的发展，贡献出几十年积累的知识和经验。

（四）量子理论研究的先驱

中国现代物理学的先驱叶企孙、王守竞、卢鹤绂、束星北等，在原子和分子物理学以及量子力学的研究上，都做出过重要贡献。

叶企孙关于普朗克常数的精确测量的工作，在前文中已有详细介绍，此处不再赘述。

王守竞（1904—1984）是中国首位研究量子力学并取得突出成就的物理学家。1904 年 12 月 24 日，王守竞生于江苏吴县（今苏州），其父是中央研究院工程研究所研究员。在苏州工业专科学校毕业后，王守竞即考入清华学校留美预备班，1924 年赴美留学，1926 年获哈佛大学理科硕士学位，1928 年获哥伦比亚大学哲学博士学位。1929 年王守竞回国任教于浙江大学物理系，1931 年任北京大学物理系主任。

1927—1928 年，正是量子力学发展的初期，王守竞成功地把新诞生的量子力学运用于普通氢分子问题，首先利用通常所称的 Ritz 方法，直接求变分问题的二级微扰，通过对产生薛定谔波动方程的变分积分取极小值，得出了普通氢分子组态下的近似能量、离解热、转动惯量和核振动频率等。1927 年，在王守竞之前，海特勒（W.Heitler）和伦敦（F.London）应用量子力学于氢分子获得成功，被公认是一项具有历史意义的工作。在王守竞的论文将近完成时，萨居拉（Y.Sugiura）博士发表了他的博士论文，他继续了海特勒和伦敦的工作，对有关原子常数做了计算。王守竞的工作和萨居拉的工作相同，但由于运用了一种新的方法，因而得到了比萨居拉更为符合实验数据的若干结果。于 1927 年 11 月 25—26 日美国物理学会在芝加哥召开的年会上，王守竞宣读了《新量子力学中的普通氢分子问题》的论文，这一工作成为量子力学方法对分子结构问题的早期应用之一，后被许多著名物理学家所征引。

1928 年，在计算类氢原子型 1s 波函数的基础上，王守竞又在 H_2^+ 的波函数中引入了非线性参量，使其能量计算值与实验值的误差从 1.58 电子伏降低到 0.96 电子伏。此外，他还计算过氢分子的转动谱，研究过钠蒸气和汞原子碰撞中的激发态。后来又以量子力学方法，通过繁复的计算，解决不对称陀螺问题，求出了多原子分子的非对称转动（3 个主转动惯量矩均不相等）的情况，从而得到了谱能级公式。这种公式适用于 H_2O 和 C_2H_4 等最常见的多原子分子，后来被称为"王氏公式"。王守竞的上述成果被赫兹堡（G.Herzberg）写入他的名著《分子光谱与分子结构》中，表明王守竞的工作得到了国际学术界的公认。

王守竞不仅重视理论研究，也注意实验研究和实际应用，他曾在玻璃磨制和仪器制造方面进行过工作。1933 年夏季，他离开北京大学，到资源委员会任职，曾赴美国谈判筹建飞机发动机厂事宜。抗日战争全面爆发后，他在昆明筹建了中央机器厂，并担任过总经理。抗日战争后期，他成为资源委员会的驻美国代表，一度在马萨诸塞州理工学院的林肯实验室工作，后来参加王安公司。1984 年王守竞病逝于美国。

卢鹤绂（1914—1997）于 1941 年在美国明尼苏达大学获得博士学位后即回国执教，先后在中山大学（1941—1943 年）、广西大学（1943—1944 年）、浙江大学（1945—1952 年）、北京大学（1955—1957 年）、复旦大学（1952—1955 年，1957—1997 年）任物理学教授。他在物理学的许多方面做出了贡献，特别是在原子物理学方面造诣较深。1937—1938 年，他自制了 180°聚焦型质谱仪，并用以研究热盐离子源的发射性能，发现热离子发射的同位素效应，准确测定了锂和钾的同位素丰度比。20 世纪 40 年代初，他所测得的锂同位素丰度比数值得到国际公认，被选定为国际同位素表上的准确值，沿用了 20 余年才被更准确的值代替。1939—1941 年，他提出扇状磁场对入射带电粒子聚焦作用的普适原理，据此研制了新型 60°聚焦高强度质谱仪。

七、中国核物理学的开拓者

（一）发现正电子的先驱赵忠尧

1. 刻苦学习，立志报国

1902 年 6 月 27 日，赵忠尧生于浙江诸暨一个农民家庭，家里有少量田产。父亲赵继和早年自学医道，一边教书一边行医，赖以维持生活。他看到社会上贫穷落后、贫富不均的现象，常想为国出力，又感知识不足，因此很希望子女多读些书，日后做一个有用于社会的人。赵忠尧 15 岁进入诸暨县立中学读书，并依照父亲的教导，刻苦学习，打好基础，以备将来为国为民出力。在学校里，他兴趣广泛，文理并重，不过数理化科目更能满足他的求知欲望。由于成绩优良，一年后他就享受免收学费的待遇。

1920 年中学毕业后，赵忠尧按照父亲的意志和个人的兴趣，报考了完全免费的南京高等师范学校，进入数理化部学习。当时，南京高等师范学校正扩建为东南大学。为了获得更多动手做科学实验的机会，加上化学系有孙洪芬、张子高、王季梁等知名教授，师资力量较强，赵忠尧选择了化学系，但也重视学好数学、物理的课程。刚进大学时，由于在县立中学英文底子较薄，赵忠尧的学习确实费了一番力气。一年级时，物理课程选用密立根（R. Millikan）和盖尔（Gale）合编的英文课本《初等物理》（*First Course in Physics*），他边查字典边学习，一个多月后就不再为英文课本发愁了。赵忠尧说："由此可见，外语虽是入门必不可少的工具，但起主要作用的归根结底还是对于学科本身的掌握程度。"1924 年春，赵忠尧提前半年修完了高师的学分，因父亲去世，家境困难，他决定先就业，同时争取进修机会。东南大学物理系正好缺少助教，学校根据赵忠尧的物理成绩，让他留校担任了物理系助教。他一面教书，一面参加听课、考试，并进入暑期学校学习，次年便补足了高等师范与大学本科的学分差额，取得了东南大学毕业资格。

1924 年冬天，叶企孙从国外归来，到东南大学物理系任教，讲授近代物理，赵忠尧给他当助教，协助准备物理实验。叶企孙为人严肃、庄重，教书极为认真，他对赵忠尧勤恳踏实的工作甚为满意。1925 年夏，原本只有预科的北京清华学校筹办大学本科，请叶企孙前往主持物理系，叶企孙便邀赵忠尧和施汝为一同前往清华大学。在清华大学，赵忠尧第一年仍担任助教，第二年起任教员，负责实验课，并与其他教师一起制备仪器。清华大学物理实验室的基础就是由赵忠尧等人建立起来的。

当时国内大学理科的水平与国外相比尚有不小差距。为了进一步充实自己，赵忠尧利用工作之余努力自修电学、力学、数学等课程，达到国外较好大学的水平。他还和学生们一起学了德语，旁听了法语课。由于看到国内水平与国外水平的差距，赵忠尧决定争取出国留学。当时清华大学的教师每 6 年有 1 次公费出国进修 1 年的机会，赵忠尧不愿等这么久，就自筹经费于 1927 年去美国留学。除 3 年教书的工资结余及师友的借助外，赵忠尧尚申请到清华大学的国外生活半费补助金每月 40 美元。

赵忠尧进入美国加州理工学院研究生部，师从密立根（R. Millikan，1868—1953）教授进行实验物理研究。第一年念基础课程，顺利通过了预试。由于密立根根据预试成绩给中华教育文化基金会的有力推荐，以后 3 年赵忠尧都申请到每年 1000 美元的科研补助金，他便把原来清华大学的半费补助金转给了别的同学。

密立根起初给他的论文题目是利用干涉仪进行测量的一个光学实验。指导这项工作的研究人员很和气，善意地告诉赵忠尧说所用的仪器设备大都已准备好，只需测量光学干涉仪上条纹的周年变化得出结果，就可以取得学位。赵忠尧考虑到这个题目虽然很容易完成，但学不到很多东西，他远涉重洋，是想尽可能多学些实验的方法和技术，学位是次要的。他把这个意思告诉了密立根教授，希望换一个能学到更多东西的题目。周围的人听说他找导师换题目，都为他担心，因为按照当时学校的惯例，学生是不能拒绝导师给的题目的。不过，密立根尽管感到意外，还是给予照顾，给他换了一个"硬γ射线通过物质时的吸收系数"的题目，并说："这个题目你考虑一下。"过分老实的赵忠尧觉得测量吸收系数还嫌简单，竟回答说："好，我考虑一下。"密立根一听就发火了，说道："这个题目很有意思，相当重要。我们看了你的成绩，觉得你做还比较合适。你要是不做，告诉我就是了，不必再考虑。"赵忠尧赶忙表示愿意接受这个题目。日后赵忠尧才深刻体会到，密立根为他选择的这个题目，不仅能学到实验技术，在物理学上也是极有意义的。

2. 对正负电子研究的开创性贡献

1979 年在联邦德国同步辐射中心佩特拉加速器落成典礼上，诺贝尔物理学奖获得者丁肇中向来自 10 多个国家的上百名科学家介绍赵忠尧时说：

> 这位是正负电子产生和湮灭的最早发现者，没有他的发现，就没有现在正负电子对撞机。

会后，他又对中国高能物理代表团成员说：

> 中国老辈物理学家能留名学史上的有赵忠尧和王淦昌先生等。

20 世纪 30 年代初，赵忠尧曾发现硬γ射线的"反常吸收"和"特殊辐射"现象，这一工作对正电子的发现及正负电子对的产生和湮灭的研究都产生了重大影响。

在 20 世纪 20 年代中期量子力学建立之后，人们自然地关注到如何将量子力学与相对论协调起来。1926 年，德国物理学家克莱因（O. Klein）和戈登（W. Gordon）等人提出了一个相对论性的波动方程。由于这个方程具有负能量和负概率等困难，不甚令人满意。狄拉克（P. A. M. Dirac）发现，克莱因-戈登方程中时间导数不是线性的，这与量子力学的一般诠释不一致，因而决定去解决这个问题。他认为，要使相对论性理论与非相对论性理论一样具有普遍性，相对论性理论中的能量算符必须是线性的，根据协变性要求，动量算符也必须是线性的。狄拉克由此找到了 4 个系数矩阵，建立起相对论性的电子波动方程。这个理论虽然未能解决负能量问题，但这个新方程却自动给出了电子的自旋。电子的自旋成为量子力学波动方程与相对论结合的自然产物，这一出乎预料的结果引起了人们广泛的兴趣。1928 年 8 月，克莱因和日本物理学家仁科芳雄（Y. Nishina）将这个自动包含了自旋的相对论波动方程"嫁接"到经典辐射理论上，重新计算了 γ 射线的康普顿散射强度的公式，得出了克莱因-仁科公式。当时，人们把硬 γ 射线的吸收归因于康普顿效应，即入射光子与物质中的自由电子相碰撞，把一部分能量传递给电子，因而能量减小，波长增加，光子与入射方向成一定角度散射出去。

当时密立根正在研究宇宙射线，探索宇宙射线的起源，他那时认为宇宙射线主要是 γ 射线。早在 20 世纪 20 年代，密立根就猜想在宇宙空间的特殊条件下，宇宙中的质子和电子有可能结合并生成各种原子核，同时放出相当于结合能的 γ 射线。为了证实这一猜想，他曾指导许多学生进行过与此有关的研究。在克莱因和仁科得出 γ 射线的康普顿散射强度公式后，密立根让赵忠尧测定 γ 射线的吸收系数，其目的就是要用实验证实克莱因-仁科公式的正确性，以便结合其他实验来最终证实他关于宇宙射线起源的假说。

赵忠尧采用 ThC″（钍 C″）发射的 2.6 兆电子伏的 γ 射线，通过测量有吸

收体和无吸收体时 γ 射线所引起的离子电流来测量不同物质的吸收系数。在此之前，一些著名学者如罗素（Russell）和索第（Soddy）于 1911 年、卢瑟福（Rutherford）和里查孙（Richardson）于 1913 年以及巴斯廷（Bastings）于 1928 年都做过此类测量，然而都没有发现反常吸收现象。赵忠尧敏锐地意识到：

> 他们使用的射线束相当发散，验电器放得离吸收体也太近，以致使相当一部分散射线进入到验电器中，使所测量的吸收系数的值偏低。

他有针对性地采取了几个改进措施：一是利用一束很窄的、平行的 γ 射线束，并在避开从放射源外壳以及吸收体上散射出来的射线上花费了很多心血。他将放射源置于一个长 32 厘米、直径 32 厘米的铅圆筒中心，从中引出一束半角为 2.5°的锥形射线束，并用不同厚度的铅板过滤掉软 γ 射线。二是改进测量手段，分别用石英丝宇宙线验电器以及与真空电流计相连接的电离室作为探测仪器先后做了两组测量。为了防止散射线进入仪器，石英丝验电器放在离放射源 2 米处，电离室放在距放射源 1 米处。三是对探测数据进行了校正，以减去由于四周环境中的天然放射性和宇宙线所产生的自然漏电和散射射线引起的误差。他先用验电器测量了在不同滤波厚度情况下铅的吸收系数，然后又用验电器和电离室两种方法，测量了同一滤波厚度下水、铝、铜、锌、锡、铅等物质的吸收系数。这样赵忠尧就成功地发现："由吸收系数 μ 除以每立方厘米体积内的核外电子数得到的 μ_e 值，随原子序数的上升而增加，而根据理论公式，它应为常数。"实验结果表明，对于轻元素，实验与克莱因-仁科的理论公式符合得相当好，但对于重元素，实验值则比理论值大得多，出现反常吸收。例如在铅元素中测得的值比克莱因-仁科公式给出的约大 40%。

1929 年底，赵忠尧将结果整理写成论文《硬 γ 射线的吸收系数》。由于实验结果与密立根预期的不相符，他不甚相信，论文被压下两三个月。幸而替密立根代管研究生工作的鲍文（I.S.Bowen）教授十分了解该实验从仪器设计到结果分析的全过程，他向密立根保证了实验结果的可靠性，并建议从速发表，论文才得以于 1930 年 5 月在美国《国家科学院院报》上发表。与赵忠尧差不多同时，英国的塔兰特（G.T.P.Tarrant）、德国的迈特纳（L.Meitner）和霍普菲耳德（H.M.Hupfeld）也发表了 γ 射线在重元素中反常吸收的实验结果。上述 3 个实验组都认为，这种反常吸收是由某些未知的核作用引起的。他们所用的仪器不同，在英国和德国的实验结果中，吸收系数与物质原子序数的关系是不规则的跳跃，而赵忠尧的实验结果则显示出平滑规则的变化。

为了进一步探索硬 γ 射线与物质相互作用的机制，赵忠尧决定独自开展重元素对硬 γ 射线的散射现象的研究。与鲍文教授商量时，鲍文说："测量吸收系数，作为你的学位论文已经够了，结果也已经有了。不过，如果你要进一步研究，当然很好。"虽然离毕业只有大半年时间，但由于有了第一个实验的经验，赵忠尧还是决心一试。

因为反常吸收只在重元素上被观测到，所以赵忠尧决定选择铝和铅作为轻、重元素的代表，比较在这两种元素上的散射强度。实验工作分为下述 3 个部分。

（1）测量铝和铅的散射强度，并与克莱因-仁科公式的理论值相比较。结果发现，γ 射线被铝散射时，用散射光子数表示的强度分布与克莱因-仁科公式的理论结果符合得很好。"但在铅的情形下，除正常的康普顿散射外，还存在着一类反常散射。事实上这种反常散射在 $\theta = 135\,°$ 时，给出约 3 倍于正常散射的电离电流。"这就是赵忠尧发现的"特殊辐射"。由于电离电流很弱，要将特殊辐射与本底分开是很困难的。康普顿散射主要在朝前方向，朝后的部分不仅强度弱，而且能量也低；而赵忠尧就是在朝后方向清楚地测到这种特殊辐射信号的。

（2）从散射线硬度的测量中发现，"从铝出来的散射线的硬度与正常康普顿散射时的硬度是一致，但从铅出来的散射线的硬度比在这些角度用简单理论得出的硬度要大……反常散射线在本实验的精度范围内几乎是单色的"。

(3) 根据这种反常散射线的吸收系数，计算出这些射线的波长为 22.5x.u.，这相当于散射光子的能量为 0.55 兆电子伏，与一个电子的静止能量 0.51 兆电子伏十分接近。

根据这个波长值，赵忠尧进一步计算了这种散射的强度分布，发现它"在不同方向上几乎是均匀的"，因此赵忠尧认为它"更可能起因于二次发射过程"。他说："尽管这个问题没有得到最终解决，然而从目前的实验来看，硬 γ 射线在重元素上，至少在铅上的反常吸收和反常散射，起因于原子核是相当明显的。"实际上，在知道正电子存在之前，对于这种再发射的机制-正负电子对的产生和湮灭，他是无法做出解释的。

赵忠尧将这个实验结果写成题为《硬 γ 射线的散射》的论文，于 1930 年 10 月送到美国《物理评论》上发表。

在赵忠尧的这篇论文发表一年后，德国的迈特纳与霍普菲耳德在他们的论文（1931 年）中根本没有发现这种特殊辐射；两年后英国的格雷（L.N.Gray）和塔兰特提出报告（1932 年），证实了存在着 0.47 兆电子伏的各向同性的附加辐射，但又错误地发现了一种本不存在的辐射，在当时引起了混乱。从实验数据上看，他们两组的实验结果都不如赵忠尧的结果准确。

1930 年，正当赵忠尧埋头于散射实验的时候，狄拉克一直在寻求解决负能问题的出路。开始时他曾试图找出某种途径以避免电子向负能态的跃迁，但后来他从不同观点来探究这个问题，认为既然无法从数学上把负能态排除出去，那么还是设法为负能态的存在寻找一种物理解释。1930 年初，他在《电子和质子的理论》一文中，提出了著名的"空穴解释"，认为所有的负能态都被电子占据了，而未被占据的负能态即"空穴"相当于具有电荷 + e，这个"负能电子分布中的空穴就是质子"。但是，狄拉克又注意到，电子和质子质量上的不对称是一个不容忽视的问题。狄拉克的空穴理论发表不久，奥本海默（J.R.Oppenheimer）就发表文章指出了这一理论的问题。1930 年 11 月，韦尔

（H.Weyl）进一步对空穴假说提出更明确的责难。他从数学上证明，空穴质量必须与电子质量相同，而不论是否考虑相互作用。韦尔的意见引起狄拉克的高度重视，终于在 1931 年 5 月，在一篇关于磁单极子的论文中，狄拉克做出了反电子的预言：

> 我们似乎必须放弃空穴即为质子这一假设，并必须为此找到某种解释。遵循奥本海默的建议，我们假定自然界中电子所有的（而不仅仅是几乎所有的）负能态都已被占据。一个空穴，假如它存在的话，将是一种实验物理学未知的新粒子，它具有与电子相同的质量及相反的电荷。我们可以称这样一种粒子为反电子。考虑到它们可能与电子很快发生湮灭，我们就不应期待在自然界中能找到它们。但如果在高真空中实验上可以产生这种粒子，它们将是十分稳定的并经得起观察检验的。两束（能量至少为 0.5 兆电子伏的）硬 γ 射线相遇，就可能导致电子和反电子的同时产生。[①]

狄拉克关于反电子的预言没有得到足够的重视。在哥本哈根还流行过关于狄拉克"蠢驴电子"（donkey-electron）的笑话。赵忠尧当时并不了解奥本海默与狄拉克的这场争论，但他的工作对发现正电子产生了影响，使得沿反常吸收和特殊辐射方向的工作，成为发现正电子的一条可能途径。

虽然当时已有实验表明，一些宇宙射线可能是带电粒子，但密立根依然笃信宇宙射线是高能 γ 光子。那时，他在进行高山湖中宇宙射线和 γ 射线的吸收测量。1930 年，他比较了这些实验结果以及赵忠尧的结果，更坚信宇宙射线与 γ 射线类似，并认为这些结果"支持了原子构成假说"，即在宇宙深处，许多氢原子合成为氦、氧、硅等更重的原子，同时发出"原子诞生时的啼哭"——宇宙射线。按照这种假说，宇宙射线的能量应为 15 兆～500 兆电子

---

① DIRAC. *Quantised Singularities in the Electromagnetic Field*. Proc. Roy. Soc.，1931（A133）：61—62.

伏。所以，密立根的学生安德森（C.D.Anderson）在研究生毕业后继续留在加州理工学院，建造一个磁云室，测量宇宙线电子的能量。

1932年8月2日，安德森利用中间横放了一块薄铅板的云室，拍到了一张照片，令人信服地显示了一种新粒子，它是一个从上向下运动的正粒子，具有与电子相当的质量。这一发现在9月初给《科学》的短文《易偏折正粒子明显存在》中公布（当时安德森尚不知道狄拉克的正电子假说）。次年3月，安德森发表了关于正电子的详细论文，指出这张照片"似乎只能在下述基础上得到解释，即在这种情况下存在带正电荷并具有与自由负电子同量级质量的粒子"。在这篇论文中，安德森第一次使用了positron（正电子）这个词。

在安德森的第二篇论文发表之前，英国的布莱克特（P.M.S.Blackett）和意大利的奥恰里尼（G.P.S.Occhialini）已发表了证实这项发现的论文。他们是在分析拍摄的簇射粒子的性质时，根据照片上显示的径迹的曲率、电离、行程等情况得出了与安德森相同的结论。与安德森不同，他们曾就这个问题同狄拉克进行过讨论，所以他们一开始就将安德森的正电子与狄拉克的反电子联系起来。由于正负电子的径迹是从同一点发射的，从而证明了正负电子对的产生。但是照片上看不到正电子湮没的过程，于是他们联想到赵忠尧的实验，终于悟出所谓的"反常吸收"就是γ射线在原子核周围产生正负电子对；而"特殊辐射"则是正负电子对转化为两个光子的湮没辐射，因为按照狄拉克理论，正负电子对湮灭时发射的γ射线的能谱下限为0.5兆电子伏，与赵忠尧的测量结果相符。他们写道："重核对γ射线的反常吸收也许与正电子的形成有关，而再发射的射线与正电子的消失有关。事实上，实验已经发现，再发射的射线与所期望的湮灭能谱具有相同的能量量级。"可惜，这些进展都不为已经回国的赵忠尧所知。

1930年秋在博士论文答辩会上，密立根在教授们面前讲赵忠尧挑换实验题目的事说："这个人不知天高地厚，我那时给他这个题目，他还说要考虑考虑。"惹得评委们哈哈大笑。赵忠尧以优等的成绩通过答辩，获得博士学位。

毕业后，他离开美国，游学欧洲，先到德国哈勒（Halle）大学工作一年。在那里他试图利用被散射的 γ 射线研究反常吸收阈能。由于被散射的 γ 射线强度太弱，数据的涨落太大，只观察到当 γ 光子的能量由 2.6 兆电子伏降到 1.9 兆电子伏时重元素反常吸收有一明显降落；而当 γ 光子的能量再降低时，由于壳电子的光电效应迅速增加，难以确认反常吸收的阈能。接着他去英国，在卡文迪什实验室见到了卢瑟福（E.Rutherford）和奥恰里尼。在他到达伦敦那天，日本侵略军侵占了我国沈阳。出于一片爱国之心，他在英国只待了一两个月就回国了，到清华大学任教。

特别值得指出的是，赵忠尧回国后，仍然克服重重困难，在极简陋的条件下，继续开展反常吸收的研究。1933 年，他与龚祖同一道，用 ThC″作为放射源，用盖革-弥勒计数器进行探测，观察到反常吸收还伴随着电子的放出，而且随着 γ 射线波长的改变，铅吸收硬 γ 射线而发射的电子要比铝吸收硬 γ 射线而发射的电子多，这无疑是一个国际水准的重要发现。他们的报告《硬 γ 射线与原子核相互作用》于 1933 年 11 月在英国《自然》杂志上发表。卢瑟福十分重视这一新的实验结果，他在论文后面加按语指出："无疑地，上述实验为正负电子对的产生提供了极有价值的进一步的证据。显然，从信中可以看出赵教授和龚先生还没有听到关于正电子的工作（在核的很强的电场中，高能 γ 射线转变为正负电子对）。尽管不能按照他们的方式去解释实验结果，但是这一效应的重要性与其他实验应是同样的。"在那个时代，中国国内仅有极个别学者从事实验研究，因为实验条件实在是太差了，许多设备需要自己动手设计制造。正如卢瑟福曾对赵忠尧说过的："中国人在这儿念书的很多，成绩不错，但是一回去就听不到声音了。"所以他对赵忠尧回国后能自己动手创造条件继续进行科学研究十分赞赏。

无疑，赵忠尧于 1929 年和 1930 年最早观测到了正负电子对的产生和湮灭现象；他与龚祖同 1933 年的工作又为正负电子对的产生提供了一个可靠的实验证据。在 20 世纪 30 年代初，赵忠尧发现的反常现象被认为是与核结构有关的，并成为核物理学、量子电动力学、宇宙线研究的重要课题。赵忠尧的工作还直接使安德森受到启发，最终发现了正电子。所以，说赵忠尧是发现正电子的先驱是有依据的。

1989 年 7 月，著名物理学家杨振宁和李炳安联合发表文章《赵忠尧和电子对的产生与湮灭》，刊载于《近代物理国际杂志》上。文章深入分析了赵忠尧当年的工作，全面对比了当时各有关实验结果，以严谨的论证，对赵忠尧的工作做出了公正的历史评价，论述了赵忠尧的工作的影响，指出赵忠尧的实验对物理学界接受量子电动力学的理论有重要贡献。他们称赞赵忠尧的两项工作具有朴素、可靠的经典之美，经得起时间的考验。文章说：

> 在当今（20 世纪）80 年代，安德森和奥恰里尼都强调，1930 年早期，是赵忠尧的工作激发了他们的重大研究；这些研究有助于转变物理学家们对量子电动力学的看法。没有人能在这方面指出与赵忠尧相提并论者。

3. 为建立和发展我国的核科学呕心沥血

赵忠尧回国后，就到清华大学任教。在叶企孙调任校务委员会主任、吴有训接任理学院院长后，赵忠尧曾一度接任物理系主任，当时系里还有萨本栋、周培源等多位教授。他们在极为简陋的条件下，努力办好物理系，齐心协力进行教学和科研工作。赵忠尧在德国时就联系聘请了一位技工来华，协助制作小型云雾室等设备。赵忠尧等还自己动手制作盖革计数器，将协和医院用过的氡管借来做实验用的放射源，积极组建核物理实验室，并继续进行 γ 射线和原子核相互作用的研究；还从中子共振入手，探讨了原子核的能级间距，计算了银、铑和溴的共振中子能级的间隔。他们的多篇论文在国外刊物上发表。

"七七"事变后，赵忠尧辗转南下昆明，在西南联合大学任教。由于战局紧张，日寇飞机狂轰滥炸，生活极不安定，而且物价飞涨，薪金不足维持家用，还要想办法自制些肥皂出售以补贴家用。即使在这样的情况下，赵忠尧仍和张文裕一起用盖革-弥勒计数器做了一些宇宙线方面的研究工作。

1945 年冬，赵忠尧应中央大学校长吴有训的邀请，赴重庆担任中央大学物理系主任，后迁至南京。

1946 年夏，美国在太平洋的比基尼岛进行原子弹实验。萨本栋当时调任中央研究院总干事，得知美国发来邀函而国民党政府无动于衷，考虑到中国需要了解这个秘密以推进自己的研究，就多方游说，国防部才同意派一名科学家去，他就推荐赵忠尧作为科学家代表前往。萨本栋对赵忠尧说："赵兄，我们在核物理方面与先进国家的差距，正以几何级数地拉大啊！在国内方面，我会竭力周旋的。出国后，你将会遇到不少困难和风险，赵兄，全拜托你啦！"在机场送行时，萨本栋递给他一张纸条，写道"相机而行！"。

赵忠尧在潘敏娜号驱逐舰上非常仔细地观察了核弹爆炸的全过程，以行家的敏锐思维牢牢记下了估算出的各种秘密数据。当各国观察员纷纷登机回国时，赵忠尧却"失踪"了。因为萨本栋如期秘密筹措汇给他两笔款项：一笔 5 万美元，托他在参观完毕后，购买一些研究核物理用的器材；另一笔 7 万美元，让他再托别人管理，供以后购买其他科学器材用。核物理在那时是一门新兴的基础学科，国家总是需要它的，虽然钱数太少，完成这项任务是很困难的，不过有总比没有好。所以赵忠尧就力争以最经济的办法购买一些对学习原子核物理最有用的器材。赵忠尧考虑到要开展核物理研究，至少需要一台加速器，但订购一台完整的 2 兆电子伏的静电加速器，至少也要 40 万美元。他能支配的这点钱（包括他回国的旅费以及头 3 个月出差费的余数）是根本买不下来的；即使弄钱买到了，美国国防部也不会准许出境。经过与友人商讨，唯一可行的办法就是自行设计一台加速器，购买一些国内难于买到的部件和少量核物理器材，然后在国内自己制造加速器。于是，他秘密地活跃在昔日留学期间的师友之间，搜集有关加速器的设计资料。

赵忠尧按照他的计划，先到麻省理工学院电机系静电加速器实验室学习静电加速器发电部分和加速管的制造。该实验室主任屈润普（Trump）十分支持赵忠尧的工作，不仅让他利用他们的资料，还将一台准备拆去的大气型静电加速器转给赵忠尧做试验用。半年后，为了进一步学习离子源的技术，赵忠尧又转到华盛顿卡内基地磁研究所访问半年，受到毕德显先生的帮助。在加速器设计好以后，为了寻找加工厂家，赵忠尧重返麻省理工学院的宇宙线研究室，利用云雾室做了宇宙线实验，取得了几十个纯电磁级联簇射和混合簇射事例，这都是当时核物理研究前沿的探索性工作，得到了同行们的重视。赵忠尧在美国的两年时间，每天工作平均在 16 小时以上，以开水、面包和咸菜果腹，节衣缩食，省下钱来买器材。

1948 年，由于赵忠尧在科学上的贡献，他当选为中央研究院第一批院士。当时由于国内战局急剧变化，他想等局势稳定后再回国参加和平建设，因此决定在美国再留些时间，多学些必要的实验技术。于是他就到原来攻读博士学位的加州理工学院的开洛辐射实验室工作了近两年。在那里有两台中等的静电加速器，具备研究核反应所需要的重粒子和 β 谱仪，很适合初学者借鉴。

1949 年，赵忠尧开始做回国的准备工作。对他来说，最重要的就是把他花了几年心血定制的加速器部件和核物理实验器材运回新中国。这时，美国联邦调查局却盯上了这批仪器设备。他们派人私自到运输公司打开了所有的包装箱，检查并拍了照片，然后又到加州理工学院去调查。校长把杜曼（Dumand）教授请到办公室叫他作技术鉴定。为人正直的杜曼明白了用意，说："这是一套物理教学实验设备的零部件。"联邦调查局官员逼问说："你能肯定这些零件与原子武器没有直接联系？"杜曼沉思片刻断然说："没有直接的关系。"事后他立即将此事通知了赵忠尧。虽然如此，官方还是扣留了部分器材，特别是麻省理工学院宇宙线实验室主任罗西专门派人焊接制造的四套完整的供核物理实验用的电子学线路。为了避开特工人员的检查，赵忠尧黑夜跑到仓库亲手将这些器材装入 20 多个箱子，悄悄运往洛杉矶。1950 年春天，中美之间的直接通航已经停止，香港又阻挠中国学者通过该地回国。赵忠尧以参观瑞典科学家齐格邦的实验室的名义给瑞典领事馆写了一封长达 12 页的感人的信，经过 5 个月的等待，终于得到了香港的过境许可证，他于当年 8 月底登上了开往中国的威尔逊总统号海轮。可是就在启航之前，美国联邦调查局的人突然又赶到码头打开木箱检查，并扣留了一批公开出版的宝贵书刊。9 月 12 日，船到日本横滨，驻日美军又以"间谍嫌疑"借口把赵忠尧和另外两位从加州理工学院回国的人关进日本的巢鸭监狱，硬说他们可能带有秘密资料，随身行李一件件检查，连肥皂都不放过，工作笔记本也被抄走了。赵忠尧对此严正抗议，在国际上引起了强烈反响，科学界纷纷通电抗议。当时台湾大学校长傅斯年发急电给赵忠尧说："望兄来台共事，以防不测。"赵忠尧对这位私交甚厚的老友回电说："我回大陆之意已决！"这年 11 月，在祖国人民和国际科学界同行的声援下，他们获得释放，经香港回到祖国大陆。

赵忠尧回国以后，就到中国科学院刚创建的近代物理研究所主持核物理方面的研究工作。中国科学院近代物理研究所开创时期的实验工作，主要就是靠赵忠尧千辛万苦地从美国运回的器材进行的。1955 年，他主持装配完成我国第一台 700 千电子伏的质子静电加速器，同时又研制了一台 2.5 兆电子伏的高气压型质子静电加速器。赵忠尧利用在麻省理工学院学到的加速管的封接技术，从磨玻璃开始，到涂胶、加热封接，精益求精地完成每一步工作，终于在 1958 年建成了这台加速器。在研制加速器的过程中，赵忠尧等人发展了真空技术、高电压技术和离子源技术，为我国打下了加速器和核物理研究的基础，培养了一批人才。

1958 年，赵忠尧受命创办中国科学技术大学原子核物理系（1965 年后改称近代物理系）。他在广泛听取意见的基础上，具体落实了这个系的课程设置、教学大纲和专业教材，精心挑选中国科学院原子能研究所的优秀专家担任教师。虽然当时他还担任原子能研究所副所长，所里的工作任务也很重，他还是坚持每周到中国科学技术大学两三次，安排教学工作，并自编讲义，亲自给学生讲"原子核反应"课程。他很重视实验室建设，很快建立起一个专业实验室，开设了 β 谱仪、气泡室、γ 共振散射、穆斯堡尔效应、核反应等较先进的实验。在赵忠尧和同事们的努力下，中国科学技术大学在短短时间内获得与国内一流大学同等声誉。

近 70 年来，赵忠尧为我国核物理事业的发展呕心沥血，培养了几代人才，并建立了研究基础。在他 80 寿辰时，周培源称他为"我国核物理的鼻祖"，这对赵忠尧来说是当之无愧的。1998 年 5 月 28 日，赵忠尧逝世于北京。

（二）中国的居里夫妇——钱三强和何泽慧

1. 在约里奥-居里夫妇身边成长的中国青年

1946—1948 年，中国物理学家钱三强（1913—1992）、何泽慧（1914 年生）夫妇在法国巴黎大学镭学研究所居里实验室，发现了铀核的三分裂和四分裂，引起了学术界的极大重视。约里奥-居里认为，这个发现是第二次世界大战以来法国核物理界的一个最重要的成就。法国和中国的重要报纸都对此作了详细报道。有一篇报道的标题是："中国的'居里'夫妇，发现了原子核的分裂法"；副标题是："为原子研究开辟新天地，物理学大师均赞不绝口"。

在中国核物理事业的建立和发展中，钱三强、何泽慧夫妇做出了不可磨灭的贡献。

钱三强于 1913 年 10 月 16 日生于浙江绍兴。他生长在开明进步的诗书世家。其父钱玄同是著名的文学家和语言学家，是"五四"新文化运动时期，与陈独秀、李大钊、胡适等人创办《新青年》的 6 名轮流编辑之一。

钱三强 7 岁入北京孔德学校二年级就读。该校最早采用白话文，提倡德智体美劳平衡发展。钱三强身体强壮，精力充沛，成绩优异。"三强"之名就来源于当时同学们给他的绰号。1932 年，钱三强考入了物理学在中国生根的园地——清华大学物理系。他在以系主任吴有训为首的一批良师的精心指导下，注意全面吸收知识，注意内容与方法、理论与实际、动脑与动手相结合。除学好物理学的理论知识外，他还选修了金工实习，学习了烧玻璃和吹制玻璃的技术。他的毕业论文是在吴有训的指导下完成的，内容是制作一个真空系统，试验金属钠的表面对改善真空度的作用。

1936年大学毕业后，学校曾准备把他分配到兵工署去工作，但他的父亲不愿意他参加腐败的国民党政府的军事工作，希望他搞学校教育或科学研究工作。钱三强根据他父亲的意愿和自己的兴趣，到北平研究院物理研究所，在严济慈所长的指导下从事分子光谱的研究工作，并兼管照相室的工作，很快掌握了照相技术。几个月后，在严济慈的支持和鼓励下，他考取了中法教育基金委员会组织的赴巴黎学镭学的公费留学生。

1937年夏天，钱三强经过一个多月的海轮航行抵达法国巴黎。先期到达巴黎出席国际文化合作会议的严济慈亲自把他推荐给伊伦娜·居里（Irène Curie）教授，进入巴黎大学镭学研究所居里实验室和法兰西学院原子核化学实验室，同时在伊伦娜·居里和她的丈夫弗雷德里克·约里奥（Frédéric Joliot）的共同指导下攻读博士学位。约里奥-居里夫妇曾因发现了人工放射性（1934年）而获得了1935年诺贝尔化学奖。钱三强没有辜负这种机遇和信任，在浓厚学术气氛的熏陶下勤奋钻研，从一个对原子核物理不甚了解的青年学生，迅速成长为一个能够独立进行前沿研究的科学工作者。

1938年，约里奥-居里夫妇指导钱三强博士论文的第一项工作，就是用云室研究 α 粒子与质子的碰撞。由于一般云室有效灵敏时间短，工作效率低，约里奥就设计了一个新的云室。钱三强参加了这一工作，用了大约一年的时间，造出了这个云室，其有效灵敏时间达到0.3～0.5秒（原先的云室的有效灵敏时间只有0.2秒）。钱三强还根据导师的要求，制作了一个可以自动卷片的照相系统。当时实验用的放射源都是由化学师做出来的，约里奥夫人希望能自己做，就问钱三强："你对这个工作有兴趣吗?"钱三强回答：

　　　不是有兴趣，是需要。将来回国后非常困难，放射源也得自己做，假如国内有点铀矿，自己就可以动手分析了。

导师被学生的这种精神感动，就把他介绍给放射化学师郭黛勒夫人，让他帮助做一些放射化学的工作，并学会了做放射源。身处异国的钱三强，时刻不忘学成报国的目的，尽可能多地学习一些实际本领，充实自己。他通过多种课题的研究，掌握了多种探测技术、实验技巧和理论分析能力。

钱三强到居里实验室时，正是重核裂变发现的前夕，他的导师约里奥-居里夫人参加了这一伟大的发现。1938 年 9 月，约里奥-居里夫人做了一个学术报告，报告了她和萨维奇（P.Savitch）用慢中子辐照铀盐，发现有半衰期为3.5 小时的成分。她开头就说："我今天做这个学术报告，你们没听也许还清楚，听了以后，也许跟我一样反而糊涂了。"这是她受费米"超铀元素"说的影响所做的一个实验。结果发现中子打击铀核后产生的放射性物质始终与原子序数为 57 的镧在一起，不与钢在一起，不是一个重元素。约里奥-居里夫人肯定地说："这个东西就是镧，或者说非常像镧。"但又说："它或许也是一种超铀物质，但是我们暂时未能确定它的原子序数。"在约里奥-居里夫人公布了这一工作后，德国化学家哈恩（Otto Hahn）认为这和他的设想不一致，他认为应得到重元素附近的元素，所以摆出长辈的架势写信给居里实验室，但未得到答复。不久，约里奥-居里夫人又发表了一篇论文，哈恩的助手斯特拉斯曼（Fritz Strassmann）立即明白了居里实验室没有犯什么错误，他激动地跑上楼对哈恩说："你一定要读一读这篇文章。"哈恩叼着雪茄："我对我们这位有交情的夫人最近写的东西不感兴趣。"斯特拉斯曼急切地向他说明了文章的重要部分，哈恩一听，把雪茄一下子扔进烟灰缸，就急忙跑向实验室。经过几个星期的实验和用严格的化学方法检验，证明约里奥-居里夫人是正确的。1938 年12 月 22 日，哈恩和斯特拉斯曼寄出了他们划时代的论文（1939 年 1 月发表）。他们写道：

我们得出结论，所谓的"镭同位素"具有（原子序为56的）钡的属性。作为化学家，我们应该肯定这个新物质不是镭，而是钡。然而作为工作在非常接近于物理学领域的核化学家，我们还不能做出这样的论断，因为这个论断与核物理学过去的概念是不一致的。也许发生了一系列不寻常的巧合，给了我们许多假象。

哈恩把实验结果与存在的疑难全部写信告诉在瑞典斯德哥尔摩的迈特纳（Lise Meitner）以征求这位有敏锐眼光的同事的意见。迈特纳与来此休假的侄子弗里施（Otto Robert Frisch）根据重核的性质，类比了细胞的分裂，提出了重核裂变的学说，这一发现立即轰动了物理学界，被认为是"最近几年来最重要的实验之一"。约里奥-居里夫妇在这一发现中做出了他们的重要贡献，身处居里实验室的钱三强，深受这一伟大发现的激励。

1939年初，约里奥-居里夫人安排钱三强协助她测定铀和钍在中子轰击下产生的放射性镧的能谱，对裂变概念做出验证。约里奥-居里夫人亲自做放射源，她用化学方法提炼了铀和钍受中子打击后半衰期为3.5小时的镧的两个放射源；让钱三强用他自己制作的有效时间更长的新的云雾室观察和测量其β射线能谱，看二者是否等同。实验进行了3个星期，从所得到的β射线能谱证实，用中子打击铀和钍所得到的产物是同一种同位素。也就是说，铀和钍用不同方式裂变后，可以得到同样的裂变产物。他们的论文——《在铀和钍中产生的稀土族放射同位素的放射性的比较》，对当时刚刚发现的裂变现象在理论上是有力的支持。

1940年，钱三强以《α粒子同质子的碰撞》的论文，获得了法国国家博士学位。随后，约里奥-居里夫人又让他做了氙气电离室，用以测量钫-223的低能γ射线的强度。通过这一研究，钱三强掌握了电离技术，并研究了各种气体对电离室性能的影响。

1940年夏天，由于德国法西斯军队入侵法国，居里实验室关闭。1941年德军占领巴黎后，钱三强曾到里昂准备等船回国，后因太平洋战争爆发，无船开往远东，钱三强只好到里昂大学工作。在那里，他对照相材料的感光机制进行了研究。1943 年，钱三强又回到巴黎在导师身边工作，但直到 1945 年夏天德军被迫撤离巴黎后，居里实验室才恢复了正常的研究工作。当年秋天，约里奥-居里夫人派钱三强到英国 Bristol 大学向著名核物理学家鲍威尔教授（C.F. Powell，1950 年获诺贝尔物理学奖）学习新发展起来的厚层核乳胶技术，这是记录核反应和带电粒子轨迹的非常直观、灵敏的一种技术。并且由于乳胶层厚度达到几百微米，因此可以记录粒子的空间径迹。回到巴黎后，钱三强在居里实验室和原子核化学实验室建起了这方面的装置，并帮助约里奥-居里夫妇指导 3 名研究生做博士论文。

从英国回到巴黎不久，钱三强在清华大学时期的同学何泽慧也从德国来到巴黎，与钱三强结了婚。何泽慧原在德国跟随著名核物理学家玻特（W.W. Bothe，1954 年获得诺贝尔物理学奖）学习，这时到原子核化学实验室继续她在德国已经开始了的研究工作——用云室方法研究正负电子的弹性碰撞。

1943—1944 年，钱三强根据贝特（H.A.Bethe）的高速带电粒子穿过物质阻挡慢化的理论，用云室仔细研究了电子径迹末端的弯曲。他首先从理论和实验上确定了 50000 电子伏以下的中低能电子的"真射程"与能量的关系，从而得出了电子射程和能量的关系曲线。这个结果既对实验工作有参考价值，同时也验证了贝特关于带电粒子与物质相互作用的理论。

1946 年，钱三强与他人合作，将电离室与线性放大器相连接，首次测出了镤-231 的 α 射线的精细结构，它由射程为 3.511 厘米的主要部分（占 80%～85%）与射程为 3.23 厘米（占 8%～10%）以及 3.20 厘米（占 8%～10%）的两个次要部分组成，并且与电子内转换得到的 γ 谱线符合得很好。

2. 铀核三分裂的发现

发现铀核的三分裂和四分裂现象，并做出合理的解释，是钱三强、何泽慧夫妇科学生涯中一次辉煌的攀登。

在 1938 年底发现了铀核因俘获中子而分裂成两个较轻的核的"二分裂"现象后，玻尔（N.Bohr）和惠勒（J.A.Wheeler）就根据液滴模型预言重核有可能裂变为 3 个带电核。1941 年，美国物理学家普莱森特（R.D.Present）又指出，铀原子核在俘获一个中子，获得足够的激发能时，从动力学上考虑，完全可以分裂成 3 个带电核。但在很长一段时间里，这个预言没有得到人们的注意。

1946 年 9 月下旬，钱三强、何泽慧夫妇应邀赴英国剑桥出席了国际基本粒子与低温会议。会上，由英国爱丁堡大学教授费瑟（N.Feather）指导做博士论文的两个青年人格林（L.L.Green）和利费赛（D.L.Livesey）展示了一组用乳胶研究裂变的照片，其中有一张记录到一个三叉形的径迹。他们认为两条短而粗的径迹是裂变的两个碎片，另一条细而长的径迹像 α 粒子，但要比天然放射物放出的 α 粒子更强一些。他们没有再做进一步的说明和解释。这张照片引起了钱三强夫妇的疑问和思考。

裂变都是放出两个重粒子，怎么会放出轻粒子呢？

这个抓住了要害的疑问，成为钱三强夫妇做出重要发现的契机。后来钱三强谈及这件事情时说：

何泽慧曾经总结过两句话，她说，做科学工作要"立足常规，着眼新奇"。做常规统计时，要看看有没有特殊现象；特殊现象的出现，常常导致新规律和新现象的出现。玻尔的原子模型理论的出现，中子、裂变的发现，都是这样的过程。[1]

_____

① 郭奕玲. 伟大的发现. 北京：北京科学技术出版社，1989：26—27.

回到巴黎后，在约里奥-居里夫人的支持下，钱三强立即和研究生查斯特勒（R.Chastel）维纳隆（L.Vigneron）一起开始了工作，不久何泽慧也加入这个小组。考虑到实验的要求和仪器的灵敏度，他们选择了核乳胶而不是用云室来做探测器；考虑到实验中质子和 α 粒子径迹会严重干扰裂变的观测，他们经过反复实验，找到了较理想的实验条件，以保证正常的观测。约里奥-居里夫人把实验室里最好的显微镜让给他们使用。由于粒子的径迹是分布在核乳胶层的整个厚度中的，因此钱三强对显影和定影后的乳胶，都要精细地转动显微镜的旋钮，从每个视角把焦点对准乳胶层的各个深度逐一进行观察。在水平方向，也要慢慢移动乳胶片从左到右、从前到后地逐一观察。从大量的裂变径迹中，他们发现了相当多的三叉形径迹。在大多数情况下，三条径迹在同一平面上，且有共同的起点，所以可能是重原子核一分为三的裂变结果，即"三分裂"现象。1946 年 12 月 9 日，钱三强等关于三分裂的初步研究报告在法国科学院的《通报》上公布。随后他们又发现了几个现象：有一个三分叉现象中的第三条径迹也较短粗，不可能归因于 α 粒子的发射，只能认定是质量较重的一个核碎片。由细心的何泽慧首先观察到的一个四分叉形状的径迹，于 12 月 23 日公布于法国科学院的《通报》上，并附有详细的测量和计算数据。他们还发现，大多数三分叉现象中细长的径迹与另两条浓粗的径迹呈垂直方向。1947 年 2 月，钱三强等向《物理评论》寄送了关于三分裂的研究报告，文中根据动量守恒所做的精确分析断言，不可能把它们全部归因于裂变碎片在其起始点与乳胶中的原子核（如氢、碳、氮、氧、溴和银）之间发生的碰撞，合理的结论应该是铀核分裂成 3 个带电碎片的"三分裂变"。

三分裂变的报告在科学界引起了很大反响。英国的格林和利弗赛专程到巴黎进行考察，对钱三强小组的工作深表信服和惊讶。他们回到英国后重复做了实验，找到了更多的三分裂径迹。但他们仍然坚持认为第三条径迹是 α 粒子的，特别是他们的导师费瑟提出，那个 α 粒子不是直接从裂变中出现的，而是在原子核将要破裂前或破裂后放射出来的，即用"两阶段的核作用"来做出解释。此外，加拿大和美国的一些科学家也从实验中观测到了三分叉的事例，但都认为第三个碎片是 α 粒子。

为了答复费瑟等人的诘难，钱三强等对 3 个碎片的质量、动量和角度做了严格准确的测量。特别由于钱三强在里昂时自学过量子力学，能够熟练地运用玻尔液滴模型的理论，因而他便能够抓住第三个碎片垂直于两个重碎片方向发出的这个关键事实，提出了三分裂的机制问题。

钱三强等利用 3 条径迹的长度和方向，运用质量守恒、能量守恒和动量守恒求解粒子的能量和质量。他们发现，两个重碎片的质量分布和能量分布都同二分裂时的情形相类似，而第 3 个碎片的质量有一个谱，分布在 2～9，其中概率最大的为 $A = 5$；其射程分布在 15～45 厘米内，表明能量分布很宽，最大的能量要比天然放射性 α 粒子的能量高得多，并在相当于射程为 28 厘米左右概率最大。统计发现，在用中子打击铀核的裂变反应中，出现三分裂这种新奇现象的次数与二分裂数目之比为 1∶300。

关于角度的测量给出了三分裂变方式成立的最为关键的证据。在三叉现象中，第三条径迹大都与另两条近似垂直，但不完全垂直。其中较重的两个碎片之间的夹角略小于 180°，平均为 174°；轻粒子与最重碎片之间的夹角 α_1 的平均值为 101°，与次重粒子之间的夹角 α_2 的平均值为 85°，两个平均值之间相差 16°。钱三强指出，假若轻粒子是在两个重碎片断开之前发射出的，它的方向应该倾向于液滴变形的轴向，即两个碎片分开的运动方向。因为在这个方向上势垒高度最低，轻粒子比较容易射出。假如轻粒子是在两个重碎片断裂后由某一碎片放出的，则它的发射方向对这个运动中的重碎片将是各向同性的，即有任意分布。以上两种情况与实验观测到的角分布情况都不相符。如果是三分裂变，即 3 个碎片几乎同时分开时，第三个碎片的发射方向才应与两个重碎片的发射方向主要呈垂直方向。

综合所有的实验事实，特别是有关粒子的发射方向和碎片质量的资料，钱三强提出了一个三分裂变模型：由于在核液滴的变形过程中二阶谐振和四阶谐振的叠加，原子核在断裂的时刻在两个较重碎片之间形成了第三个较小的碎片；起初这 3 个带正电荷的原子核处在一条直线上，只要中间的轻粒子由于某种扰动而稍稍离开中心轴线，它就会受到两个较重碎片强大的静电斥力，而向着趋近垂直方向飞出；又由于最重碎片的电荷 Z_1 大于次重碎片的电荷 Z_2，因而轻碎片与最重碎片方向之间的夹角 α_1 也比 α_2 大一些。按照这个模型所做的定量计算结果，与所得的实验数据完全相符。

1947 年 3 月 31 日，钱三强向法国科学院提交了《论铀的三分裂机制》的报告，不点名地批驳了费瑟的"两阶段核作用"的说法。不过，根据三分裂模型，由于从较重的原子核分裂为较轻的原子核时，中子会有多余，因此在这些轻粒子中应该有氚（$_1^3H$）和氦（$_2^6He$）的核等粒子出现，因为它们都包含较多的中子，所以第三个碎片可能有一个质量谱。但由于当时的实验条件还不可能测定第三个粒子的质量谱，钱三强与费瑟的争论还无法得到彻底的澄清。可以断言的是：所发现的三分叉径迹不是由于在极短的距离内一个裂变碎片与核乳胶中的原子核碰撞发生反冲而形成的。1967—1969 年，苏联、美国等 7 个实验室利用新的探测方法研究铀被中子打击后产生裂变和锎（^{251}Cf）自发裂变所放出的轻核谱，其中约有 90% 是 α 粒子，约 10% 是氚、氦-6、锂、铍等，证实了钱三强 20 年前的估计是正确的，从而使三分裂的观点得到物理学界的普遍接受。钱三强和何泽慧的这一研究工作，开辟了核裂变物理的一个新的领域。

关于四分裂现象，他们发现有两种情况：第一种是 4 条径迹几乎在同一平面上。尽管测出了每条径迹的长度和方向，却无法求出它们各自的质量和能量，因为从质量守恒定律和动量守恒定律导出的方程组有无限多个解。不过，有两个碎片的质量变化不大，另两个碎片的质量之和也近于常数。从径迹的颗粒密度看，这后两个碎片相差不多，比另两个碎片略小。从射程和颗粒密度综合判断，没有特别轻的碎片。第二种情况是 4 条径迹不在同一平面上。第四条径迹的颗粒密度与 α 粒子很类似，另外 3 条径迹则几乎在同一平面上。

分析表明，这不是裂变碎片在射程开始处把核乳胶中的原子核碰撞出而形成的。四分裂的概率大约为万分之二，虽然是稀有的现象，但确实是存在的。在钱三强、何泽慧、查斯特勒和维纳隆合写的论文《铀裂变的新方式：三分裂变和四分裂变》中，对他们的发现作了综合报道和理论分析。

三分裂和四分裂的发现，在原子核裂变的研究历史上占有一定的地位，它不但揭示了裂变反应的复杂性和多样性，而且提供了在断裂点附近的原子核的各种特性。今天，钱三强的三分裂理论已成为裂变物理的一个重要分支。

为了表彰钱三强的科学贡献，1946年法国科学院授予他亨利·德巴维奖金。1947年暑假后，法国国家研究中心提升他为研究导师（相当于副教授）。他的同事们都认为钱三强会留在法国继续他的研究工作，但在1948年夏天，钱三强却在中国共产党驻欧洲负责人刘宁一和孟雨的支持下，和他的夫人何泽慧带着他们半岁的女儿，登船返回了祖国，决心以他们的知识，为发展祖国的核科学事业效力。他的导师约里奥说："我要是你，我也会这样做的……祖国是母亲，应该为她的强盛而效力。"[1]他拿出自己的笔记本，说里边保存了一些保密的核数据，"这些数据对未来的中国核科学的发展是会有用的"。约里奥夫人送给钱三强两句赠言："要为科学服务，科学要为人民服务。"[2]还说："你在实验室做的各种小放射源和一些放射性废渣原料可以带回去，将来会有用的。"[3]约里奥还为钱三强写了一个充满赞誉的鉴定：

> ……钱先生表现出科研人员所具有的特殊素质，在我们共事期间，他的这些素质又进一步得到加强。他已完成了大量的研究工作，其中有一些具有头等的重要性。他心智敏慧，对科学事业既有满腔热忱，又有首创精神。我们可以毫不夸张地说，在到我们实验室实习并在我们领导下工作的

---

[1][2][3] 郭奕玲. 伟大的发现. 北京：北京科学技术出版社，1989：29-30.

同一代科学家中，他是最优秀的……钱先生还是一位优秀的组织者。他具备了研究组织工作的领导者所特有的精神、科学的和技术的素质。①

3. 我国核科学事业的杰出组织者

钱三强 1948 年回国后，一方面在清华大学任教授，讲授原子核物理学；另一方面与何泽慧、彭桓武一起组建北平研究院原子物理研究所，由钱三强兼任所长。他们在极其艰苦的情况下，努力为中国的原子能科学做些基础性工作。中国科学院成立后，即成立了近代物理研究所（后改名为原子能研究所），这是中国第一个核科学研究机构，钱三强任所长，他和副所长王淦昌、彭桓武等一起，艰苦创业，自力更生建造了一批仪器设备，全面筹划并提出发展我国核科学的第一个五年计划。他们明确近代物理研究所要以原子核物理研究为中心，同时进行放射化学、宇宙线、理论物理、电子学等领域的研究；通过科研实践培养人才，为我国原子能的应用和原子核科学的发展在人力、物力上打好基础。钱三强知人善任，精心组织，团结全所人员，攻克了一个又一个理论和技术难关。

1955 年，中央决定大力发展我国的原子能事业，钱三强便以全部精力投入到原子能的全面研发工作中。他被任命为第二机械工业部副部长，实现了中国科学院与第二机械工业部之间长期、良好、有效的合作。1958 年 9 月 27日，苏联援助建设的重水型原子反应堆和回旋加速器正式移交使用，随后静电加速器、中子谱仪、零功率装置、磁镜型绝热压缩等离子体实验装置等近 50台件重要仪器设备相继建成运行。从此中国有了一个综合性的原子能科学技术研究基地，该基地由中国科学院物理研究所更名为中国科学院原子能研究所，属中国科学院和第二机械工业部双重领导。这里汇集了一批科技人才，其中有赵忠尧、王淦昌、彭桓武、何泽慧、朱光亚等著名核物理学家。在他们的带领

---

① 郭奕玲. 伟大的发现. 北京：北京科学技术出版社，1989：30.

下，堆物理、堆工程技术、钚化学、放射生物学、放射性同位素制备、高能加速技术、受控核聚变等研究工作都先后开展起来。这个基地在我国核工业的建设和发展过程中，起到了"老母鸡"的作用。

在苏联撕毁协议，撤走专家，我国原子能事业处境十分艰难的时候，钱三强说：

> 作为一个有爱国心的知识分子，此时此刻的心里是什么滋味？我很清楚，这对于中国原子核科学事业，以至于中国历史，将意味着什么。前面有道道难关，而只要有一道攻克不下，千军万马都会搁浅。真是这样的话，造成经济损失且不说，中华民族的自立精神将又一次受到莫大的创伤。[①]

他以高度的民族自尊心和责任感，积极组织中国的各方面专家和人力联合攻关，解决了一个又一个关键问题。

特别应该指出的是，钱三强作为一个实验物理学家，始终十分重视理论研究工作。早在近代物理研究所创建的初期，就组建了由彭桓武、朱洪元领导的理论物理组，开展关于原子核物理理论以及粒子物理理论的研究，同时注意反应堆、同位素分离、受控热核反应等应用性理论问题的研究。1960 年，钱三强又在所内适时地组织黄祖洽、于敏等一批理论物理学家，开始对热核反应机制进行探索性研究，探讨了不少关键性概念和机制，为氢弹研制做了一定的理论准备。钱三强这种有预见性的安排，对我国后来原子能事业的顺利发展，特别是我国能成为世界上从原子弹到氢弹发展速度最快的国家，起到了重要的保证作用。

为了满足核武器研制工作的需要，钱三强顾全大局，把研究所内最优秀的

---

① 彭继超. 东方巨响. 北京：中共中央党校出版社，1995：120.

科技人才输送出去。邓稼先、朱光亚、王淦昌、彭桓武、周光召、忻先杰、陆祖荫、吕敏、于敏、黄祖洽、唐孝威、何祚庥等著名学者都先后调到核武器研究所和核试验研究所。从 1959 年到 1965 年 7 月，原子能研究所调到外单位的科技人员共 914 人，这些人员中多数成为"两弹"攻关和核科研中的骨干力量。有人说，在中国研制"两弹"的悲壮进军中，原子能研究所可以说是"满门忠孝"。

后来，钱三强担任中国科学院担任副院长，并兼任浙江大学校长，主持领导了中国科学院恢复学部活动和增补学部委员的工作。他还出访了澳大利亚、罗马尼亚、法国、比利时、荷兰和美国，为开展国际学术交流与合作进行了大量卓有成效的工作。1985 年，法国总统密特朗亲自签署文件，授予钱三强法兰西共和国荣誉军官勋章，以表彰他曾经在法国取得的卓越成就和为中法友好做出的重要贡献。

钱三强，这位世界闻名的、杰出的核物理学家，我国原子能科学技术事业的卓越创始人和开拓者，我国科学界的楷模，是我国原子能事业的一面飘扬的旗帜，他以及在他领导下的老一辈科学家为我国赢得了核强国的国际地位。1993 年 10 月 16 日，在我国第一颗原子弹爆炸 24 周年，也是钱老 80 周年诞辰时，钱三强的铜像在中国原子能科学院矗立起来。

（三）成果卓著的核物理学家王淦昌

王淦昌（1907—1998）先生是我国实验原子核物理、宇宙线和基本粒子物理研究的奠基人之一。在 60 多年的科学生涯中，他不仅在中微子的早期研究、反西格马负超子的发现等方面取得了令世人瞩目的重大成就，而且也为独立自主地发展我国的核武器立下了不朽的功勋，是国内外公认的"两弹元勋"之一。20 世纪 60 年代以来，他又在激光惯性约束核聚变方面推动实验研究工作。他知识渊博，学风严谨，热爱祖国，高风亮节，是一位德高望重、深受物理学界尊敬和爱戴的前辈。

1. 留学德国，初绽华彩

王淦昌于 1907 年 5 月 28 日生于江苏省常熟县支塘镇枫塘湾，有两个哥哥一个姐姐。父亲王以仁（号似山）是当地很有名气的中医。王淦昌 4 岁时父亲就去世了，由大哥王舜昌（号绥之）行医兼做小生意维持一家生计。

1913 年，王淦昌被送入私塾读书，1916 年转入太仓县沙溪小学。王淦昌很喜欢算术，着迷于解趣味算术题，在算术竞赛中表现出的机敏聪颖深得老师的称赞。

1920 年，王淦昌的母亲患肺病去世。这一年，他在外婆和大哥的照料下随一远亲到上海浦东中学读书，在这里他最感兴趣的学科是数学和英语。数学老师周翰澜是我国著名地质古生物学家周明镇的父亲，曾留学国外，抱着振兴中国科学的志愿投身教育。他鼓励学生主动自学，并组织课外数学自学小组，王淦昌、施士元等都曾是小组的成员。在周老师的培养下，王淦昌在中学就读完了大学一年级的微积分课程。英语老师崔雁冰是王淦昌的表兄，对他的教育和影响也很大。

1925 年，王淦昌进入清华学校物理系就读。

清华学校原为留美预备学校，1925 年才开始设立大学部，王淦昌、施士元、周同庆和钟间就成了清华学校首届物理系本科生。清华学校的办学方向基本上是仿效美国的大学教育，十分重视实验教学，物理系的实验课程不少于理论课程的二分之一。这段实验训练对他后来的科学研究工作产生了巨大的影响。

一次在课堂上王淦昌迅速准确地回答了叶企孙先生提出的关于伯努利方程的问题，受到叶先生的赞赏和注意。课后叶先生找王淦昌谈话，鼓励他努力学习，有问题随时去找他。叶先生的讲课和特殊关怀增强了王淦昌的信心和决心，于是他成为物理实验室的常客。大学四年级时，刚从美国回来的实验物理学家吴有训到清华讲授近代物理学，集中介绍了密立根（A.Millikan）的油滴实验、J.J 汤姆孙（J.J.Thomson）的抛物线离子谱、汤森德（J.S.Townsend）的气体放电研究、卢瑟福（L.M.Rutherford）的 α 粒子散射实验等。他特别强调实验在理论发展中的重要作用，要求学生提高物理实验的能力。吴先生很快发现了王淦昌对实验的热爱和出色的操作能力。1929 年 6 月王淦昌毕业时，就被留下当了吴先生的助教。

吴先生给王淦昌的第一个研究课题是测定清华园周围氡气的强度及每天的变化。德国物理学家爱耳斯特（J.Elster）和盖泰耳（H.F.Geitel）在 1902—1904 年曾发现了大气中的放射性气体，此后人们就在大气放射性与气象学条件的相互关系方面进行了大量研究。这项工作需要在世界上不同的地方收集尽可能多的观测数据，吴先生认为，中国也应该在这个领域做出自己的贡献。王淦昌查阅了大量资料，采用裸导线荷电量的测量方法，每天上午 9 点前将直径 0.6 毫米长 6 米的铜线架到室外 5 米高处，用静电机和变电阻漏电方法使它保持一定电势；上午 11 点再把它绕在一个线框上，在静电机停止工作两分钟后，把线框放入金箔验电器的绝缘箱中，通过显微镜读出金箔的放电率，同时记录下大气压、风速、风向、温度、云的性质和分布等数据。这种测量持续进行了 6 个月，最后得出了北平上空大气放射性与各种气象条件的关系，写出了论文，这使王淦昌经受了一次科学实验的严格训练。

1930 年，在叶企孙先生的鼓励下，王淦昌考取了江苏省官费留学研究生，到德国柏林大学攻读博士学位，成为著名女物理学家迈特纳（L.Meitner）唯一的中国学生。

王淦昌在德国留学的 4 年（1930—1934 年），正是量子力学、原子核物理和粒子物理获得激动人心的迅猛发展的时期。中子（1932 年）、正电子（1932 年）、人工放射性（1934 年）相继发现；中微子假说（1930 年）、β 衰变理论（1933 年）先后提出，这一系列进展在物理学界引起了强烈反响。迈特纳为这些进展所鼓舞，加紧在放射领域进行有意义的实验研究。这种气氛深刻地影响了王淦昌对当时物理学发展的新方向的敏察。

1931 年，王淦昌在柏林大学的一次物理讨论会上，听到了迈特纳的另一个研究生科斯特斯（H. Kösters）关于玻特（W. Bothe）和贝克（H. Beeker）在 1930 年所做的一个实验的报告，他们用放射性钋所放出的 α 粒子轰击铍核，发现了贯穿力比 γ 射线大几倍的辐射，他们把它称为"高能 γ 量子"，认为其能量来自核衰变。迈特纳早在 1922 年就对 γ 辐射做过系统的研究，王淦昌对导师的这些工作是了解的。他对 γ 辐射能否具有那么大的贯穿能量十分怀疑。他想到，如果用云雾室而不是用玻特采用的计数器做探测器，去重复玻特的实验，将会弄清楚这种贯穿辐射的性质。王淦昌先后两次去找导师迈特纳提出用云雾室研究玻特发现的这种射线的建议，都没有得到迈特纳的准许。1931 年，约里奥-居里夫妇用超强钋源重做这个实验，发现这种射线可以从石蜡中打出质子流，他们猜想这是"高能 γ 量子"在类似电子散射的康普顿效应中反冲出质子。1932 年 1 月 18 日他们的报告公布之后，立即引起了卡文迪许实验室的卢瑟福和查德威克（Sir. J. Chadwick）的注意，并立即重复了这个实验。他们发现这种中性辐射不被磁场偏转，但与 γ 射线不同，其质量近似等于质子质量，速度不及光速的 1/10。查德威克把它称为"中子"，并于 1932 年 2 月 17 日将论文交《自然》杂志发表。查德威克因此获得了 1935 年度的诺贝尔物理学奖。查德威克就是用不同的探测器——云雾室、高压电离室和计数器证实了这种辐射的基本性质的。中子发现后，迈特纳曾不无遗憾地对王淦昌说："这是运气问题。"王淦昌后来也曾揶揄说："如果我当时做出来了，王淦昌就不是今天的王淦昌了。"这件事给了王淦昌一个终生难忘的教训。如果他当时尽力去说服他的导师争取到进行实验的机会，凭借迈特纳的才能和经验（爱因斯坦曾说迈特纳的天赋高于居里夫人），这项在原子核物理学发展中具有里程碑意义的重大发现，完全有可能为迈特纳和她年轻的中国学生所获得。

1985 年 3 月，国际科学史学会主席、美国研究核物理学史的科学史家希伯特（E.N.Hiebert）在访问王淦昌时了解到这件事情后，就建议王淦昌一定要把有关中子发现的历史回忆写出来，因为目前已无其他人经历过这段历史了。

1933年12月19日，王淦昌完成了博士论文《关于 ThB + C + C″的 β谱》，并在德国《物理学期刊》上发表。他采用盖革-弥勒计数器在磁场中计数，测量了 ThB + C + C″的 β谱，这种测量对于建立一个核能级图具有决定性的意义。在强度方面他得出了比此前埃里斯（C.D.Ellis）精确得多的结果。他顺利地通过了博士论文答辩，答辩委员会主席是著名物理学家冯·劳厄（Max von Laue）。据施士元先生回忆，费米（E.Fermi）在建立 β衰变理论时曾参考了有关 β谱强度的若干测量数据，王淦昌的工作可能对费米有所帮助。

1933年希特勒上台后推行法西斯专政，剥夺了王淦昌的犹太裔导师迈特纳教书的权利，王淦昌感到无法在德国继续他的研究工作，所以在获得博士学位后，于1934年4月回到了同样灾难深重的祖国。

2."娃娃教授"，为中微子"画牢"

王淦昌从德国回国后，应聘到山东大学物理系任教授。1935年，光学与高真空技术专家何增禄（1898—1980）也由浙江大学来到山东大学任教授，使山东大学物理系有了迅速的发展。1936年竺可桢（1890—1974）任浙江大学校长，他十分重视教育事业和师资质量，就把何增禄、王淦昌从山东大学拉到了浙江大学。王淦昌由于知识渊博，充满青春朝气，受到学生的爱戴，被学生们亲切地称为"娃娃教授"。

1937年战火蔓延到江浙沿海，杭州也告失守。浙江大学于11月15日先迁往建德，年底又迁往江西吉安，1938年2月再迁往江西泰和。1938年7月鄱阳湖沿岸战事加剧，浙江大学又迁往广西宜山，在这里一共上课3个学期。王淦昌主要讲授近代物理，在讲课中他十分强调实验研究和创新精神，详细介绍了获得诺贝尔物理学奖的各项实验发现，包括哈恩和迈特纳关于重核裂变的发现和解释。考虑到抗战的需要，王淦昌还特意开设了一门"军用物理学"的课程，讲解枪炮设计原理、弹道及其动力学、飞机飞行的空气动力学等。1939 年 11 月 26 日广西南宁失陷后，浙江大学又北迁贵州遵义，物理系又于 1941 年迁入遵义附近的小山城湄潭县。即使在这种颠沛流离的抗日战争的艰苦环境里，浙江大学仍坚持教学和科研，以它浓厚的学术气氛和丰硕的科研成果，被来访的英国学者李约瑟（Joseph Needham）誉为"东方剑桥"。

王淦昌这一时期最重要的科研成果是关于探测中微子的建议。

中微子是自然界中最稳定的少数几种粒子之一，也是基本粒子家族中性质特别奇特的一员。由于它不带电、没有大小、没有静止质量、没有磁矩，几乎不与物质发生作用，能以光速如入"无物之境"那样贯穿地球，难以被人觉察和捕获，所以又被称为"鬼魂粒子"。

从 20 世纪初以来，测定射线能谱的研究工作相继证实，α 射线和 γ 射线的能谱都像原子光谱一样是分立的。1914 年，查德威克最先用电离室和计数器观测到 β 射线的能谱却出人意料地呈连续分布，这似乎与原子核处于分立的量子状态的事实不一致。当时迈特纳就指出："量子化的原子核不应当发射具有可变能量的电子。"为了解决这个疑难，1924 年玻尔、克喇末（H. A. Kramers）和斯莱特（J. C. Slater）发表了题为《辐射的量子理论》的论文，对连续 β 谱提出了一个大胆的解释：必须放弃单个过程中的守恒定律，"特别是放弃对经典理论来说那样带有特征性的能量守恒原理和动量守恒原理的直接应用"，代之以"能量和动量的统计守恒"，一个一致的理论才能得到发展。

为了"拯救"能量守恒和动量守恒这两个自然科学中最基本的定律，泡利（W. Pauli）在 1930 年 12 月 4 日致蒂宾根国际物理会议的"公开信"中提出："在原子核中，可能存在一种我称之为中子的粒子，它的自旋为 1/2，服从费米-狄拉克统计；但它与光子不同，因为它不以光速传播，它的质量最大是电子质量的数量级，无论如何都不会大于质子质量的 0.01 倍。这样，β 的连续谱就可以解释为，在 β 衰变中，一个中子和一个电子一同被放射出来，中子和电子的能量的总和是守恒的。"

当时中子尚未被发现，泡利把中微子称为"中子"。不过泡利对自己的假设并非充满信心，他谨慎地写道："我还没有足够的信心发表这一想法，只是先向我信任的你们这些放射性的研究者们提出一个问题，如果中子有大约 10 倍于 γ 粒子的穿透力，那么是否能够用实验证实它的存在呢？"1931 年泡利访问美国普林斯顿，在一家中国饭馆吃饭时，他曾对拉比（I.I.Rabi）说："我认为我比狄拉克聪明，我不曾想我应该将它发表出来。"他是指狄拉克的"正电子"理论，当时很少有人相信它。

1931 年 6 月，泡利应邀参加美国物理学会在帕萨迪纳（Pasadena）举行的会议，第一次公开报告了他关于新粒子的假说。他指出按照这一假说可以预言，电子的能谱应该有一个明晰尖锐的上限；而按照玻尔的观点，β 谱将有一个强度逐渐减弱的长尾巴。

迈特纳十分重视这个问题，所以王淦昌进入她的实验室后，她就让王淦昌研究 RaE 的 β 射线谱。1932 年 1 月，王淦昌在德国《物理学期刊》上发表了《关于 RaE 的连续 β 射线谱的上限》的论文。他用自制的盖革-弥勒计数器精确测定了 Cu 对 RaE 的 β 辐射的吸收能谱曲线，确切地证实了 β 射线能谱存在一个上限，其值为 $H_\rho = 5300$，能量高于 5000 的 β 粒子的数目最多不超过总数的 0.1%。这个结果与柴皮昂（F.C.Champion）用云雾室照相所得的结果十分相似，都是对泡利假说的有力支持。

1933 年 12 月，费米根据泡利的假说以及海森堡关于原子核由质子和中子组成的结构模型，提出了划时代的 β 衰变理论，这个理论指出，在 β 衰变中，电子和中子同时产生出来，过程为

$$n \rightarrow p + e + \nu$$

费米计算了 β 衰变的连续谱，与 1933 年测得的 RaE 的 β 射线谱十分吻合。费米理论推翻了玻尔等人的观点，为一类新型的相互作用-弱相互作用的研究奠定了基础。不久，约里奥-居里夫人就发现了放射正电子的反 β 衰变，即

$$p \rightarrow n + e^+ + \nu$$

随后，维克（Wiek）和贝特（Bethe）、派尔斯（Peierls）由费米理论又预言了轨道电子俘获过程

$$p + e^- \rightarrow n + \nu$$

这一重要过程由阿瓦莱兹（Alvarez）于 1938 年观察到了。

但是，由于中微子始终未在实验中被直接观测到，怀疑和争论一直存在。1936 年，香克兰（R.Shankland）在一个光子散射实验中发现，实验结果似乎符合玻尔等人的理论。狄拉克随即发表了《能量守恒在原子过程中成立吗?》激烈反对泡利和费米的中微子理论。他说："中微子这个观察不到的新粒子是某些研究者们专门造出来的，他们试图通过假定有这种应付平衡的不可观察的粒子，从形式上保持住能量守恒定律。"但玻尔的哥本哈根研究所立即重复并否定了香克兰的实验，玻尔也在《量子理论中的守恒定律》一文中明确表示："人们会注意到，关于 β 射线现象的迅速增加的实验证据，同在费米理论中得到显著发展的泡利中微子假说的推断之间有一种使人得到启发的一致，这在很大程度上排除了在来自原子核的 β 射线放射问题上严重怀疑守恒定律的严格有效性的根据。"

争论的最终解决，归根结底还必须求助于用实验证实中微子的存在。1936 年以后，虽然美国的勒庞斯基（Leipunski）于 1936 年、克雷恩（H. R. Crance）和海耳帕恩（J.Halpern）于 1938—1939 先后做了实验的测量，但都未能确凿地证实中微子的存在。王淦昌是赞成泡利假说和费米理论的。但是他认为：

泡利之假说与费米的理论，固属甚佳，然若无实验证明中微子之存在，则两氏之作，直似空中楼阁，毫无价值，而 β 放射之困难仍无法解决。[1]

1940 年，由于连年颠沛流离，劳累过度，生活困难，营养不良，在抵达遵义时，王淦昌患了肺结核。但即使在卧病期间，他还是阅读了有关中微子问题的研究文献，特别是思考了克雷恩和海耳帕恩对

$$^{38}\text{Cl} \rightarrow ^{38}\text{A} + e^+ + \nu$$

这一过程中的反冲效应的研究。他们虽然用云室测量了 ^{38}Cl 放射出的 β 射线及反冲原子核的动量和能量，获得了中微子存在的证据，可是，反冲原子核的电离效应很小。王淦昌认为他们的方法不是最好的。普通 β 衰变的末态有三体，三种东西分不清楚，很难测出中微子，需要用另外的方法来探测才行。经过反复思考，王淦昌想到用 K 电子俘获的方法探测中微子。

于是，王淦昌写成了题为《关于探测中微子的一个建议》的论文，于 1941 年 10 月 13 日寄给美国《物理评论》，并于 1942 年 1 月发表。文中一开始就指出：

众所周知，不能用中微子的电离效应来探测它的存在。测量放射性原子的反冲能量和动量是能够获得中微子存在证据的唯一希望。

王淦昌在分析了克雷恩和海耳帕恩的反冲实验的缺陷后提出建议说：

当一个 β^+ 类放射性原子不是放射一个正电子，而是俘获一个 K 层电子时，反应后的原子的反冲能量和动量仅仅取决于所放射的中微子，原子

----

[1] 王淦昌. 各种基子之发现及其性能. 科学世界, 1947, 16 (8/9): 236—237.

核外电子的效应可以忽略不计。因此，只要测量反应后原子的反冲能量和动量，就很容易求得放射出的中微子的质量和能量。而且由于没有连续的 β 射线被放射出来，这种反冲效应对于所有的原子都是相同的。

以上这个建议的关键之点是创造性地把普通 β 衰变中的末态三体，即

$$A \rightarrow B + e + \nu$$

改变为 K 俘获过程，即

$$A + e \rightarrow B + \nu$$

这一过程中的末态为二体，所以原子 B 的反冲能量是单能的。只要测出 B 的能量，就可以确凿地得到关于中微子的知识。杨振宁高度赞扬王淦昌的这个建议，说：

> 这是一篇极有创造性的文章，在确认中微子存在的物理工作中，此文一语道破了问题的真谛。

王淦昌在文中还建议用 ^{7}Be 的 K 电子俘获过程去探测中微子的存在，这是很正确的。因为 ^{7}Be 是最轻元素的放射性同位素的一种。由于核的质量轻，其反冲效果也更明显；^{7}Be 衰变为 ^{7}Li 时，既不产生 γ 射线，也不产生正电子，表明它确实是以 K 俘获的方式衰变的。所以，王淦昌的建议把前斯反冲核存在的实验推进到了确证中微子存在的可能结果。

遗憾的是，1941 年正值中国人民抗日战争的艰苦时期，地处偏僻山城的王淦昌根本不具备进行这一实验的条件，所以未能亲自做出这个实验；但王淦昌的建议很快引起了反响。两个月后，美国的阿伦（J. S. Allen）就按照王淦昌的建议进行实验，得到了肯定的结果。实验中测得了 ^{7}Li 的反冲动量，只是由于所用的样品较厚及孔径效应，未能观察到单能的 ^{7}Li 反冲。直到

1952 年，罗德巴克（G. W. Rodeback）和阿伦用气体样品和飞行时间法做了 ^{37}A 的轨道电子俘获实验，即

$$^{37}A + e_K \rightarrow {}^{37}Cl + \nu，占 93\%$$

$$^{37}A + e_L \rightarrow {}^{37}Cl + \nu，占 7\%$$

才第一次发现了单能的反冲核，实验值与理论值完全吻合。不久，戴维斯（R. Davis）成功地做了 ^{7}Be 的 K 电子俘获实验，王淦昌在 1941 年提出的建议，终于在十多年后在实验中取得了成功。

1943 年，美国《现代物理评论》将"王淦昌-阿伦实验"列为国际物理学的重大成就之一。1946 年，王淦昌被美国科学促进协会编入百年来科学大事记，中国人列入其中的只有彭桓武和王淦昌两人。1947 年，由吴有训推荐，王淦昌因这一建议获得了第二届也是最后一届范旭东奖金（第一届奖金授予著名化工专家侯德榜）。

1945 年，王淦昌还提出了关于宇宙线粒子的一种新实验方法的建议。他建议用一种透明的胶质块，通过化学反应，记录电离粒子的径迹。与二维的照相底片相比，这种胶质块是三维的；与云室相比，其优点是在所有时刻都是灵敏的。他还指导化学系学生蒋泰龙研究"用化学药剂来显示高能射线的轨迹"。王淦昌的这些想法和探索，同后来英国物理学家鲍威尔（C.F.Powell）采用乳胶块技术发现 π 介子的方法十分类似，鲍威尔因此获得了 1950 年度的诺贝尔物理学奖。

3. 运筹杜布纳，"捕捉"反超子

1946 年暑假，王淦昌一家随浙江大学迁回杭州。次年 9 月，全国 12 名学者接受美国资助赴美国做访问学者。王淦昌到加利福尼亚的伯克利分校物理系，与琼斯（S.B.Jones）合作，利用多板云室，采用高压气体吸收的方法，研究 μ 介子的衰变问题。最后两人合作写出了论文《关于介子的衰变》，发表

于《物理评论》上。王淦昌拍摄的 μ 子衰变照片，受到了费米的赞赏。

1949 年 1 月，王淦昌在回国时没有为自己置备什么东西，却用他的节余购买了许多电子元器件和一个直径为 30 厘米的大云雾室。

1950 年 4 月，钱三强邀请王淦昌到北京新成立的中国科学院近代物理研究所任研究员，主持宇宙线方面的研究。1951 年王淦昌任副所长，主持研究所的日常工作。1952 年 5 月，王淦昌到朝鲜战场工作了四个多月，探测美军是否投掷了放射性物质。

从 1955 年起，王淦昌等人有关宇宙线研究的一批成果陆续发表，引起了国际学术界的关注。可以说，20 世纪 50 年代在我国与国外进行的学术交流中，成果最多、水平与国际水平相近的物理学研究，可能就是宇宙线方面了，这与王淦昌的组织和参与研究是分不开的。

1956 年秋天，当时的 12 个社会主义国家签约成立了苏联杜布纳联合原子核研究所，我国是该所科研经费的主要承担国之一。王淦昌于 9 月到达该所，担任高级研究员，后任副所长。他领导一个由两位中国研究人员（丁大钊、王祝翔）、两位苏联研究人员和一位苏联技术员组成的研究组，开始筹划在将于 1957 年建成的 10 吉电子伏质子稳相加速器上开展基本粒子研究。

20 世纪 50 年代是第一代高能加速器陆续建成并投入运行的时期，美国、苏联和西欧在加速器建造和研究方面展开了竞争。1955 年，张伯伦（O. Chamberlain）和塞格雷（E.Segrè）利用美国 6.3 吉电子伏的质子同步加速器发现了反质子和反中子（他们因此获得了 1959 年度的诺贝尔物理学奖）。由设在日内瓦的欧洲原子核研究中心的 30 吉电子伏的质子同步加速器正在加紧建造，计划于 20 世纪 60 年代初投入运行。所以杜布纳联合原子核研究所的加速器在能量上只能占几年的优势，亟须选择一些有可能及早突破的课题和有利的技术路线，争取时间做出符合其能量优势的成果。王淦昌以敏锐的科学判断力，根据当时存在的各种前沿课题，提出了重点研究方向：寻找新粒子和发现反超子以及系统研究高能核作用下各种基本粒子（奇异粒子和 π 介子）产生的规律。

杜布纳联合原子核研究所在建造高能加速器时，各种探测器的建造没有跟上，而利用高能加速器全面观察所研究的粒子的产生、飞行、相互作用（或衰变）的过程，必须选择有利的反应系统。根据这一要求，选择放在磁场内的可进行动量分析的大型气泡室作为探测器是合适的。气泡室高密度的工作介质既能作为核作用的靶物质，又是粒子运动的探测器。王淦昌提出建立一台长度为55厘米、容积为24升的丙烷气泡室。它富集氢原子核的技术比较简单，又可放入现成的磁场内，有利于争取时间，基本上可与联合所的高能加速器的调试同步完成。这个气泡室于1958年春天建成。

利用什么反应系统来研究新奇粒子及其特性呢？从发现反超子的角度讲，选择反质子束 $\bar{p} + p \rightarrow \tilde{Y} + Y$ 反应是最有利的。但是要得到"纯净"的反质子束，必须利用复杂的电磁分离系统把多出1000倍和1000万倍的 K^- 介子、π^- 介子清除出去，这不是短期内所能建成的。因此王淦昌于1957年夏天决定利用高能 π^- 介子引起核反应来进行，这一选择虽然有本底大的缺陷，但在原始反应系统中没有反重子，如果发现了反超子，就可确言这一反粒子的"产生"。因为反超子衰变的产物一定是反质子或反中子，湮没星是鉴别其存在的确凿无疑的标志。王淦昌据此画出 $\tilde{\Lambda}^0$、$\tilde{\Sigma}^-$ 存在的可能图像，要求研究组根据这种特征，在扫描气泡室照片时注意选择"有意义的事例"。

从1958年秋到1959年夏，王淦昌领导的研究组一共采集了11万张气泡室照片，记录了几十万个 π^- 介子与核作用的事例。1959年秋，发现了第一个反西格马负超子（$\tilde{\Sigma}^-$）事例的图像照片。经过计算发现，其全部图像与预期的完全一致，是一个十分完整的反超子的"全部生命史"。

王淦昌等人的论文于1960年发表在苏联的《实验与理论物理期刊》和中国的《物理学报》上。

王淦昌小组的这一发现首先在中国和苏联引起反响，《人民日报》和《真理报》分别作了报道。

1972 年，杨振宁访华时曾对周总理说，杜布纳联合原子核研究所这台加速器上所做的唯一值得称道的工作，就是王淦昌先生及其小组对 $\tilde{\Sigma}^-$ 的发现。

4."以身许国"，投身核弹研制

1958 年初，苏联曾帮助我国开始核武器的研制工作，但 1959 年 6 月苏联领导人撕毁了合同，拒绝提供原子弹模型和图纸资料。于是我国决定自力更生研制原子弹和氢弹，以打破美国、苏联等国的核垄断。

王淦昌于 1960 年 12 月离开苏联回国。1961 年 3 月底，第二机械工业部部长刘杰和副部长钱三强向王淦昌转达了中央的决定，拟请他到核武器研究所参加原子弹的研制工作，王淦昌毫不犹豫地回答："我愿以身许国。"不久，他和郭永怀、彭桓武 3 人都担任了核武器研究院（即九院，以下均称九院）副院长，分工负责物理实验、总体设计和理论计算工作。

爆轰试验起初是在河北省怀来县燕山的长城脚下进行的。王淦昌、郭永怀亲临试验第一线，一年内做了上千个实验元件的爆轰试验。1963 年，随着西北核武器研制基地的建立，他们又来到海拔 3000 米的青海高原和新疆罗布泊大戈壁深处，继续进行缩小比例的局部聚合爆轰试验；随之又进行了缩小尺寸的模型爆轰试验，解决了原子弹的一个很关键的技术问题，为原子弹的设计和核爆实验提供了可靠的保证。

1964 年 9 月，戈壁滩上矗立起 120 米高的铁塔。10 月 16 日早晨，原子弹安全地登上塔顶，下午 15 时，中国第一颗原子弹准时爆炸。当蘑菇云在戈壁滩上空冉冉升起时，王淦昌、彭桓武、郭永怀、朱光亚等在场的物理学家们，都流下了激动的泪水。

第一颗原子弹爆炸成功不久，研制氢弹的任务很快上马。不到 3 年，1967 年 6 月 12 日，我国第一颗氢弹爆炸成功。

1969 年春，担任九院副院长职务的王淦昌接受了主持第一次地下核试验的任务。在缺氧的高原，他长期背负着氧气袋坚持工作。他克服了任务紧，工程量大，地下坑道通风设备跟不上，地下工事中氡气浓度增加等困难，以身作则，团结并领导大家完成了任务，于 1969 年 9 月 23 日成功地进行了第一次地下核试验。1975—1976 年，他作为地下核试验现场技术总负责人，又顺利完成了第二次和第三次地下核试验。

在我国原子弹、氢弹的研制和地下核试验中，王淦昌以其活跃的物理思想和实验素养，在爆轰试验、固体炸药和新型炸药研制、射线测量和脉冲中子测试等许多方面，有力地发挥了指导作用，解决了一系列关键性的技术问题。他还富有创造性地提出建立核爆模拟装置，开展实验中模拟核爆炸的某些过程及其效应的研究，这对我国核武器研制工作的开展有很大的推动作用。在他的推动下，研制建立的 6 兆电子伏相对论强流脉冲电子加速器（"闪光" 1 号），作为闪光照相机对观察爆轰试验时压缩引爆过程的动力学性质起了重要作用。它作为脉冲强 γ 源，又可对核爆炸的许多效应进行模拟。

作为我国的 "两弹元勋" 和著名的核物理学家，王淦昌更为关心的事情，是大力促进我国核能的和平利用，发展核电事业以解决我国近期的能源问题。所以在核弹研制成功以后，他就希望将我国的核科技队伍转向核电站的研制。但是，在那个动乱的年代，他的这一理想是无法实现的。

1978 年，王淦昌担任了二机部（后改名为核工业部）副部长兼原子能研究所所长。10 月 2 日，他与二机部其他 4 名专家联名上书中央，提出发展我国核电的建议。1979 年 3 月，他率领我国第一个核能考察团访问美国、加拿大，学习他们发展核电工业的经验。同年，在美国三里岛核电站泄漏事件发生后，一时反核的呼声甚嚣尘上，王淦昌态度鲜明地指出：三哩岛这类事件是可以避免的，核污染是可以防止的；核电是较安全的、清洁的能源。发展核电事业是解决能源危机问题的正确方向，不应动摇；1980 年初，他领导成立中国核学会，兼任理事长，同年应邀出席了美国和欧洲的核学会会议。

1980 年，中央书记处举办 "科学技术知识讲座"，王淦昌主动为 135 位部长级以上的中央领导人讲了"核能——当代重要能源之一"。他讲述了核电站的安全性与经济性，我国发展核能的必要性与可能性，提出了"以自力更生为主，争取外授为辅"，及早积极地加强科学研究和工程研究，积极引进、吸收、消化外国先进技术，加速我国的核电建设。

1983 年 1 月，在论证我国核电发展方针的回龙观会议上，王淦昌再次阐明了技术设备引进与坚持自力更生的关系，指出引进是手段，增强自力更生的能力和促进民族经济发展是目的。1983 年 11 月，以他为首的 17 位专家向国务院提出"全国上下，通力合作，加快原型核电站的建设"，促进了浙江海宁县 3×10^5 千瓦秦山核电站、广东大亚湾核电站和上海金山核热电站的建设。1984 年和 1986 年，他两次到秦山核电站检查工作，一再强调确保质量和安全。

1986 年 1 月 21 日，中央领导会见了王淦昌等核专家，座谈我国核工业与和平利用核能问题。王淦昌一再提出开发核能的建议，受到中央领导的重视。这个建议以《开发核能是我国经济持续发展的重要条件》为题，刊登于 1986 年 4 月 4 日的《光明日报》上。在文中他还指出要研究快中子反应堆和受控聚变反应。同年 7 月，王淦昌又给国务院提出报告，就我国发展低能加速器、推广低能加速器辐射工艺应用提出建议。

5. 老骥伏枥，推动惯性约束核聚变研究

1992 年 5 月 31 日下午，在钓鱼台国宾馆芳菲厅举行的"中国当代物理学家联谊会"上，会议主持人李政道问王淦昌：

王老师，在你所从事的众多项科研工作中，你认为哪项是你最为满意的？

王淦昌考虑片刻后回答说：

我自己对我在 1964 年提出的激光引发氘核打出中子的想法比较满意。

王淦昌之所以这么想，是因为这个想法"在当时是一个全新的概念，而且这种想法引出了后来成为惯性约束核聚变的重要科研题目，一旦实现，这将使人类彻底解决能源问题"[①]。

受控核聚变是当今世界各国科学技术的重大研究课题，而激光惯性约束聚变是当代核聚变研究的主要方向之一。

1960 年美国发明激光器后 14 个月，即 1961 年 9 月，中国科学院长春光学精密机械研究所就研制出我国第一台激光器。1964 年，上海光学精密机械研究所把高功率钕玻璃激光器的输出功率提高到 1×10^8 瓦，在激光器的聚焦点上空气被击穿，光轴上出现一连串火球。1964 年 12 月下旬，王淦昌向激光专家王之江询问了激光研究的现状和进展。在了解到激光强度大，具有方向性和相干性、单色性好的特点后，王淦昌想到倘若能把激光和核物理两者结合起来，应该可以发现新的有趣的现象。通过深入思考，不久他就想出了用激光打击氘冰，看是否会打出中子来。他对此做了粗略的计算，确认从理论上是可以打出中子的。他将这一想法告诉了上海光学精密机械研究所青年激光专家邓锡铭，立即得到邓锡铭的赞同。于是他们共同筹划如何进行实验，以实现激光驱动热核反应。在王淦昌提出这个想法的前后，苏联和美国学者也各自独立地提出了类似的建议。

在邓锡铭的积极推动下，中国科学院上海光学精密机械研究所开展了这一研究，并于 1965 年提出了用几十路激光束沿 4π 立体角均匀照射靶丸的概念和建造大型激光系统的设想，走在了当时世界各国的前列。

"文化大革命"结束后不久，王淦昌与理论物理学家于敏、光学专家王大珩一起，继续推进这项研究工作，并得到了中国科学院院长周光召的关心与支

---

① 中国科学院学部联合办公室. 中国科学院院士自述. 上海：上海教育出版社，1996：20.

持。激光引发氘核打出中子的想法得到了实验的证实，这为进一步实现惯性约束聚变工作打下了基础。更深入的工作需要高功率的激光器。中国科学院上海光学精密机械研究所和中国工程物理研究院（即原来的九院）通力合作，在器件、诊断、激光等离子体理论、制靶、实验和技术等方面都取得了举世瞩目的进展。在钕玻璃激光器方面，从 20 世纪 70 年代以来先后建立了 1×10^{11} 瓦级六路激光等离子体实验装置、1×10^{11} 瓦级高功率倍频激光器和 1×10^{12} 瓦级大型激光装置（1986 年），开展了大量激光与等离子体相互作用的基础研究；进行了黑洞物理和直接驱动中子实验，在激光打靶的空腔靶内使氘靶打出了中子，并获得了近饱和的类氖锗钛 X 射线激光输出。这些成果在世界上都处于领先地位。

王淦昌以超前的眼光，把这项将造福全人类子孙后代的科学研究项目的开展，作为他晚年的主要奋斗目标。1984 年 9 月 10 日，他以国家科委核聚变专业组组长的身份，提出"关于将受控核聚变能源开发列入国家长远规划重大项目的建议"，他怀着万分焦急的心情指出：

> 在 2030 年前后，聚变能的应用可能进入商业应用阶段……我国的核聚变研究起步并不晚，20 多年来……逐步形成了一支科研队伍，为进一步发展奠定了基础。但由于国家对发展核聚变没有明确的方针，缺乏统一领导和规划，加上其他方面的原因，进展缓慢，比先进国家落后了 15～20 年……我们应该接受我国核电站发展的经验教训，由于最初重视不够，没能尽早规划，起步太晚，以致影响了我国核电发展的速度。在聚变研究中，我们不应再重蹈覆辙。

1988 年，当获悉美国计划于 2000 年前在实验室实现微型激光核聚变之后，鉴于这一技术突破的极端重要性，王淦昌等 5 位科学家积极向有关方面发出呼吁。1988 年 12 月，王淦昌、王大珩、于敏联名写信，提出在我国加强高功率激光研究的建议，得到中央领导的重视与支持，并于 1993 年列入国家高技术计划（即"863 计划"）。

1985 年 4 月在联邦德国驻华使馆，王淦昌接受了西柏林自由大学授予他的荣誉证书，这是为在柏林大学获得博士学位、50 年后仍在科研第一线工作的科学家而设立的。1998 年 12 月 10 日，王淦昌在北京逝世。

八、硕果累累的中国核物理学研究

（一）老一辈物理学家的早期成就

人类认识原子核，最早始于对天然放射性的研究。1896 年法国的贝可勒尔（A.H.Becquerel，1852—1908）在研究 X 射线的来源时，发现了铀原子的一种奇特的自发辐射现象。1898 年，居里夫人（M.Curie，1867—1934）将它命名为放射性。贝可勒尔的发现使人类第一次看到了原子核的变化，所以人们把这一发现看作原子核物理学的开端。进入 20 世纪 30 年代，世界各地大多数著名的实验室相继转向了核物理研究，形成了这一领域研究的世界性高潮。20世纪 30 年代到 50 年代初，我国许多物理学工作者在国外一些研究机构和实验室从事这一领域的研究工作，获得了不少重要成就和发现，对原子核物理学的建立和发展做出了一定的贡献。

关于赵忠尧在硬 γ 射线的散射研究中，发现一种"反常吸收"和"特殊辐射"，从而最早观察到正、负电子对的产生和湮灭，王淦昌关于 β 衰变能谱的研究以及用 $^7_4$Be 的 K 俘获探测中微子的建议，张文裕在卡文迪许实验室的一系列工作以及在普林斯顿大学 Palmer 实验室关于 μ 子原子的开拓性工作，钱三强、何泽慧夫妇关于三分裂、四分裂的重要发现和研究等一系列得到国际学术界极大关注和好评的杰出成就，本书分别都有专门介绍。除这些成就外，我国老一辈物理学家在核物理学领域内还做出了下述一些重要工作。

1. 核衰变和重离子核物理的研究

在核衰变和重离子核物理方面，施士元、霍秉权、戴运轨、梅镇岳、杨澄中、虞福春等都有重要贡献。

施士元（1908 年生），1929 年毕业于清华大学物理系，同年赴法国巴黎大学镭学研究所居里夫人实验室从事钍系及锕系放射性同位素 β 谱研究。20 世纪 30 年代初，他测定了内转换 β 能谱，定出 γ 能量和核能级，肯定了重原子核有能级存在，证明原子核也属于量子力学系统。施士元回国后任中央大学物理系教授，1952 年后任教于南京大学物理系，长期从事核物理教学和研究工作。1963 年探讨了原子核中 α 结团和并联的核子对之间的耦合效应；1977 年又提出 He（n，2n）截面计算结果，后对低能区用准自由散射机制取得更精确的结果。

20 世纪 30 年代初，在英国剑桥大学 Clare 学院深造的霍秉权（1903—1988），在威尔逊（C.T.R.Wilson）教授等指导下，对新型的威尔逊云室的制作和用该云室所作的各种实验进行了研究，使用不同的致电离源，在云室中终值压力从超过一个大气压一直减到 7 厘米水银柱高的范围，拍摄到了令人满意的径迹照片。霍秉权于 1935 年 2 月回国任清华大学物理系教授、系主任。1936 年，他用云室实验方法对镭 E 的 β 射线谱进行了研究，获得具有 2000 Hg 以上的大约 600 条径迹，发现该谱在 7500 Hg 处有一个端点，并估计每次蜕变的平均能量为 4.01×10^5 电子伏。霍秉权后到郑州大学等任教，是我国首批从事宇宙射线、核物理和高能物理研究的物理学家之一。1936 年他在国内首创威尔逊云室，对我国核物理的研究起到了促进作用。

戴运轨（1897—1982）1927 年毕业于日本京都帝国大学物理系。回国后历任北平师范大学、中央大学、金陵大学、四川大学物理系教授。抗战胜利后，赴台湾任教。他对台湾物理学研究的发展起到了重要的促进作用。20 世纪 40 年代末，他在台湾开始进行核物理方面的研究。他们利用范·德·格拉夫静电加速器，以 24 万伏的直流高压电源加速质子，于 1948 年进行了中国第一次（锂）原子核击破实验。后又制造重水，生产重氢和中子源。50年代，戴运轨曾去美国明尼苏达大学原子核物理研究所和加州大学伯克利辐射研究所，进行学术交流和研究工作，研究了各种元素的原子核壳层构造，测量了被轰击的59种元素和化合物所产生的中子数。60年代，戴运轨先后进行过有关^{14}C测定的研究和地磁学研究。

在原子核物理和重离子核物理方面都有很大成就和影响的科学家杨澄中（1913—1987），由于早期的一项研究成果，而成为世界上最早研究轻核削裂反应的学者之一。杨澄中出身于江苏常州一个知识分子家庭，1937年毕业于南京中央大学物理系并留校任教，1945年冬赴英国莱士特大学物理系读研究生，一年后到利物浦大学继续就读研究生兼助理讲师工作。30年代后期，玻尔提出了原子核反应的复合核模型，成功地解释了许多核反应现象。但研究发现，在低能区轻核反应中，核反应不经过复合核阶段，而是入射粒子与靶核中的少数核子通过直接相互作用来完成。杨澄中及时抓住了这一现象，在霍尔特（J. R. Holt）教授指导下，用自制的微分电离室测量崩解粒子角分布，用4.6、5.8和7.5兆电子伏能量的氘核轰击铝，测到了^{27}Al（d，p）^{28}Al反应产生的7组质子明显的前冲角分布。这一工作得到了轻核削裂反应机制的证据，成为进行直接反应和非弹性散射过程最早的实验研究工作之一，具有开拓性的意义，受到当时欧美核物理学家的重视。

虞福春（1914年生）是我国第一位涉足核磁共振领域并卓有成就的物理学家。1949—1951年他在美国斯坦福大学物理系作博士后研究期间，在布洛赫（F. Bloch）教授的支持下，利用世界上第二台核磁共振仪测定原子核的自旋和磁矩，取得了几项重要成果。他与普若克脱（W. G. Proctor）合作，在精确测定各种^{14}N化合物的核磁矩工作中，首先发现不同化合物氮的核磁共振频率强烈地依赖于其中所包含的化合物，从而确立了核共振的"化学位移"效应。因此，虞福春成为核磁共振化学位移的发现人之一。他还与普若克脱合作，在测定几种稳定同位素的核磁矩中，观测到在$NaSbF_6$水溶液中^{121}Sb

和^{123}Sb 共振具有异常结构，即发现了 SbF$_6$ 负离子的"核自旋耦合劈裂"。这两项重要发现为后来飞速发展的核磁共振应用于物质结构分析做出了奠基性的贡献。科学史家霍尔顿（G.Holton）将他们发现的核磁共振化学位移，列入"磁场对分子矩运动的影响"这一 30 年代开始的重大物理课题中的一项历史性成果。虞福春和普若克脱合作，先后精确测定了 20 多个稳定核素的磁矩，约占化学周期表上具有磁矩的稳定核素数目的 20％，其精度可以与原子束方法相比，对核的基本参数的测定做出了重要贡献。布洛赫教授在 1972 年对他们的成就做出评价说："以极高的精度测量了许多磁矩，其中有些在过去连近似值都不知道。这些值的重要意义在于和后来新的核壳层模型相联系，特别因为每次都测定了磁矩的符号"。他们测定的这些数值全部作为精确值被权威性专著多次引用。1951 年，虞福春首先在普通水中发现^{17}O 核磁共振信号，他与瑞士的埃尔德（Alder）合作测定了^{17}O 的自旋为 5/2，其磁矩与中子磁矩精确相符。这个结果对于迈耶（M.Mayer）提出的原子核壳层中存在着自旋与轨道的耦合的观念，是一个最早的支持和证实。虞福春作为核磁共振 F.Bloch 学派的重要成员之一，在核磁共振应用领域做了开创性的工作。

1948 年，梅镇岳（1915 年生）赴美国印第安纳大学研究波谱学。印第安纳大学当时是一个研究低能核谱、即 β 谱和 γ 谱的重要中心。这一时期所获得的大量低能核谱数据，成为后来的各种原子核模型理论的实验基础。梅镇岳在这里的 3 年时间里，富有成效地进行了低能核谱的研究，完成了《^{72}As 的蜕变》等 6 篇论文。

2. 核反应和中子物理的研究

在核反应和中子物理方面，王普、何泽慧、杨立铭都做出了引人注目的贡献。

王普（1903—1969）出生于山东沂水一个知识分子家庭。1928 年从北京大学物理系毕业后，曾随丁西林、李四光做研究工作。1935 年考取山东省公费留学资格，到德国柏林大学研究核物理学，1939 年获得博士学位后，转赴美国华盛顿卡内基学院从事核物理研究。当年回国后先后在燕京大学、辅仁大学、山东大学任教。1947 年冬再赴美国，在美国国家标准局担任辐射物理学研究员。50 年代初，因不满美国政策而受到监视和传讯。1956 年 8 月，以赴欧参加学术会议之名毅然回国，任教于山东大学物理系，同时兼任中国科学院原子能研究所研究员。由于各种原因，科研工作过早停顿。

王普是参加中子和裂变物理研究最早并做出贡献的中国物理学家。他的这一研究工作开始于在德国柏林化学研究院作博士论文的时期。1934 年，约里奥-居里夫妇发现人工放射性，费米等人用中子轰击一系列元素得到多种人工 β 放射性元素。在这些重大成果的推动下，王普进行了热中子同铝核作用的研究。在 1938 年发表的研究结果中，证实热中子可以产生半衰期为 2.3 分钟的 $^{38}Al\beta$ 发射体；测定了热中子在铝中的吸收系数（0.037 厘米^2/克）和相应的截面（1.6×10^{-24} 厘米^2）；并证实铝在热中子能区中不存在共振能级。

1939 年 1 月，由卡内基学院和华盛顿大学联合主办了第五届国际理论物理学讨论会，会议的主题是低温物理。但由于 N.玻尔在会上公布了关于铀核裂变的消息，人群沸腾了，会议一下子变成了核裂变的讨论会。费米立即提出了验证方法，卡内基学院的罗伯茨（R.Roberts）等人当晚就用实验予以证实。当时王普正在卡内基学院地磁系工作。他与罗伯茨等人合作，很快在《物理学评论》上连续发表了 4 篇短文，其中两篇涉及铀和钍在裂变中发射缓发中子的研究，比哈班（H.Halban）等人关于迅发中子的发现报道还早。王普等人发现，在中子对铀、钍的轰击停止后的一段时间内，继续有中子放出，其强度按指数规律衰减，半衰期为（12.5±3）秒，同时伴随有 γ 射线放出。他们的实验还发现，热中子和快中子都能产生缓发中子，但由碳得到的中能中子却不能，这同铀的裂变过程是相似的。用云室观察由缓发中子得到的反冲，发现其能量接近于半兆电子伏；他们还发现了几种半衰期较长的 γ 射线。这一发现成为中子放射学的开端。缓发中子约占全部裂变中子的 1%，它使链式反应获得一定的"惯性"，当链式反应的有效增殖因子略大于 1 时，缓发中子使中子密度只能缓慢地增长，从而便于实现控制。所以，缓发中子的研究，对链式反应的控制是极为重要的。王普等人的成果有相当重要的学术价值和实践意义。

1945 年，何泽慧在德国海德堡皇家学院核物理研究所，用磁场云室首次观察和研究正、负电子的弹性碰撞。她用正电子作初级电子，在云室中观察正电子与负电子的径迹，测量它们碰撞前后的能量，从而首次发现正、负电子之间几乎全部能量交换的弹性碰撞现象。在 1945 年底于英国布里斯托尔（Bristol）举行的英法宇宙线会议和 1946 年于剑桥举行的英国物理学会上，他对这一工作做了报告，受到与会者的极大关注，并被英国《自然杂志》誉为"科学珍品"。

杨立铭（1919 年生）于 1946 年 4 月到英国爱丁堡大学师从 M. 玻恩教授攻读博士学位，后留在爱丁堡大学任玻恩的研究助理直到 1951 年冬回国。1949 年梅耶（M.G.Mayer）和延森（J.H.D.Jensen）首次从分析实验数据提出原子核中存在幻数。玻恩立即敏锐地觉察到原子核中存在着壳层结构以及可能的统计解释。他要杨立铭用托马斯-费米（Thomas-Fermi）模型对此进行分析。杨立铭很快地在合理的核密度分布下，导出了这些幻数，并得出了核内的核子数密度值。他们共同在《自然》杂志上发表了这一工作结果。1950 年，他又通过对核内多次散射的探讨，导出了作为核多体理论的重要发展的布吕克纳（Brueckner）理论。

（二）中国的核弹工程

1950 年底，美国把未装配好的原子弹运上停泊在朝鲜半岛附近的航空母舰上，飞机进行了模拟核袭击；

1953 年 5 月，美国将针对中国的装有核弹头的导弹运抵冲绳岛；

1954 年 5 月，由于担心中国介入越南战争，美国、英国等国再一次考虑对中国使用核武器；

1954 年 12 月 2 日，美国与台湾当局签署"共同防御条约"。

面对美国多年来利用核武器所进行的核威胁，中国应该怎么办？

1955 年 1 月 15 日，由毛泽东主持、在中南海召开的讨论我国实施核计划问题的中共中央书记处扩大会议，做出了要研制原子弹的决策。毛泽东强调说："这件事总是要抓的。现在是时候了，该抓了。""我们只要有人，又有资源，什么奇迹都可以创造出来！"后来他又说：

> 中国要有原子弹，在今天的世界上，我们要不受人欺侮，就不能没有这个东西。

在 1956 年制定的我国"十二年科学技术发展远景规划"中，把原子能研究列为第一项重要任务。中央决定以自力更生为主研制原子弹，后来又决定以自力更生为主研制导弹和自主研制人造卫星，统称"两弹一星"，进一步的发展则把原子弹和氢弹合称为"一弹"。周恩来总理和聂荣臻元帅以及在他们领导下的中央专委是"两弹一星"研制工作的总指挥。国务院专门设立的二机部、国防部五院（后来的七机部）以及国防科工委具体负责研制工作。中国科学院则承担了"两弹一星"的前期基础性研究任务和一系列关键性技术的突破性研究任务，其中包括理论分析，科学试验，方案设计，以及各种新型材料、元件、仪器、设备的研制。

这样，从 20 世纪 50 年代后期开始，以钱三强、钱学森、邓稼先、王淦昌、郭永怀、彭桓武、朱光亚、周光召、于敏等为代表的一大批最优秀的物理学家和技术专家，先后踏上"秘密历程"，隐姓埋名，走向远离城市的郊野、沙漠、雪山、峡谷，全身心投入到研制中国"两弹一星"中。

1. 原子弹的研制

1956 年，实施核武器计划的工作就在各个领域展开，包括地质、采矿、铀处理、钚生产和铀浓缩等工作。1958 年初，二机部成立了后来迁往青海的核武器研究院（九院），同时在北京建立了过渡性的研究机构——北京核武器研究所，以开展原子弹的初期研究工作。

1957 年 10 月 15 日，中苏签订"国防新技术协定"，苏方应许将向中国提供原子弹教学模型和图纸资料，但到 1959 年 6 月 20 日却撕毁了协定，并于 1960 年 8 月撤走了技术专家。其实我国在寻求苏联帮助的同时，已经从长远考虑，决心建立自己独立的核力量。苏联专家撤走后，中央决定自己动手，从头做起，准备用 8 年时间，搞出代号为"596"的中国自己的原子弹。这个代号的含意是永记苏联撕毁协定之日。

原子弹的具体设计、试验和研制决策工作，主要是由王淦昌、彭桓武、郭永怀协助九院领导进行的。后来九院决定建立一个总技术委员会，负责 4 个尖端技术委员会。第一技术委员会由吴际霖和龙文光任正、副主任，全面负责原子弹的工程设计工作；第二技术委员会由王淦昌和陈能宽任正、副主任，负责核爆炸基本原理试验和原子弹的中子发生器的设计试验工作；第三技术委员会由彭桓武和朱光亚任正、副主任，负责中子点火装置研制工作；第四技术委员会由郭永怀和程开甲任正、副主任，负责进行核武器研制的实验。

1958 年 8 月，邓稼先调到新筹建的核武器研究院任理论部主任，负责领导核武器的理论设计工作。在这一年的六七月间，苏联曾派 3 名核武器专家来华工作，并于 7 月 15 日作过一个原子弹研制方面的报告。但他们讲的只是一个教学概念，不是工程设计；而且不知是否有意，有的数据根本不说，有的数据根本不对。所以，研制工作还得靠我们自己从头摸索。

邓稼先从第一流大学中挑选了 28 名优秀毕业生，选定了中子物理、流体力学和高温高压下的物质性质 3 个主攻方向，在十分艰苦的条件下边读书、边讨论、边研究，逐渐形成了一些新的物理思想。从 1958 年到 1960 年，他们搜集了关于爆炸力学、中子输运、核反应和高温高压下材料性质方面的大量数据，并对原子弹的物理过程进行了大量模拟计算和分析，迈开了中国自力更生研制核武器的第一步。

在全面组织 3 个研究组工作的同时，邓稼先还亲自领导了高温高压下物质性质的研究。他指导 4 个年轻人从搜集到的其他金属材料的状态方程，推导出了低压区铀的状态方程；又修正了天体物理中适用于中子星的托马斯-费米理论，推导出了原子弹适用的高温高压下的状态方程；然后又巧妙地将两个方程连接起来，满足了理论设计的要求。

接着，邓稼先组织了十几个工程技术人员，利用仅有的几台电动计算机、手摇计算机甚至算盘，用特征线方法，计算了内爆式原子弹的物理过程。他们在桌面一般大的纸上画上表格，然后用成千上万的数据把这些表格填满，用这种办法解决了不同条件下材料特性的方程式。虽然他们夜以继日地计算和分析，在经过四轮计算后，仍有一个关于结构设计的参数难以确定，计算的结果与通常的概念之间，存在着一倍以上的误差。彭桓武、郭永怀等专家和年轻的科技人员一起，通过一次次热烈的讨论，提出了许多新的建议和方案。邓稼先和他的年轻助手又进行了第五到第九轮的计算，逐一加入新的参数，终于取得了成功。这时，彭桓武请刚从苏联回来参加核武器研制工作的周光召复查了他们的计算结果。在仔细审查了计算手稿后，周光召觉得他们的计算没什么可挑剔的，问题是需要有科学的论证。于是他大胆提出了一个理论方法，从炸药能量利用率入手，求出炸药所做的最大功，这样就从理论上证明了用特征线法所做计算结果的正确性，并对压紧过程的流体力学现象有了透彻的理解。邓稼先等人于是相信，他们已经修正了苏联专家的一个重大错误。

为了加快设计工作的进度，邓稼先调整了他领导的理论研究组，到 1962 年底，他们已经掌握了向心爆炸的理论规律，包括芯内浓缩铀的使用以及原子弹内高能炸药铁件的力学状态，为原子弹的设计奠定了理论基础。

所有的核武器，不论是裂变还是聚变，都离不开重核裂变链式反应。为了成功地实现链式反应并充分发挥核弹的威力，裂变一旦发生就必须使中子数的损失减到最小，并使裂变立即遍及全部核燃料。中国的科学家们是在毫无设计制造核弹的实践经验的基础上开始这项探索性计划的，他们主要是通过自己的理论探讨和大量试验的途径走向成功的。

如何使核燃料在极短时间内从亚临界系统转变为超临界系统呢？美国和苏联都采用过"枪式法"和"内爆法"两种装置。中国的核专家们经过理论研究，确信内爆式装置在理论与结构设计上更为优越，也能节省核燃料，更适合实战需要。设计内爆式装置的两个重要环节，是高能炸药的组装形式和点火装置。爆炸过程是从制成特定形状、按球形排列并能精确聚焦的高能炸药的爆轰开始的。高能炸药内有中子反射层，它一方面可以把向心爆轰波转换成向心冲击波，在裂变材料的整个表面上产生一个均匀的高压，使其达到超临界状态；另一方面又可将一些中子反射回裂变材料中，以增强裂变效果。我国第一颗原子弹的反射层内是一个铀-235球体，其中有一个高尔夫球大小的点火装置，它可以在压力达到最大的几微秒时间内被触发而产生大量中子，进入裂变芯引起核爆炸。

从1960年初开始，陈能宽小组在北京西北长城脚下的一个封闭试验场，浇制了供外部炸药组装用的不同型式的透镜体，设计了炸药的多线同步点火装置，配制了不同配方的高能炸药。王淦昌和郭永怀参加领导了这项试验工作，周光召计算了炸药的最大爆炸力，其他人又利用这些数据计算了亚临界和超临界的能量释放。陈能宽利用他坚实的理论知识和有关资料，大胆地进行了突破原子弹爆轰原理的新方案的研究，郭永怀从力学理论反复做了估算，大胆支持了这个方案。于是，陈能宽小组在一年时间内进行了上千个试验元件的爆轰试验，终于完成了设计任务。他们确信，已经为第一颗原子弹制造出了可行的炸药配件。

1960年，原子能研究所的王方定工程师被钱三强调去领导一个铀化学技术小组，研究用于制造点火装置的原材料。他们在一个冬天像冰窖、夏天像蒸笼的工棚里，进行了二百多次化学实验。王淦昌、彭桓武、朱光亚多次亲临指导。王方定小组终于发现成功的关键是镭 E（铋-210）和镭 F（钋-210），捕捉到了调配操作的规律，为点火装置提供了理想的材料。与王方定小组同时，有关点火装置的全面研制工作也在钱三强和何泽慧的指导下进行。点火装置的作用是十分关键的，当嵌在核武器里面的向心炸药块爆炸后，点火装置必须在几微秒时间内产生足够多的中子，注入裂变材料，在某一精确时刻使链式反应达到最大值，以避免原子弹成为不充分裂变的"臭弹"。

1963 年 11 月 20 日，九院领导和王淦昌、彭桓武、郭永怀、朱光亚、陈能宽等来到青海高原试验场，进行了缩小比例的整体模型爆轰试验，测试点火装置的性能。结果证实，向心爆轰波和点火引爆装置均达到所要求的技术指标。1964 年伴随着迎春的钟声，又送来一个激动人心的消息：继美国、苏联、英国之后，中国克服了重重困难，生产出可用于制造原子弹芯的高浓度铀-235；祝麟芳小组克服了核部件铸造中出现的"气泡"问题，加工出了高精度的原子弹裂变球芯。到 1964 年 7 月，原子弹的理论研究、实验、设计、制造等工作，按计划全部完成。1964 年 9 月，中国第一颗原子弹的有关部件，包括炸药铸件、中子反射层、铀芯、点火装置以及电配件，相继运到罗布泊试验基地。戈壁深处矗立起高达 120 米的铁塔，组装完毕的原子弹就吊装在塔顶上。

1964 年 10 月 16 日下午 3 点，随着起爆命令的下达，强烈的闪光传到几十千米之外的观察所里，随之地面上升起一个像半个太阳大小的火球。火球翻滚着，燃烧着，向上升腾，渐渐形成一个巨大的蘑菇云团。隆隆的爆炸声宛若惊雷，掠过长空，中国第一颗原子弹爆炸成功了！在场的科学家为经过多年努力终于获得的胜利，激动得无法控制，默默地流下了眼泪。

很快，日本、美国都广播了中国爆炸原子弹的消息。当晚 22 点，中央人民广播电台向全世界播发了我国第一颗原子弹爆炸成功的新闻，我国终于继美国、苏联、英国、法国之后步入了原子大国的行列。

2. 氢弹的研制

在核武器研究院全神贯注于原子弹的研制时，从 1960 年起，二机部就指示原子能研究所组成一个研究热核材料和热核反应的理论探索小组。钱三强、黄祖洽、何祚庥、于敏等人在得不到有关氢弹研制的秘密科技资料的情况下，开始不断积累与热核聚变过程有关的一些基本参数，并对一些关键参数进行研究。他们就像进入原始森林的探险者那样，摸索着，思考着，一步一步试探地开辟着自己的道路。

后来的氢弹研制工作证明，理论探索先行一步是钱三强和二机部部长刘杰富有远见的一着妙棋。4 年时间里，研究组提出了研究报告 69 篇，对氢弹的许多基本现象和规律有了更深入的认识，这种研究为突破氢弹技术打下了基础，赢得了时间。

氢弹的研究涉及等离子体物理、爆轰物理、流体力学、中子物理、统计物理、原子物理、核物理和辐射输运等多种学科。于敏等人在很短时间内，就掌握了如此众多的学科知识，从 1961 年起，就不断取得关于氢弹原理的探索性成果。在高温、高密度等离子体状态下的热核燃烧，集流体场、辐射场、中子场和核反应场于一体，形成一个很复杂的综合场，交互作用，瞬息万变，有关现象和物理规律非常复杂。于敏紧紧抓住"氢弹是以氚-中子循环为核心的热核反应动力学，循环在高温、高密度等离子体条件下进行，辐射起重要作用"这一内部根据，指导研究了高温、高密度等离子体中许多基本物理过程，如各种形式能量的相互转换、弛豫过程和耗损过程规律、系统中各种类型波的发生和发展与相互作用规律、能量输运过程规律等。在氢弹作用原理方面，他指导研究了热核燃料点火与燃烧规律，分析了影响点火的各种物理因素，提出了解决点火问题的途径，给出了表征燃烧过程的主要特征量和所需条件。配合这些工作，他还指导研究并计算了有关的基本物理参数，提出了一些可能的技术途径并建立了相应的模型。

1963 年 9 月，在完成了原子弹的研究工作之后，邓稼先领导的理论部立即转移到热核装置的研制上。随后于敏、黄祖洽等也调进核武器研究院。于是，中国氢弹的理论研究和设计工作，形成了一个科研攻关的强阵。

聚变热核武器，是利用其内部裂变爆炸所产生的极高温度引爆的。在这种高温条件下，氢或其同位素氘（^2H）和氚（^3H）就会聚变成氦。在这种热核反应中，巨大的能量就以快中子、高能 γ 射线等形式释放出来。这种武器有聚变加强型裂变武器和多级热核武器两大类型。第一种是把聚变材料放到内爆式裂变武器的弹芯内，即用裂变材料铀或钚把聚变材料包围起来，其外部则是高能炸药。当化爆引起的裂变链式反应达到高温条件时，聚变材料便被燃烧。聚变释放出的大量快中子，又加速了裂变链式反应，这一复合过程产生的更高温度，使聚变效率大大提高，其爆炸威力可达几十万吨。而多级热核武器一般是用天然铀制成弹壳，壳内的裂变装置起着点火器或引爆器的作用。引爆器的爆轰在弹壳破裂前产生的高温和高压，引起聚变材料的燃烧，它释放的大量能量和快中子，又使铀核发生裂变。所以，这种热核武器又称为"裂变-聚变-裂变三相弹"，从理论上说，它的威力不存在上限。中国选择了研制能装上导弹头的、TNT 当量不小于 100 万吨级的高水平的多级热核武器的发展道路。

1965 年 2 月，在朱光亚、彭桓武主持下，邓稼先和周光召组织科技人员总结了前一阶段的研究工作，制订了关于突破氢弹原理的工作计划。原子能研究所的何泽慧领导 30 多名科技人员，在丁大钊等曾进行过的轻核反应研究的基础上，经过半年时间的实验研究，获得了热核材料核反应截面的可靠数据。九院等人员主要集中在氢弹引爆器的设计上。

1965 年 9 月，于敏领导一批科研人员，到上海华东计算所利用容量较大的 J-501 计算机，完成加强型原子弹优化设计的任务。加强型原子弹虽然含有热核材料，但热核材料的燃烧不充分，只起到加强原子弹威力的辅助作用，它不是氢弹。于敏等人这次的任务就是进行优化设计，尽可能通过热核材料的加强，达到高当量、提高原子弹威力的目的。于敏等总结了已有的经验，计算了两个新的模型，终于发现了热核材料充分自持燃烧的关键，或如他们所说抓到了热核材料充分燃烧的本质的"牛鼻子"。他们群情激奋,决定乘胜追击,在完成原来加强型原子弹优化设计任务的同时,另辟战线,探索突破氢弹的技术途径。

要充分进行热核反应,只有想办法利用原子弹;但是原子弹有巨大的、多方面的破坏作用,很难驾驭和控制。为了利用它,必须解决高难度的物理问题。于敏从原子弹起爆开始,把氢弹的爆炸过程分解成相互区别又相互联系的几个阶段,每个阶段由前一个阶段提供条件,又显示出本阶段特有的物理现象,这些现象则是由多种物理因素决定的。通过大量的探索分析和多方面的计算,于敏等人终于找到了控制原子弹的破坏性的方法。于敏等人认识到,解决问题的途径就在于恰当地分解物理阶段,分析和掌握各种物理因素量的界限,并通过选用合适的材料和精巧的构形,促进有利因素的作用,抑制不利因素,"这就是核武器的原理、材料、构形三要素"。他们通过近百个日日夜夜的连续奋战和系统研究,发现了一批重要的物理现象和物理规律,终于形成了一套从原理到构形基本完整的物理方案。他们充满信心地电告九院,已经发现了通向超级热核武器的捷径。

邓稼先一接到这个喜讯,立即到上海,了解并肯定了于敏等人的发现。他将这个方案带回北京,组织各方面的专家反复进行了讨论和补充,使方案进一步得到完善。这样,到1965年底,邓稼先、于敏等完全掌握了有关热核材料燃烧的内在原因和外部要求的一些关键问题,为热核武器的最佳设计方案提供了理论基础。于是,他们向二机部汇报了新的发现,并建议进行不含聚变材料核装置的"冷试验"。

1965年底,在西北核武器研制基地召开的1966—1967年科研生产规划讨论会上,邓稼先、于敏介绍了新提出的氢弹原理和实现它所必须解决的关键技术问题。经过讨论,大家一致认为这个方案是优越的和可行的。会议决定,以新方案为主,以加强型作为候补方案,立即组织全院理论、实验、设计、试制等方面的力量,加速进行试验研究,尽快确定理论设计方案。原已安排的

1966 年 5 月将进行的聚变加强型裂变武器的爆炸试验仍按计划进行，以检验设计，深化认识。会议还确定，力争在 1966 年内先用塔爆方式进行小当量的氢弹原理实验。

1966 年 5 月 9 日，含锂-6 的 20 万～30 万吨爆炸当量的铀装置进行空投试验成功，证明加强型装置是可行的。1966 年 12 月 28 日，又用 30 万～50 万吨爆炸当量的铀-锂装置进行了检验热核爆炸基本原理的试验。在我国核武器发展史上，这是一次很关键的试验。通过这次试验，邓稼先、于敏关于氢弹原理的理论方案被证明是正确的，几个关键性物理量的测试结果与理论预估很好地符合。于是，中央专委会决定直接进行全当量的多级热核弹的试验。

到 1967 年 5 月，基地和西北核试验场全部完成了第一颗氢弹装置的制造、环境试验和有关热核试验前的测试准备工作。

1967 年 6 月 17 日上午 8 点 20 分，我国第一颗氢弹被顺利投放，其爆炸当量不小于 300 万吨。爆炸的巨大威力使 400 米外的钢板、混凝土构件被熔化，混凝土的表面变成玻璃体；3 千米远处一辆 54 吨的机车被推出 18 米远，半地下防御工事被震成碎片；14 千米远处的砖房被震塌；400 多千米处听到连续不断的爆炸声并看到了火球，门窗受到震动。

中国在核武器研制方面的成就，每每引起世界的震惊。从突破原子弹到突破氢弹，我国仅用了 2 年 8 个月的时间，而美国用了 7 年 4 个月，英国用了 4 年 7 个月，苏联用了 4 年，法国用了 8 年 6 个月。

在突破原子弹和氢弹以后，我国又在核武器的发展上不断取得举世瞩目的进展，研制成功了大幅度小型化、高比威力的战略核武器，掌握了中子弹技术。美国和苏联都做了上千次热核试验，法国也做了 200 多次，而我国总共只做了 46 次试验，在核武器设计方面就达到了国际先进水平，并把根子扎得很深，具备了持续发展的强大能力。这一切成就的根本原因在于我们坚持了"独立自主，自力更生"的方针，依靠自己的力量奠定了核武器研制的坚实基础。

1999 年 9 月 18 日，中共中央、国务院、中央军委在人民大会堂隆重举行为研制"两弹一星"做出突出贡献的科技专家表彰大会，授予于敏、王大珩、王希季、朱光亚、孙家栋、任新民、吴自良、陈芳允、陈能宽、杨嘉墀、周光召、钱学森、屠守锷、黄纬禄、程开甲、彭桓武"两弹一星功勋奖章"，追授王淦昌、邓稼先、赵九章、姚桐斌、钱骥、钱三强、郭永怀"两弹一星功勋奖章"。在《中共中央、国务院、中央军委关于表彰为研制"两弹一星"做出突出贡献的科技专家并授予"两弹一星功勋奖章"的决定》中说道，"两弹一星"的研制成功"有力地推动了国家经济建设，大大增强了国防实力，促进了我国科学技术的发展。它打破了超级大国的核讹诈和核垄断，奠定了我国在国际事务中的重要地位，振奋了国威、军威，极大地鼓舞了中国人民的志气，增强了中华民族的凝聚力"。《决定》说，在"两弹一星"研制者身上体现出来的"热爱祖国、无私奉献，自力更生、艰苦奋斗，大力协同、勇于攀登的精神，已经成为全国各族人民宝贵的精神财富和不竭的力量源泉"。

（三）20 世纪 50 年代以来的重大进展

在中华人民共和国建立以前，由于当时国内的社会条件，无法形成原子核物理的研究队伍，只有少数人在极艰难的情况下，利用少量放射源开展了一些零星的简单课题的研究工作。新中国成立后，由于国家的重视，老一辈物理学家吴有训、钱三强、赵忠尧、王淦昌、彭桓武、何泽慧等人的积极努力，于1950 年成立了中国第一个原子核物理研究机构——中国科学院近代物理研究所。从此，中国的核物理研究走上了蓬勃发展的道路。

1. 邓稼先、于敏的核理论研究

20 世纪 50 年代初，我国的原子核理论研究工作还是一片空白。在彭桓武的领导下，邓稼先分别与何祚庥、徐建铭、于敏等合作，于 1951—1958 年，先后发表了《关于氢二核之光致蜕变》《β 衰变的角关联》《辐射损失对加速器中自由振动的影响》《轻原子核的变形》等论文，为我国核理论研究做了开拓性的工作。当时在近代物理研究所任助理研究员的于敏，也服从国家的需要，从量子场论的研究领域转到核物理的研究。经过几年的努力，做出了为人瞩目的成果。在原子核结构和反应，尤其是他与合作者一起关于原子核的相干结构，原子核平均场的独立粒子运动等方面的工作，达到了当时该领域相当高的水平。他与合作者提出的原子核结构可以用玻色子近似的观念来逼近的思想，与在核理论学界颇负盛名的日本物理学家有马朗人（A. Arima）的思想十分相似。后来彭桓武曾评论说："于敏的工作完全是靠自己，没有老师，因为国内当时没有人会原子核理论，他是开创性的。"钱三强说，于敏的工作"填补了我国原子核理论的空白"。

邓稼先、于敏等后来都参加到我国核武器的研制工作中，做出了重要的贡献。他们的事迹在上文有详细介绍。

2. 杨澄中的核物理工作

1951 年，胸怀报效祖国之志，杨澄中携眷回国。1951—1957 年杨澄中在中国科学院近代物理研究所期间，同赵忠尧共同指导并参与了我国第一台 700 千伏静电加速器的研制。1957 年，杨澄中带领一批青年科技工作者来到兰州，建立了中国科学院兰州物理研究室（后改为研究所），他在这里一直工作 30 年，先后担任副所长、所长和兰州分院副院长。他在异常艰苦的条件下，领导建成了我国第一台 400 千伏和 600 千伏高压倍加器，奠定了开展核物理研究的物质基础。1960 年，他带领工程技术人员，克服了苏联撤走专家造成的困难，完成了从苏联引进的 1.5 米回旋加速器的安装调试工作。这个核科学技术的综合研究所，在低能轻核反应、快中子物理、重离子核物理、核化学和核技术应用研究方面，取得了一批成果，为我国国防建设和经济建设做出了贡献。

20 世纪 60 年代初，国际上已积累了相当多关于氘-氘（D-D）和氘-氚

(D-T) 反应截面的数据。虽然所得到的 ^2D (d, p)^3T 反应截面数据的一致性较好，但对于 ^2D (d, n)^3He 和 ^2D (t, n)$^4\alpha$ 反应，则由于中子的探测精度比带电粒子的差，反应截面数据偏离较大，分别达到 20% 和 25%。1965 年，由于我国原子弹、氢弹研制的需要，杨澄中等承担了低能（15～150 千电子伏）氘-氘、氘-氚反应截面测量，中子对锂-6 和锂-7 的非弹性碰撞，即 ^6Li (n, n'd)^4He 和 ^7Li (n, n't)^4He 从反应阈能至 14 兆电子伏范围内的反应截面测量，及次级中子能量谱的测量等任务。为了完成这一难度很大的课题，杨澄中集中所内主要的科技人员，组织了 5 个实验小组开展攻关实验。虽然他和一些研究骨干不断受到批判，但仍维持着研究工作的进行，杨澄中亲自参加了重要的实验工作，解决了一系列关键性的理论和技术问题，如给出了测量中性气体靶束流所用量热器的基本热力学方程，引入平衡时间、弛豫时间等基本概念。在解决靶气体纯度分析问题中，推导了小回旋质谱计相关的理论公式，并提出利用金属材料的非可逆性形变的办法，解决了氘-氚反应测量中热阀这一关键技术问题。在阈能至 14 兆电子伏的锂-6 和锂-7 反应中，杨澄中推导了活化法和球壳法的理论公式，从而扩展了球壳透射法的应用范围。原球壳透射法假设弹性散射过程并不改变中子能量，非弹性散射使中子不能再被探测。这种假设对于中等的和重的元素构成的球壳是正确的，而对于锂这种轻同位素构成的球壳则不适用，因为中子在重元素上发生弹性碰撞不产生严重的能量损失，而中子在锂-7 上的弹性散射的最大能量损失是入射能量的 44%；对于锂-6，则达到 49%。因而这时倒易定理不再成立。杨澄中给出了也适用于轻同位素的球壳透射实验的理论公式，扩展了这一方法的应用范围。杨澄中等人对氘-氘和氘-氚反应的测量精度良好，测量技术先进，所得数据与国际上发表的数据符合得相当好；而在 $E_d < 30$ 千电子伏的范围内，他们的数据更为可靠，因为他们采用的是无窗气体靶。

20 世纪 60 年代末，重离子物理成为国际核物理研究的热门前沿领域之一。1970 年杨澄中等把 1.5 米回旋加速器改装为能够加速碳、氮、氧的重离子加速器，并亲自参加了合成三种超钚元素的同位素的工作。1973 年，他指导近代物理研究所开辟了我国重离子物理的几个研究领域。他们用 ^{12}C、^{14}N 和 ^{16}O 三种重离子束轰击了 30 多种靶核，开展了各种重离子碰撞机制的系统研究。1974 年，他领导了"轰击能量低于 73 兆电子伏的 ^{12}C + ^{209}Bi 反应"机制的系统研究，肯定了 ^{8}Be 转移反应机制的存在和复合核蒸发 α 粒子的过程。

为了使我国重离子物理研究尽快走在国际核物理研究的前列，杨澄中等提出了在兰州建造一台大型分离扇形重离子回旋加速器的建议，1976 年获得国家批准。杨澄中主持了它的筹建和设计工作。1988 年 12 月该加速器建成，其主要技术指标达到了 20 世纪 80 年代国际先进水平。

1982 年，在分析研究了已发现的近百个 β-延迟中子先驱核的资料后，杨澄中提出了"β-延迟中子先驱核线（N/Z = 1.587）"的概念，预言了在 N = 28 附近最有可能出现的中子先驱核是 ^{51}K，这一预言很快得到实验验证。他认为，与其去寻找难于达到的中子滴线附近的核素，还不如仔细研究沿 N/Z = 1.587 这条线附近的下一个中子先驱核岛的核素更有现实意义，更能启发人们的物理思想。在他的这一思想的指导和启发下，1992 年近代物理研究所合成了新核素 ^{208}Hg。

3. 原子能所的核反应机制研究

在核反应机制研究方面，中国科学院原子能研究所开展了中间共振、预平衡发射、准自由散射、大角反常散射、三核子转移反应、核裂变动力学等方面的研究。孙汉城等在 14～18 兆电子伏中子与 ^{6}Li、^{7}Li 的三体反应研究中，观察到在低入射能条件下也存在准自由反应现象；在氘核、α 粒子与 ^{6}Li、^{7}Li、^{9}Be、^{12}C 核的反应中，孙祖训、孙汉城等肯定了在较低能量下，也存在着准自由散射和准自由反应现象。在三核子转移反应和大角反常散射研究中，孙祖训等证明，只用角动量相关势就可同时解释 α 大角反常散射和（α，p）反应；用有限力程 DWBA 分析表明，转移中有双中子对角动量耦合为 2 的贡献；在奇 A 核的（α，p）反应中，转移角动量常取单值，肯定了其作为核谱学工具的价值；用角动量和宇称相关势解释了 α 对 Mg-24、25、26 的大角反常散射的同位素效应，将 Regge 极点模型对 lp 壳核的 α 大角反常散射的解释推广到更轻的核 ^{9}Be。姜承烈等在低能氘引起的轻核反应研究中，系统地探讨了中间结构现象，对 d+^{12}C、d+^{24}Mg、^{28}Si 等，分别找到了一些新的中间共振，指出 d+^{27}Al、^{31}P、^{19}F 在此区域中间结构对反应贡献很小，并把这些现象与激发能等联系起来，找出了规律性。

4. 吴式枢、丁大钊、杨立铭的核多体理论研究

吉林大学物理系教授、中国科学院院士吴式枢（1923 年生）在核多体理论研究上取得了多方面具有创造性的建树。原子核是由遵从强相互作用的中子和质子组成的多粒子体系。由于多个核子聚集在极小的空间范围，且相互间存在着强相互作用，对它求解是个极复杂的问题。其复杂性主要表现在两个方面：一是强相互作用的复杂性，强相互作用的存在使得微扰论无法使用；二是因原子核是个多体系，当核子数大于 3 时没有准确解，多体力也是难以处理的问题。为了克服上述困难，人们常借助于模型理论以突出原子核的主要特征，然后再逐步深入研究。最简单的原子核模型就是费米气体模型，它假定原子核内的核子被约束在一个具有硬壁的球体中独立地运动，核子间的相互作用可以用一个平均场代替，核子"自由"地在这个平均场里运动。作为进一步的近似，在原子核的壳层模型中，核子之间还可以存在剩余相互作用。核内核子在平均场下的独立运动与由剩余作用引起的核子间的关联是相互依存的一对矛盾。为简化对复杂的多体问题的处理，通常总是从寻找一个好的单粒子平均场开始。吴式枢应用格林函数方法，对通过质量算符 M 定义的由单粒子位阱 U 所代表的核的平均场进行了系统的研究，表明它是一种理想的选择。关于多体关联效应，吴式枢早在 1962—1966 年就提出可由一变分法推导出处理核基态关联效应的无规和高阶无规位相近似（RPA-HRPA）方程，由此可自然地给

出一种使 RPA 和 HRPA 方程具有厄米性的途径；首次应用格林函数方法导出了 HRPA 的久期方程，对它进行了费曼图解分析；还提出了"推广的组态混合法"，给出了用它求解实际问题的途径。这个成果在 1966 年北京科学讨论会上报告后，得到了国内外同行的好评。

由于核力的短程强排斥特性，应用现实核力处理核问题时需要采用 G 矩阵。对于 G 矩阵的偏离能壳性以往一直没有一个严格的处理方法，20 世纪 70 年代，吴式枢提出了一种整体计算无穷 G 矩阵费曼图级数中所含全部 G 矩阵元的偏离能壳性的方法，随后又提出了一种计算单粒传播子重整化的新途径，给出了在重整化 Brueckner-Hartree-Fock 理论中对 G 矩阵进行自洽处理的方法。与以往同类工作相比，吴式枢等考虑的因素更全面，处理方法更简洁。

格林函数方法是处理量子多体问题的有力工具，通过求解格林函数所满足的线性积分方程（Dyson 方程），可自动实现对由不可约顶角算符所产生的各级费曼图的求和。因此应用格林函数的关键是写出它的不可约顶角算符，然而按通常的摄动方法只能写出它的低级近似。吴式枢从格林函数的运动方程出发，提出了一个推导零温和有限温双时格林函数的不可约顶角算符的系统方法，给出了它的严格表达式。吴式枢等还提出了推导在模型空间的格林函数的等效积分方程方法，并给出了计算等效顶角算符的公式。通过求解格林函数所满足的线性积分方程，可自动实现对由不可约顶角算符产生的各级费曼图的求和；而吴式枢证明如果引进非线性积分方程，由它的迭代解不仅可以自动产生一个由不重复的不可约顶角构成的无穷级数，而且还可以同时求得由该无穷多个不可约顶角产生的各级费曼图之和。非线性积分方程的这个性质无疑非常有用。1981 年，当德国洪堡奖学金主席、杜宾根大学理论物理研究所所长、国际知名核理论物理学家费斯勒（A.Faessler）教授得知这一结果后，当即邀请吴式枢前往讲学并开展科研合作，还在报刊上把吴式枢作为外国著名学者介绍。

为适应高能核物理实验迅速发展的需要，相对论量子场论越来越广泛地被用来建立和发展相对论性核多体理论。吴式枢利用格林函数方法推导出了能严格顾及推迟效应的 Bethe-Salpeter 方程的三维约化形式，给出了易于用费曼图规则进行计算的严格表达式，为相对论方程的实际应用提供了一个好的理论框架。他所采用的方法比其他同类工作要简单和直接得多。在三维相对论性两体波动方程的基础上，吴式枢进一步导出了能同时顾及直接项、交换项以及推迟效应的相对论 RPA 方程和新的基态能量计算公式。应用这些理论框架，吴式枢及其合作者在核物质的饱和性质、轻核低激发态以及强子结构的研究上取得了一些有意义的成果。

在中子与质子多体体系的层次上研究核的结构及运动规律是当前原子核物理学的前沿领域之一。其中一个重要的研究方向是研究原子核在激发能 E_x-角动量 J 相图上不同区域核内的运动规律。Ⅰ区是核的低激发能、低角动量区，是几十年来研究得最为仔细的区域，由此建立了原子核的单粒子模型、集体运动模型。近年来把中子对（质子对）看作原子核结构单元来描述核能级及其衰变的相互作用玻色子模型，在描述实验结果上也获得了相当的成功。Ⅱ区是核的高激发态、低角动量区。在这区域内发现了许多原子核的集体运动模式，表现为在原子核的能级连续区内的截面、能谱中的巨共振现象。Ⅲ区是近年来原子核结构研究最活跃的区域，产生了高自旋态核谱学这一新的分支。利用重离子近阈熔合反应产生各种处于高角动量的低激发核态，可以了解核内集体运动及单粒子运动的耦合，已发现了许多不同于正常核态的新现象。Ⅳ区是核的高激发能、高速转动区。利用重离子近阈熔合产生高温转动核，研究其退激发的初级高能 γ 射线中的巨共振成分可以分析出这种高温转动核的集体运动的形态。

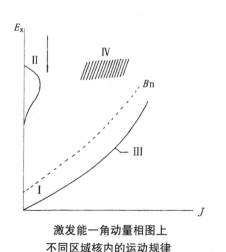

激发能—角动量相图上
不同区域核内的运动规律

在 20 世纪 70 年代末，中国原子能科学研究院的丁大钊（1935 年生）及其研究小组在分析原子核的激发能-角动量相图的基础上，提出研究核的高激发能、高角动量区的课题。因为当时缺少实验条件，所以他们先利用热中子辐射俘获研究低激发能、低角动量区和用快中子俘获研究高激发能、低角动量区的若干课题。他们测量了 ^{23}Na、^{31}P、^{32}S 及 ^{40}Ca 等轻核的热中子俘获 γ 谱。通过与 Au（n，γ）标准截面的比较，得到了这些反应的截面值，这些截面值与对 γ 谱分析中所得到的初级 γ 射线强度相加值进行比较，二者结果一致；用 Ritz 规律建立了 ^{24}Na、^{32}P、^{33}S 等核的能级纲图，发现了一些新能级；通过分析初级 γ 射线强度，研究了反应机制。

1986 年底，中国原子能科学研究院的 HI-13 串列静电加速器核物理实验室建成，丁大钊及其科研小组开展了一系列有效的工作。在核的低激发能、低角动量区，他们用高分辨率 Q3D 磁谱仪测量质子非弹性散射，探索用低能质子作为研究原子核轨道性 M1 运动模式的可能性。他们测量并分析了 22 兆电子伏质子在 ^{160}Gd 小角区非弹性散射的微分截面，确定了 ^{160}Gd 的几个新的能级，其结果均与最新的 QRPA 理论预言相一致，表明低能质子非弹性散射作为核结构研究的可能性。在核的高激发能、低角动量区，丁大钊小组利用全吸收 γ 谱仪测量了若干核的快中子俘获 γ 谱。他们直接从实验中抽取的定量结果可以与前人对重核俘获研究中间接分析的结果相印证，说明矮共振存在的普遍性。

利用低能重离子熔合反应，可以产生其激发能相当于核温度在 2 兆电子伏以下、角动量范围在 35h 以下的高温转动核；通过对其退激初级 γ 谱形的分析，可以得到原子核形状的信息。20 世纪 80 年代中期，国外已发现高温转动核的形状与基态核的形状有很大区别，进一步的研究需要了解形变随温度及角动量的演化。丁大钊小组利用反映核的角动量的 γ 多重性与 GDR 参数的关联分析，观察到了很有意义的结果。例如，天然不存在的 ^{132}Ce 是个缺中子同位素，只能在重离子熔合中产生出来。丁大钊等人的实验表明，随着角动量的增加，其变形参数 GDR 在逐渐减小，明显地看到了形状的演化，这是一个很有价值的实验结果。

1950 年冬，周培源先生到英国访问，并到爱丁堡拜访了玻恩教授。他邀请杨立铭到清华大学工作。杨立铭认为自己已具备了必要的专业基础与科研经验，可以独立地开展工作，现在正是报效祖国的时候。于是于 1951 年秋放弃了已有的较好的工作待遇，回到了祖国。除从事教学工作外，他集中研究原子核理论，特别是核多体理论及核集体运动。他和他的合作者研究了核内的新自由度，建立了描述原子核集体运动与低激发态的微观理论，还开展了相互作用玻色子模型的微观理论研究。这一系列工作具有多方面的特色：直接在费米子空间构成具有玻色子行为的费米子集团，使泡利原理得以严格遵守，避免了伪态的出现；提出了广义的算符化的 Bogoliubov 变换，保持了粒子数的守恒，避免了假态的出现；在非简并多 j 壳空间，导出了关联对在多体态中的平均场，可自洽地求出这些关联对的结构，用于求任意多集团系的单个集团的平均场；提出了复合粒子母分数系数（f.p.c），由此将关联对混合成正交归一基矢，并定义模型空间；用模型空间中的矩阵元定义具有费米子结构的"玻色子"，显示了它与唯象理论中使用的理想玻色子的区别；将模型空间内的观察量玻色化，使微观理论比唯象理论给出更多的物理内容；微观理论既可玻色化，也可不作玻色化，因而这个理论框架适用于原子核的一切低激发集体态。

杨立铭的工作，都是与国际上核物理的新发展相呼应的。到 20 世纪 80 年代初期，他认为原子核的一些基本运动模式，特别在低激发区，已基本上比较清楚了，能够解释大量实验数据，一些主要的自由度已经被揭示，低能区的行为大都可以由核内存在的关联对所决定，它们具有近似的玻色子性质。由此可以得出结论：原子核在低激发区具有近似的动力学对称性，这是一个很大的成功。杨立铭等人的主要贡献是在这一理论的微观基础上做了切实、详尽的分析论证，并对这一理论进行了扩充。

5. 陈永寿、曾谨言的核的高自旋态研究

物理学家研究一个物理体系的常用有效方法，是对物理体系施加一个外场作用，从观察物理体系的变化中建立起各种模型或理论，去解释所观察到的物理现象。但是，对于原子核，由于它结合得太紧密，在实验室里无法获得一个足够强的电磁场来改变核内核子的运动状态。物理学家们发现，如果用重离子加速器将较重的"炮弹核"加速到一二百兆电子伏的能量，去轰击质量更重的"靶核"，形成一个高速转动的不稳定的复合核体系，它将通过蒸发粒子和发射γ射线而退激。通过测量它从高自旋激发态退激到基态的级联γ射线，就可以获得高速转动核的结构信息。所以，原子核高自旋态是核物理的前沿研究领域之一。实际上，转动产生的惯性力，相当于电磁场的作用。因为惯性力可以分解为离心力和科里奥利力两部分，离心力的作用方向是朝向径向方向的，可以使原子核拉长，这类似于一个极化的分子在外电场作用下的形变；科里奥利力则类似于一个以某一速度运动的电荷在磁场中所受到的洛仑兹力。所以，转动是变革原子核内部结构的特殊方法。

中国原子能科学研究院的陈永寿（1939 年生）在原子核高自旋态的研究中取得了突出的成就，于 1991 年获得了吴有训物理学奖，并得到了美国、丹麦科学家的高度评价。

当原子核的转动频率增加到一个临界值 ω_c 时，科里奥利力将会使处于高自旋角动量 j 轨道上的对关联核子拆对，角动量发生顺排，总顺排角动量 I_x 将突然增加，传统的以观察 I_x 跃增为基础的方法，在判断顺排核子的属性上常遇到困难。陈永寿同他的合作者在题为《磁矩作为转动顺排的探针》的论文中，阐述了另一种方法。他们做了系统的推转壳模型（CSM）理论计算研究，极好地解释了镧系核区高自旋态磁矩的第一个实验数据。在这篇和其他几篇论文中，理论计算结果表明，高自旋态 g 因子（$g = \mu/I_x$，μ 为高自旋态磁矩）随转动频率 ω 的增加而变化，呈现丰富的结构，它不仅取决于拆对核子顺排角动量的大小，而且更敏感地依赖于中子顺排与质子顺排的相互竞争。这个结果表明，g 因子十分精细地反映出核子的拆对、转动顺排的状况。在 g 因子系统研究的基础上，陈永寿同他的合作者发展了推广的推转模型磁偶极（M1）跃迁理论，从而为极高自旋和有限温度核态间 M1 跃迁的微观描述建立了理论框架。他们指出，过去的推转模型对高自旋态 M1 跃迁的计算结果是不能令人满意的，而包括粒子-转子模型在内的其他几种模型又都将"核实"同未配对的核子截然分开，因而都不能推广到描述极高自旋或有限温度核态间的 M1 跃迁的范围。他们所推广的 CSM 磁偶极跃迁理论却显示出在描述很高自旋态 M1 跃迁方面的优势，自旋越高，精度越高；更重要的是实现了对"核实"和未配对核子的统一描述。

陈永寿等人较早地系统研究了高角动量转动准粒子轨道的形变驱动效应。从经典力学出发把原子核视为"液滴"，转动会使其变形；但简单的力学图像忽略了重要的壳效应和价核子对核实的反作用，转动原子核的形变比经典图像能给出的要丰富得多。特别是在一定条件下，个别核子运动可以极强地改变整体核的形变。陈永寿认为，单粒子运动同集体运动的强烈相干，是原子核这类强相互作用微观多体体系的基本特点之一，应该加以重视。20 世纪 80 年代初，陈永寿等人提出了转动顺排高角动量轨道的几何形状的图像，用以说明"单粒子"、"准粒子"和"空穴"轨道的不同的三轴形变驱动效应。他们指出，A～130 核区是研究三轴形变的最佳核区之一，并做了系统的理论计算研究。

他们的系统理论研究预言，具有异常稳定的扁椭球集体转动性的原子核，还有 100 多个，分布在 A～110、140 和 190 核区。这一理论预言有待实验的证实。

连续 γ 谱学是新兴的重要学科，它以高速转动热核为研究对象。陈永寿等突破了连续区核态性

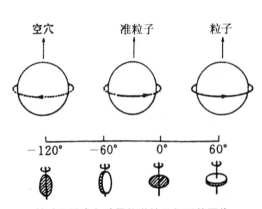

转动顺排高角动量轨道的几何形状图像

质的统计性质的传统观念，提出了转动核连续 γ 谱几率谱理论。这个理论预言，在转动热核 γ 谱中，在能量高于 1 兆电子伏的电偶极（E1）宽峰、过去认为只有"统计 γ 尾巴"的地方，存在着高能磁偶极（M1）宽峰；他们还阐明了 M1 宽峰的形成机制和性质以及实验寻找的可能性。几年之后，这个预言便被数家实验所证实。在不同核中，实验发现了中心能量为 2～2.5 兆电子伏的 M1 宽峰，同理论计算很好地符合。高能磁偶极宽峰的发现有重要的物理意义。第一，高能 M1 宽峰的形成机制中，壳效应有着重要作用，因此，它的发现说明了转动热核中的壳效应并没有消失；第二，打破了认为转动热核退激过程是发射 E1 跃迁统计 γ 射线的统计冷却过程的旧观念，展示了发射高能 M1 跃迁 γ 射线的非统计冷却过程的重要性；第三，说明了并不像传统观念认为的那样，核子在转动热核中只作无序统计运动，而是一种有序轨道运动同无序统计运动相竞争的新型运动模式。最后，由于 M1 宽峰的中心能量同核形变相关，中心能量越高，形变越大，因而高能 M1 宽峰可以作为转动热核形变的探针。1986 年，实验上发现了第一例超形变核^{152}Dy。陈永寿等通过有限规模的理论计算，在深入分析超形变形成机制的基础上，及时地提出了最可几超形变核定性判据：满足费米能级处于单粒子能级分布的一个能穴处，并且处于一个高角动量壳层的底部条件的原子核为最可几超形变核。他们根据这一定性判据，很快就得出了有几百个超形变核以及它们在元素周期表中的分布的理论结果，与国际上借助于大型计算机所做的大规模数值计算结果相一致。他们还根据定性判据，提出了超形变核按同位素链形式存在的推论，与迄今实验结果一致。在获得了超形变核大量存在的结论的同时，他们还较早地指出，一个可称为超形变核谱学的重要研究领域必将形成。在几年的时间内，几十个超形变核相继被发现，超形变核谱学正在形成。

20 世纪 80 年代后期，北京大学曾谨言等也开展了"高自旋和超形变核态"的研究。他们从唯象和微观两方面深入研究了高自旋和超形变核态，从 Bohr 哈密顿量出发，导出了新的转动谱公式，远优于流行的 Harris 公式和

Bohr-Mottelson 公式；提出了确定超形变带自旋值的可靠方法，成功地确定了 A～190 区全部和 A～150 区大部分超形变带的自旋值；提出了处理对力和科里奥利力的粒子数守恒方法和组截断概念，弥补了 BCS 方法不能处理堵塞效应的缺陷，解决了 30 多年来 BCS 理论的一大难题——计算出的原子核转动惯量比实验值系统地大 10%～30% 的问题。他们把上述方法与唯象分析相配合，搞清楚了"全同带"的物理本质，同时用上述方法还证明了在单角动量模型中不存在回弯的振荡现象，否定了莫特尔森（Mottelson）等的一个著名论断。

6. 霍裕平的受控核聚变研究

人们早已知道，太阳的能量来自其内部的核聚变反应，因此自然产生了人类控制热核聚变反应取得能量的想法。早在 20 世纪 40 年代后期，人们就提出了不少试图实现受控热核聚变的途径，并相继投入不少人力财力，建立了不少研究装置。经过 40 多年的工作，大多数磁约束途径已被淘汰，而托卡马克装置上等离子体参数不断提高。到 80 年代末和 90 年代初，发达国家几个大型托卡马克装置上，等离子体参数都相继达到点火条件，因而当前已经没有国家再试图去建造目的为进一步提高等离子体参数的装置，更多的高温等离子体研究转向改进托卡马克等离子体的性能，以及逐步做到准稳态或稳态运行。美、欧、日、俄等国已准备联合建造一个聚变实验堆（ITER），以推进有关堆工程的研究工作。我国的"863 计划"中也已安排了聚变-裂变混合堆可行性研究的专题。中国的核聚变研究已远远超过了其他发展中国家的研究水平，受到国际上的高度重视。

1975 年，霍裕平（1937 年生）从中国科学院物理研究所调往合肥等离子体物理所的前身"受控热核聚变实验站"负责我国大型托卡马克（8 号装置）的物理设计。他和他的同事一起，对装置的运行区域、物理参数及可能的物理实验做了详细分析。当时科学界普遍认为，托卡马克装置必须要求很高的磁场精度，因而也就要求很高的制造加工与安装精度。霍裕平从等离子体平衡理论出发，引入静态稳定性的概念，分析了建造托卡马克装置的精度要求。他指出，不同的杂散磁场分量对等离子体的影响是不同的，不应该用一个总杂散场强度来衡量。霍裕平对等离子体环中磁场不同分量对平衡的影响做了详细的理论分析。结果表明，只有和接近不稳定的磁流体模式直接耦合的杂散磁场分量才是危险的，才需要严格限制。根据理论计算和已往的实验结果，他对不同的杂散场分量提出了不同的限制，大大放宽了设计精度。此后国内外的托卡马克运行的经验和理论分析，都证实了他这一分析的正确性。由于这一工作的启发，霍裕平在80年代初提出在等离子体物理所的小型托卡马克HT-6B上开展螺旋场的实验研究，并在80年代中期得到了一系列相当突出的成果。

核聚变本质上是一门大型实验学科，要在这一领域做出重大实质性贡献，必须具有相当规模的核聚变研究装置，用以产生接近聚变条件的高温等离子体。霍裕平等分析了世界核聚变研究的进展，认为在大型托卡马克上，等离子体的瞬时参数已接近或基本达到了聚变堆要求的条件；但如何维持一个稳态或准稳态高温等离子体却是一个尚未解决的问题。从聚变-裂变混合堆角度来看，当前解决稳态运行更为迫切，而我国的财力和技术条件也无法与发达国家相比，因此建立一个长脉冲或准稳态运行的大型核聚变装置，是我国在核聚变领域走向世界前沿的决定性步骤。1989年秋，他们抓住时机，与俄罗斯库尔恰托夫研究所签订了协议，将该所已不再运行的超导托卡马克T-7本体转移到合肥，并以极低的价格将相应的低温系统卖给了等离子体物理所，迅速开展了HT-7超导托卡马克系统的建设。霍裕平很清楚，建设超导托卡马克HT-7是中国核聚变研究赶上世界先进水平极难得的契机。HT-7建成后将是世界上一个重要的核聚变研究装置，也是世界上继法国Toro-Supra超导托卡马克之后，第二个能够开展产生与研究准稳态高温等离子体这个对建造聚变堆至关重要课题的实验装置。在全所的一致努力下，他们只用了两年多时间和不到设备价值1/10的经费，就完成了整个系统的建设和安装，大大超过了俄罗斯专家的估计。1993年10月，中国科学院邀请了来自世界各大型聚变实验室的12名杰出的科学家，对 HT-7 装置及相关科学研究计划进行评估。他们一致认为：
"HT-7 是发展中国家最先进的托卡马克""HT-7 是一个强有力而又灵活的装
置，足以支持精心构思的研究计划来探索新的物理，并使中国核聚变计划得到
国际上的公认""它标志着中国在核聚变研究的物理和技术上迈进了一大步"。
他们对霍裕平等人也做出评价说："HT-7 成功的建设不仅是管理和技术上的
成就，更令人值得赞誉的是领导上极佳的进取精神及灵活性。"HT-7 装置具
备成为"863 计划"混合堆堆芯模拟装置的基础。HT-7 的成功表明，中国的
科学家有能力在困难的条件下，寻找出道路，将我国的科学研究工作推上世界
前沿。

九、向国际先进水平进军的中国高能物理研究

（一）宇宙线和高能物理事业的奠基人张文裕

1. 矢志求学的青年

1910 年 1 月 9 日，张文裕（1910—1992）出生于福建省惠安县宫后村一个贫苦农民家庭。张文裕自幼聪慧，7 岁开始在村里私塾念书。9 岁时，在祖父的坚持下，父母东挪西借，让张文裕到县城的小学读书。虽然才华已现，小学毕业后父母却要他罢学务农。一位教师觉得张文裕品学兼优，劝说他父亲让他继续上学，并通过在培元中学教书的好友，为张文裕争取到奖学金，加上姑母的帮助，1923 年张文裕上了泉州培元中学。由于家庭生活非常困难，父亲再次要他回家务农，并强迫他娶亲成家。渴求知识的张文裕违背父命，逃了出来，坚持继续上学。由于奖学金中断，又断绝了家庭经济来源，他只得中途停学，当了半年小学教师。新学期开始，他参加补考，门门功课成绩优秀，学校准许他继续跟班上课。高中毕业时，虽然他名列前茅，但因辍学半年，按规定只发给肆业证书。为了能使这位成绩优秀的学生读上大学，培元中学校长徐锡安写了一封信给自己的老同学、燕京大学物理系主任谢玉铭。谢玉铭推荐张文裕投考燕京大学物理系，并答应张文裕考上大学后给他两年奖学金。几位老师为张文裕凑了些路费，他只身一人从厦门乘船，并在船上打工挣点钱，辗转到达北平。

1927 年，张文裕历经艰难到达北平时，入学考试已过了两天。谢玉铭留小同乡张文裕住在自己家里，一方面介绍张文裕到一家皮革厂当学徒赚点生活费，一方面为他的补考到处奔波。一个多月后，张文裕经过补考，以优异的成绩被燕京大学物理系录取。

在大学读书的几年，是张文裕一生中最穷困的时期。张文裕交不起住宿费，只能和几个穷同学住在宿舍楼顶堆放行李的仓房里。膳费常常无着，经常挨饿。为了挣钱补贴生活费，张文裕经常到燕京大学农场当临时工，管理果园；还帮老师改卷子，帮低年级学生补课。暑假里，他把铺盖送进当铺换些钱作路费，到内蒙古河套一带的开渠工地，帮助修水渠的工程技术人员干些活挣点钱，开学时再赎回铺盖，用余下的钱维持生活和学业。由于学习成绩优秀，谢玉铭先生很喜欢他，在他四年级时，就聘他为半时（half-time）助教，辅导低年级同学，靠半工半读才读完了大学。

1931 年，张文裕大学毕业，考进燕京大学研究生院，同时仍兼任半时助教。1934 年张文裕获得硕士学位，同年考取第三届"中英庚款"留学生资格，于 1935—1938 年到著名的剑桥大学卡文迪许实验室留学。

在燕京大学时期，张文裕与王承书（1912—1994）合作，对北京地区的大气电梯度做了大量观测和记录，对磁性物质的滞后现象进行了研究并有独到的建树。1934—1935 年，他又与谢玉铭合作，对皂石的物理性质做了研究。

2. 在卡文迪许实验室的核物理实验研究

1935 年夏天，张文裕到剑桥大学卡文迪许实验室攻读博士学位，实验室主任、著名物理学家卢瑟福（E.Rutherford，1871—1937）是他的导师。

当时人工放射性被发现才一年多时间，刚刚提出复合核理论；高压倍加器也才发明不到 4 年。张文裕一开始在埃里斯（C.D.Ellis）小组工作，埃里斯是他在核物理和实验技术方面的启蒙老师。这个小组的工作是在埃里斯的指导下，用天然 α 放射源发射的 α 粒子轰击轻元素如铝、镁等，研究所形成的放射

性同位素的产额与 α 粒子能量的关系，并通过测量反应产物的放射性来研究核反应，由此研究原子核的结构。张文裕先与瓦灵（J.R.S.Waring）合作，研究天然 α 射线引起的磷-30 的共振效应，然后与施扎利（A.Szalay）合作研究铝-28和镁-25 的共振效应。他们发现，其关系曲线在开始时上升很快，不呈光滑曲线，说明存在共振现象。他们在研究铝-28 的形成时，采用了玻尔的液滴模型，可解释连续谱线，这使玻尔特别高兴，因为这是他的液滴模型首次得到的定性证明。埃里斯对工作很负责，对学生很关心，他亲自给张文裕传授制备放射源的方法。为了制备氡放射源，他们清早四五点钟就开始工作。每篇论文都经过埃里斯修改后才送给卢瑟福审阅并送出发表。

由于埃里斯被伦敦大学聘为教授，张文裕便转到卡文迪许实验室的考克饶夫（J.D.Cockcroft）组工作。他与刘易斯（D.W.B.Lewis）、伯恰姆（W.E.Bucham）合作，研究了高压倍加器产生的锂-8 的衰变机制及其产生的激发态铍-8，并测量了铍-8 退回基态时放出的 α 射线的能谱，发现它的能谱是连续的，从而证明铍-8 有很宽的激发态。

很被张文裕看重的另一个重要发现是，1937 年他与戈德哈伯（M.Goldhaber）、嵯峨根（R.Sagane）合作的实验研究。他们利用高压倍加器产生的 γ 射线和快中子去轰击不同元素，形成多种放射性元素。他们首次观察到光激放射性现象的（γ，n）和（γ，2n）的过程。尤其是他们用锂加氘核产生的中子轰击氧-16 形成放射性的氮-16，而发现的 $^{16}O(n, p)^{16}N$ 效应，在原子能反应堆的设计中要引起特别的注意。因为冷却水里有氧，按照这个反应会产生带有 β 放射性的 ^{16}N，且有 6 兆电子伏的 γ 射线，这些都是对人体有害的。必须采取预防措施，减少辐射损伤。这个发现对后来反应堆的发展有重要意义。

侵华日军占领南京实行大屠杀，无恶不作，英国报纸登载得很详细。在剑桥的中国学生都没有心思学习和研究，都想回国参加抗日。张文裕和别的同学一样，写信给英国庚子赔款董事会，申请回国参加抗日。董事长朱家骅回信说，必须得到博士学位才予以考虑，于是张文裕向研究生院提出了提前考试的要求。卢瑟福对他的这一要求很不以为然，到实验室看到他时说："听说你要回中国，不要这样。我想中国应忍着，等以后强大再说，硬打牺牲太大。至于你，还是留在这里继续做研究好，这是我最关心的事。你若有经济困难，我可以想办法。"张文裕不愿意听这些话，立刻回答说："经济上一点困难也没有。"没想到这竟成了他与卢瑟福的最后一次谈话，不久卢瑟福就因患病去伦敦动手术，不幸于 1937 年 10 月 19 日逝世。

剑桥大学研究生院同意了张文裕的请求，由考克饶夫主考，论文很快就通过了，但基础课因没准备而未通过。张文裕想放弃考试早日回国，考克饶夫劝他说："还是准备再考吧！这结业考试对你有好处。你不是本校毕业的，是中国第一个在这里考博士学位的人。你的研究工作没有问题，但我们对你过去在中国训练的情况并不清楚。考核一个人的水平，考试是个好方法。中国是世界上第一个发明考试的国家，我们英国的文官考试就是从中国学来的。听说中国别的同学也不重视考试，李国鼎就跑掉了。我考虑还是请你再准备一下，用 3个月工夫，再考一下好不好？"3 个月的时间，张文裕参考剑桥本科的学习内容，把过去学的本科基础课，特别是实验基础课彻底复习了一遍。虽然燕京大学很重视实验，但仍不够，与剑桥的要求还有差距。通过努力，张文裕很快就顺利通过了考试。

离颁发博士证书还有三四个月，张文裕就利用这段时间为回国后的工作做些准备。通过李国鼎的联系，以防空学校校长黄振球的名义介绍张文裕自费到柏林通用电气公司（AEG）工厂学习探照灯技术。1938 年 10 月底，张文裕结束了 4 年留学生涯，抱着抗日救国的强烈愿望，于 11 月初离开剑桥，经马赛坐船至河内，回到昆明，后又到贵阳。本希望到设在桂林的防空学校工作，用自己学到的防空技术为抗日战争服务，但未果。后经吴有训介绍，张文裕到了成都，在四川大学任教，不久就转到昆明，在西南联合大学物理系任教授，并应云南大学校长熊庆来之聘，在云南大学物理系兼课。张文裕在国内首次开设了原子核物理课程，课程名称是"天然放射性和原子核物理"，是为助教和研究生开设的。听课的有虞福春、唐敖庆、梅镇岳、杨振宁等。

抗战时期的西南联合大学条件很差，根本无法搞科学研究。张文裕和赵忠尧计划建造一台静电加速器，因缺乏经费和器材，跑了两年杂货摊，除了让敲水壶的工人做了一个铜球，搞到一点输送带，做了一个架子外，其他一无所获，最后不得不放弃了这个计划。于是张文裕就改做宇宙线的观测研究。他自己吹玻璃制作盖革计数管，在昆明测量了宇宙线强度随天顶角和方位角的变化。接着又与王承书合作，分析当时所能获得的核物理数据，分析了β衰变中的禁戒衰变、容许衰变和能级数据。

3. 开创奇异原子研究的先河

1939年9月，在吴有训的主持下，张文裕与燕京大学的同学王承书在昆明结婚。1941年，王承书经人推荐，在美国获得奖学金，赴美在统计物理学家渥沦伯（G.E.Uhlenback）指导下学习和工作。1943年秋，张文裕也到达美国，在普林斯顿大学巴尔摩实验室工作。这是美国历史最悠久的实验室，有一个时期该室约3/4的教师都在卡文迪许实验室工作过，因此，与卡文迪许实验室相似，这个实验室也强调科学实验的重要性。

张文裕在普林斯顿工作了7年，主要做了两方面的工作：一是与罗森布鲁姆（S.Rosenblum）合作建造了一台α粒子能谱仪，测量了几种放射性元素的α粒子能谱；二是设计建造了一套自动控制、选择和记录宇宙线稀有事例的云室，可做有关μ子吸收和宇宙线的其他研究工作。

张文裕利用普林斯顿回旋加速器直径80厘米的磁铁建造了α粒子能谱仪，其能量的分辨率相当高。为了配合这台能谱仪记录α粒子，他与罗森布鲁姆一起研制了世界上最早的多丝火花探测室，并提出了粒子探测的"精确定位"概念。这个火花室由8根丝组成，只对游离大的α粒子灵敏，对β粒子不灵敏。当α粒子进入时，肉眼可以看见火花。世界上把这种火花室称为"张室"，是现在的大型多丝计数器和丝室的先驱。这套探测器的设计思想是罗森布鲁姆提出的，他参加了早期的工作，不久就回法国了，由张文裕完成了设计、加工。所以张文裕对有些文章谈到这种新型探测器的发明时只提到自己而未提罗森布鲁姆，认为是不公正的。张文裕利用这套仪器，测量了一些放射性元素（如钋）的 α 能谱，测出的能谱的主峰位置和前人的结果完全一样，但更准确一些；然而在低能方向，却发现了好几条精细结构，强度约为主峰的万分之一。这是过去用射程办法测 α 能谱所测不到的，也很难把这些 α 粒子解释为是来自核内的，后来别人也证实了这些发现。

μ 子被物质吸收的研究，导致了张文裕做 μ 子原子的开创性工作，这是有一段曲折历程的。

在正电子发现之后，海森堡（W.K.Heisenberg, 1901—1976）提出，原子核里的中子和质子之间，说不定可以借助一种正电子的交换而保持在一起。不久，海森堡、狄拉克和泡利（W.E.Pauli）把这个想法应用于电场。假定两个带电粒子之间的相互作用是通过交换光子而产生的，由此，可以得出静电力的平方反比定律，而且由于光子的静止质量为零，因此带电粒子间的这种库仑力是长程力，这是理论的成功部分。但是，这个机制解释不了原子核内的中子和质子之间的吸引力，这种力是一种短程力，只在 10^{-13} 厘米的范围内起作用，在这个范围，核力的强度远比电磁作用强得多，而在大于 10^{-13} 厘米的距离上，核力迅速减弱到可以忽略的程度。1935 年，日本的汤川秀树发展了海森堡的"交换力"思想，设想原子核中的质子和中子是由于交换一种称为"介子"的粒子而结合在一起的。如果这种粒子具有静止质量，则自然导致核力为短程力。他从原子核的大小估计出这种粒子的质量约为电子静止质量的 200 倍，由于它的质量介于质子和电子之间，因此定名为"介子"。恰在那个时候，安德森和尼德迈尔（S.H.Neddermeyer）正在研究宇宙线中带电粒子穿透物质的性质。1934—1936 年他们发现，在宇宙线中存在着质量为电子质量的 207 倍的新的带电粒子，由于与汤川秀树预言的质量相符，他们以为这就是传递核力的媒介粒子，称为 μ 介子，这个发现使汤川秀树的理论受到重视。但是，此后康费西（M.Conversi）等人的一系列研究证实，宇宙线中的 μ 介子和原子核之间的作用力是非常微弱的，至少比核力小 10^{13} 倍，因此安德森和尼德迈尔发现的新粒子不可能是汤川粒子，此后就改称这种粒子为 μ 子，不再称为 μ 介子。1947 年，鲍威尔（C.F.Powell）小组发展了用乳胶探测带电粒子的新技术，在宇宙线中发现了汤川秀树所预言的介子——π 介子，它的质量为电子质量的 273 倍。π 介子衰变的产物 μ 子就是安德森等发现的粒子*。

日本物理学家仁科芳雄等于 1939 年报道，μ 介子在云室内的金属片上停止时未出现任何衰变电子的图像。次年，朝永和荒木提出在核的库仑场中，负介子停止而被碳核俘获的概率远大于其衰变的概率，而正介子则相反。以后的一系列实验研究证实了他们的说法，这些实验对研究 μ 介子与核作用提供了重要的依据，被惠勒（J.A.Wheeler）称为"揭开了研究介子和核相互作用的可能性"。1947 年，费米（F.Fermi）和泰勒（E.Teller）在《负介子在物质中的衰变》一文中首次提出了负 μ 介子慢化后接近核，与核相互作用而被俘获的理论。文中指出："负介子的消失可理解为介子同核短程相互作用而接近和被核俘获的过程。"不过这时他们仍认为 μ 子是强相互作用粒子，故有短程力即核力。负 μ 介子慢化而被核俘获的理论，是费米在 1934 年提出的慢中子核蜕变思想的发展，它成为张文裕进行实验并提出 μ 子原子理论的指导思想。

1946 年后，美国军事界和学术界流传苏联用电磁透镜聚集宇宙线介子，利用其强相互作用制成有巨大爆炸力的新式核武器"介子弹"的说法。美国军方和原子能委员会找到普林斯顿大学，愿资助进行该项研究。该校巴尔摩实验室主任施密斯（H.Smyth）和惠勒教授把这项研究工作交给正在此实验室做研究教授的张文裕。张文裕认为用电磁透镜聚集-电子学计数的方法解决不了本质的问题，决定采用云室进行实验。他领导学生和技术人员于 1946—1947 年设计制造了一套自动控制、选择和记录宇宙线稀有事例的云室系统，以做 μ 子

---

　　* 物理学的发展越来越显示出核力并不是由于核子之间交换 π 介子而产生的，但在粒子物理学发展的初期，汤川秀树的理论还是起了重要的历史作用。

被物质吸收的研究。他们使宇宙线先通过云室上方 1 米厚的铅块减速，再经过装有三路符合和一路反符合的符合-反符合式望远镜聚束后进入云室，投到云室内的铝、铁和铅箔上，研究宇宙线 μ 子与轻元素铝、中等重元素铁以及重元素铅相互作用的情况。云室四周和底部装有许多计数器作为反符合系统。云室保持恒温，备有快速电磁膨胀阀，由计数器自动控制，经望远镜将停止在云室内的慢介子自动记录下来。每次拍摄一对照片，以表示三度空间的正面和侧面。调整后可几个星期全时工作。

在早期拍摄的几万对照片中，未发现一张相当于因核力"爆炸"事件引起的"星裂"径迹，也未发现金属箔停止宇宙线负 μ 子后放射质子或 α 粒子，也就是说不会大量释放能量；但是，在箔片停止负 μ 子处却经常有低能电子释放的径迹。这些结果表明，负 μ 子被物质吸收后，不会产生核碎裂，因而"介子弹"的说法纯系谣传，而且由于负 μ 子被物质停止后不会发射高能质子或 α 粒子，表明 μ 子与核没有强相互作用。这些发现为张文裕揭开了研究 μ 子被核俘获而形成 μ 子原子的内在机制的序幕。

1949 年 1 月，惠勒在《近代物理评论》上发表的论文《μ 介子和核相互作用的一些结果》中指出：

> 不仅介子具有绕核的玻尔轨道特征，而且它通过与原子的寻常相互作用而被俘获到这些轨道内，这是与核产生任何其他特殊反应的前提。

在这篇论文中，惠勒对张文裕发现 μ 子原子的贡献做了肯定。他写道：

> 更有趣的是介子的能级和能级间的跃迁，对此的第一个实验证据是张文裕在下面的论文中给出的。

张文裕在 1948 年已发现负 μ 子被铝、铁和铅箔停止时未发射重离子类的粒子（如质子和 α 粒子），却可能放射出中性粒子（如中性介子）。在《寻找宇宙线介子停止后产生的重粒子》一文中张文裕指出，负 μ 介子被金属箔原子核俘获后，其静止能量（$m_\mu c^2 > 100$ 兆电子伏）的大部分被中性粒子带走，这些中性粒子很可能是中微子，因为实验结果表明，中子和 γ 光子带走的能量都不大。在他与惠勒同期发表的《用云室研究铝、铁、铅箔对 μ 介子的吸收》论文中，进一步由箔的厚度推出，铁和铅要停止一个 μ 子而放出一个质子，该质子必定有小于 4 兆电子伏的能量，而在铝中其能量小于 1.5 兆电子伏，以便使 μ 子能够停留在薄箔片内。换言之，只有一小部分可利用的总能量（$m_\mu c^2$）会作为动能而被质子跑出核后带走。但是，对于质子而言，铅、铁和铝的核势垒分别为 10 兆电子伏、5 兆电子伏和 3 兆电子伏，能量较小的质子或 α 粒子要从这核势垒中逃逸的概率必定是可以忽略的。张文裕指出，铅停止负 μ 子的实验表明，负 μ 子仅把其静止能量的一小部分给了核，引起核子再安排，剩下的大部分能量因产生反应

$$\mu^- + p \rightarrow n + \mu$$

即负 μ 子与质子作用产生中子和中微子，被中性的非电磁辐射粒子如中微子带走，因而逃脱了云室的观测。

张文裕继续写道，负 μ 子通过云室的金属箔逐渐慢化后，其运动速度接近热运动的速度时，在强大的核正电荷吸引下，μ 子会被核俘获，代替了原来围绕核运动的一个电子，形成 μ 子原子；接着 μ 子从较高的能态跃迁到较低的能态而发射电磁辐射，即发射 1～5 兆电子伏的低能光子，这些光子在箔片上转变为康普顿电子或电子对（从负 μ 子打击靶的点上沿一定角度放射的电子或电子对，又称为介子取向电子或电子对）而被观测到。正 μ 子因与核间的库仑斥力，不会被俘获，也就无定态可言，它因在停止而未靠近核之前已衰变，放射出高能正电子，所以很容易被辨认出来。最后，张文裕进行了大量的实验和计算，得出负 μ 子的定态轨道及其跃迁与能量辐射的关系。例如铅核俘获负 μ 子

于 K 轨道，释放 9 兆电子伏的能量；从 $2p$ 向 $1s$ 轨道跃迁，则辐射能量为 4.4 兆电子伏的光子；从 $3d$ 向 $2p$ 轨道跃迁，则辐射能量为 2.6 兆电子伏的光子。

1949—1956 年，张文裕转到普渡（Purdue）大学工作，普林斯顿将张文裕原来使用的整套仪器全部赠送给普渡。张文裕利用两套云室积累了更多 μ 子原子的事例，对 μ 子原子做了更系统的研究。1951—1953 年，他同时研究宇宙线大气贯穿簇射（系由高能核作用引起）以及 V^0 粒子的性质。他测得 θ^0 粒子（后来称为 K^0_S）的寿命为 0.80×10^{-10} 秒，Λ^0 粒子的寿命为 2.8×10^{-10} 秒，与 30 年来测得的数值几乎相同。

1954 年，张文裕将他对 μ 子原子的研究特别是 1950 年前的工作进行了总结，写成了《海平面介子停止在铅和铝箔中》的论文。论文分两部分：第一部分为带电核子与可能发生的有关事例，其中说明他关于 μ 子的实验共达 2600 有效小时，仅铅箔实验就达 1500 有效小时，实际用时约为有效时间的 3～5 倍，拍的照片达 5000 对（不包括最初阶段的照片）。实验表明，没有放射出质子，证明 μ 子不参与强相互作用；从铅和铁箔放射 γ 射线，表明负 μ 子在核外定态轨道上运转和跃迁。但在铝箔上未发现 γ 射线，这是因为 μ 子在定态轨道跃迁产生的光子能量过低所致。第二部分为低能（1 兆～5 兆电子伏）γ 射线，讨论了低能光子与停止负 μ 子关联问题，指出几乎每捕获一个负 μ 子，就放出一个光子，因此可以从能谱上发现负 μ 子在轨道上的跃迁。

张文裕经过数年的刻苦研究，突破了传统的卢瑟福-玻尔原子结构模型，发现了 μ 子原子，从而开创了奇异原子物理研究的先河。后来物理学界把 μ 子原子称为"张原子"，把 μ 子原子能级间跃迁发射的 X 射线辐射称为"张辐射"。

在张文裕发现 μ 子原子之后，人们采用张文裕研究 μ 子原子的方法，发现了更多的奇异原子。1952 年，卡马克发现 π 介子在与原子核发生作用之前，能在核外定态轨道上运转和跃迁，形成 π 介子原子；1960 年，休斯（V. W. Hughes）发现电子可以绕正 μ 子运转而形成"μ 子素"；而正电绕负 μ 子运转形成"反 μ 子素"。μ 子素与电子绕质子运转的氢原子在结构和性质上十分相似，只是质量不同，这种质量上的差异，使它们不能相互湮没，具有一定的稳定性。20 世纪 60 年代末以后，人们又发现了 K^- 介子原子、Σ^- 超子原子和反质子原子以及反氢原子（反质子和正电子形成的束缚态）、反氦原子（负 μ 子与 α 粒子形成的束缚态）和电子偶素（电子与正电子形成的束缚态）等。在形形色色的奇异原子中，μ 子原子有着更重要的实用意义。因为 μ 子和 μ 子原子的寿命分别比 π 介子、K 介子和 Σ 超子以及它们的奇异原子的寿命长百倍以上；μ 子又是非强相互作用粒子，不会引起复杂的后果；它易于用加速器产生，在"μ 子工厂"中产生大量的慢 μ^-，形成较多的 μ 子原子。由于 μ 子的质量比电子大 200 多倍，μ 子的某一轨道只为电子相应轨道的 1/200 以内，即 μ 子比电子离核更近了，所以用 μ 子作为探针来观察核结构要准确得多。μ 子原子的直径很小，而且是中性的，具有中子那种轰击核的特性。用它轰击氢及其同位素的原子，能产生 μ 子分子，这是一种奇异分子。后来又发现了其他奇异原子形成的奇异分子，如氢原子和反氢原子形成的奇异分子（也称为物质-反物质分子）。用 μ 子和 μ 子原子作为工具，可研究固体物理和化学反应以及分子的电结构和化学性质，还可进行无损化学分析。后来又导致用 μ^- 形成氘的 μ 分子，进行 μ^- 催化核聚变的研究，以探索释放氢核能的可能途径。

中华人民共和国成立后，热爱祖国的张文裕决定尽快回国。他联合在美国的中国学者成立了"全美中国科学家协会"，张文裕当选为执行秘书。不久他接到叶企孙和吴有训的电报，要他前往民主德国参加中国代表团庆祝民主德国科学院成立三百周年的活动，然后一起回国，但因他的夫人王承书快要生产而未能前往。1950 年 1 月 6 日，他们的孩子张哲出生了。不久朝鲜战争爆发，美国禁止在美从事理、工、农、医的中国人回国，又实行麦卡锡主义，迫害民主进步人士。张文裕受到美国当局的监视和联邦调查局的无数次"调查"。日内瓦和平解决印度支那问题协议签订后，张文裕、王承书才获准离境，但又不许他们出生于美国的儿子张哲出境。后经据理力争和国际友人的帮助，全家才得于 1956 年 10 月 13 日回到北京。由于这些原因，从 20 世纪 50 年代中期起，人们在提到 μ 子原子的发现时，就不再有人提到张文裕了，有意无意地回避了它的发现者。但是，历史事实是无法抹杀的。由于 μ 子原子中 μ 子的跃迁有多种，放出的 X 射线有时能量十分接近，要求探测器有很高的能量分辨率，所以使研究工作的进展受到影响。1964 年发明了半导体探测器，能量分辨率提高几十倍。吴健雄从 1964 年开始用半导体探测器研究 μ 子原子，取得了很大的进展。1977 年，吴健雄和休斯在他们合编的 3 卷本《μ 子物理学》（*Muon Physics*）的第一卷第一章中，对张文裕的发现明确地做出肯定。他们写道："张文裕于 1949 年在用云室研究停止宇宙线的负 μ 子时发现了它""当减速的负 μ 子被原子核俘获时，形成 μ 子原子。用云室法研究减慢和俘获宇宙线中的负 μ 子时，第一个观察到产生 X 射线的是张文裕的报告"。张文裕的历史功绩，终于得到公正的肯定。

4. 为发展我国高能物理事业奋斗不息

1956 年底，张文裕被任命为中国科学院原子能研究所副所长、宇宙线研究室主任，次年当选为中国科学院学部委员。

张文裕积极倡议建造高山宇宙线实验室。他和肖健（1920—1985）一起组织云南落雪山宇宙线实验室的扩建，建造了包括磁云室在内的一套 3 个大云室。这套装置是当时世界上最大的大云室组。它作为研究高能宇宙线粒子引起的高能核作用的大型实验装置于 1965 年投入运行。在张文裕的指导下，年轻的研究人员利用这套装置做了许多有意义的工作。1972 年，在这套装置上发现了一个质量可能大于 10 倍质子质量的重粒子事例，在国际高能物理界引起了重视。云南站的工作，培养了我国一代宇宙线工作者。

1961 年，张文裕被派往苏联杜布纳联合核子研究所接替王淦昌担任中国组组长。在这期间，他领导一个有东欧学者参加的联合研究组，利用王淦昌等人建造的丙烷气泡室和联合所加速器的 10 吉电子伏质子束研究高能中子在泡室中产生的各种基本粒子的产生截面、衰变形式和寿命、与核子的相互作用，特别是有关 Λ^0 超子与核子的散射问题。张文裕把共振态分为核子和超子激发态，提出了一个重子能级跃迁图；在对 Λ^0 超子与核子的散射过程的研究中，给出了平均动量为 2.7 吉电子伏$/c$ 的 Λ^0 超子与质子散射的总截面和角分布，填补了当时这方面的空白。

张文裕在长期的物理学研究工作中，深刻体会到定量的工作对物理学发展的重要意义。靠宇宙线可以做定性的工作，但因粒子流太弱，做定量工作有困难，定量的工作要利用加速器来做。所以，他一直盼望建造一台高能加速器，成为我国自己的高能物理研究基地。1972 年 8 月，他与高能物理界的一些专家共同提出在北京建造一台 40 吉电子伏质子同步加速器的建议。9 月 11 日，周恩来总理指示：

这件事不能再延迟了。科学院必须把基础科学和理论研究抓起来，同时又要把理论研究与科学实验结合起来。高能物理研究和高能加速器的预制研究，应该成为科学院要抓的主要项目之一。

为此，1973 年 1 月，中国科学院高能物理研究所成立，张文裕被任命为所长。由张文裕担任团长的"中国高能物理考察团"访问了美国布鲁海文国立实验室（BNL）、费米国立加速器实验室（FNAL）、阿贡国立实验室（ANL）、斯坦福直线加速器中心（SLAC）、劳仑斯伯克利实验室（LBL）以及欧洲核子研究中心（CERN），为开展高能物理学术交流和技术合作迈出了第一步。1979 年和 1980 年，张文裕担任了第一、第二届"中美高能物理联合委员会"的中方主席。与此同时，中国科学院高能物理研究所与西欧核子研究中心、英国卢瑟福实验室、日本 KEK 和联邦德国的 DESY 等高能实验室建立了广泛的联系，开展了卓有成效的合作。

随着国民经济的发展，在广泛征求与听取国内外高能物理学家的意见后，将原来拟建的 40 吉电子伏质子同步加速器改变为建造一台质心能量为 2×22 亿电子伏的正负电子对撞机，用于开展粲物理与 τ 轻子物理研究。1984 年，国家领导人邓小平亲自到高能物理研究所为北京正负电子对撞机（BEPC）破土动工奠基；1988 年 10 月，对撞机实现正负电子对撞，对撞机亮度达到甚至超过设计水平；1989 年，大型探测器 BES 通过宇宙线测试，谱仪顺利进入对撞点，同步辐射实验室建成出光。这标志着建成了我国的高能物理实验基地。这一成就凝聚了张文裕后半生的心血，实现了他让高能物理事业在中国生根的愿望。

张文裕一生待人宽厚诚恳，谦虚热忱，平易近人，关心爱护周围的同事。他为发展祖国科学事业的执着和献身精神，他卓绝的科学成果和高尚品格，获得了国内外科学界的一致尊敬与爱戴。

1992 年 11 月 5 日，多年重病的张文裕在北京逝世，享年 82 岁。

（二）中国学者关于粒子物理的早期研究

粒子物理学又称高能物理学或基本粒子物理学，它研究比原子核更深层次的微观世界中物质客体的结构性质和在很高能量下相互转化的现象，以及产生这些现象的原因和规律。它是现代物理学发展的前沿之一。从 20 世纪 30 年代开始，中国学者就开始了在这个领域的探索性工作。

1. 彭桓武关于介子的研究

少小离巢自学飞，省垣故国识芳薇。

华园六载登堂座，云海多年入室帏。

众木喜看撑大厦，群禽协舞映朝晖。

一场摇雨风滥后，韧翼总凭余热挥。

这是我国著名理论物理学家彭桓武于 1985 年 10 月 6 日所写的七律诗《七十自况》。

彭桓武 1915 年 10 月 6 日出生于吉林长春市，其父彭树棠（1873—1942）为清朝举人，曾留学日本早稻田大学，历任延吉、珲春和长春等地的地方官。彭桓武 1935 年于清华大学物理系毕业后即进入研究院继续学习。6 年中得学友之助和良师引导，使他确立了探索和理解自然奥秘的志向，并在物理、化学和数学等方面做好了准备。1938 年冬，彭桓武作为"中英庚款"理论物理研究生赴英国爱丁堡大学理论物理系随著名理论物理学家玻恩（M.Born）做研究员。1940 年获哲学博士学位，1945 年又获理学博士学位。1941—1943 年在爱尔兰都柏林高等研究院做博士后研究。1943—1945 年他又到英国爱丁堡大学做博士后研究。此后他回到都柏林高等研究院，在由薛定谔（E.Schrödinger，1887—1961）任所长的理论物理研究所任教授两年，至 1947 年底搭船回国。在这些年中，彭桓武常与蜚声世界的物理学大师玻恩、薛定谔、海特勒（W.H.Heitler）等共同工作和切磋讨论，使自己的学术见识、研究能力得到很大提高，同时也以自己创造性的工作，对固体物理、介子物理和量子场论的发展做出了重大贡献。

1941—1943 年，彭桓武在爱尔兰都柏林高等研究院和海特勒合作进行介子理论方面的研究，发展了量子跃迁概率的理论，处理核碰撞中产生介子的过程，得出了能谱强度，并首次用以解释宇宙线的能量分布和空间分布。这就是当时名扬国际物理学界的，以作者哈密顿、海特勒和彭桓武三人姓氏缩写为代号的，关于介子的 HHP 理论。在这个理论中已经出现了后来被称为戴逊（Dyson）方程的方程。1943—1945 年，彭桓武在爱丁堡大学做卡内基研究员时，和玻恩等合作进行场论方面的研究，1945 年以论文《量子场论的发散困难及辐射反作用的严格论述》获得理学博士学位后，又到都柏林高等研究院继续做场论中用生成函数方法表示场的波函数的研究工作。为了与实验室中人工产生的介子进行比较，彭桓武具体指导来自法国的访问学者莫雷特（C.

Morette）对较低能区核碰撞中介子的产生进行了更细致的计算，彭桓武还以个人名义发表了有关介子的级联产生和量子场论的研究工作。1945 年，彭桓武与玻恩因关于量子力学和统计力学的一系列探索性工作而共同获得英国爱丁堡皇家学会的麦克杜克尔-布里斯班（MacDougall-Brisbane）奖；1948 年被选为皇家爱尔兰科学院院士。

1947 年底，彭桓武抱着满腔的爱国热忱回到祖国。先在昆明云南大学物理系任教授，1949 年初回到清华大学任教授，后又在北京大学、中国科技大学任教，为中国的核能事业培养了大批青年力量。1955 年 10 月以前，他的研究工作主要是将量子力学应用于原子核这一多体系统。特别是对轻核系统，利用有关轻核（^{2}H、^{3}H、^{3}He 及 ^{4}He）的基态结合能、^{3}H 核的虚态能级以及核子-核子散射的周相等有关实验数据，来探索核力的形式和处理核多体问题的方法。这一工作在当时居于国际前列，它既是彭桓武在国外关于介子问题研究的继续，也标志着他把注意力转向原子核物理和核能的利用。从 1955 年 10 月到 1972 年 11 月，彭桓武的主要精力放在发展我国原子能事业所需要的培养科技队伍、理论研究和学术组织工作上。特别是在核武器的研制中，他运用强有力的理论手段把复杂的方程组予以简化，完成了原子弹反应过程的粗估计算，划分了反应过程的各个阶段，提出了决定各阶段反应过程特性的主要物理量，对掌握原子弹反应的基本规律与物理图像起了重要的作用。在探索氢弹理论设计原理的过程中，他更发挥了深刻的理论洞察力和学术领导能力，引导年轻的科研人员进行物理机制和力学规律等各方面的研究。1978 年，彭桓武在调任中国科学院理论物理研究所所长之后，又大力推进我国凝聚态物理、统计物理、化学物理和生物物理的研究和发展。

2. 马仕俊关于量子电动力学和介子场论的研究

在彭桓武之前，马仕俊（1913—1962）于 1937 年获留学英国奖学金，入剑桥大学师从 W. 海特勒研究介子理论，于 1941 年获博士学位，旋即回国任教于昆明西南联合大学。诺贝尔奖获得者杨振宁和李政道都曾是他的学生。1946 年，马仕俊去美国普林斯顿高等研究院工作。从 1947 年起，他先后在爱尔兰都柏林高等研究院、美国芝加哥大学核物理研究所、加拿大国家研究院做研究工作。1953 年，美国好几个单位向他发出邀请，虽然他的妻子是美国人，他却全部拒绝了。因为他不愿意面对美国当局对东方人所采取的敌视的、有时甚至带侮辱性的态度，所以他便到澳大利亚悉尼大学工作，直至 1962 年逝世。

马仕俊主要致力于量子电动力学和介子场论方面的研究。20 世纪 40 年代中期，他在西南联合大学极端困难的情况下，仍然在《物理评论》《剑桥哲学学会会刊》上发表论文，在求解量子散射积分方程中发展了一种近似方法，较当时海特勒、彭桓武等人的近似方法更为可靠。在他们的方法中，为了求解积分方程，必须忽略掉向负能态的跃迁、重粒子的反冲和散射粒子的角分布等，这给计算结果带来很大的不确定性。马仕俊的近似法是在不忽略上述物理过程的前提下，引入一些未定参数，用增加参数数目的办法使积分方程的近似解任意逼近其严格解。

1946 年，海森堡的 S 矩阵理论对物理学的重要影响刚刚显露，马仕俊在普林斯顿高等研究院就首先发现了 S 矩阵的著名的多余零点。他把 S 矩阵理论应用到指数吸引势，并证明了里兹（Ritz）法与 λ 极限过程法在消除点源电磁场的发散中的等价性。1949 年，马仕俊在都柏林高等研究院指出了 E.费米处理量子电动力学方法的一个困难，从而导致一年后古普塔-布洛勒（Gupta-Bleuler）不定度规方法的产生。这一时期，马仕俊还研究了量子电动力学中的真空极化问题和幺正算符的幂级数展开的收敛问题。1951 年在芝加哥大学核物理研究所期间，他研究了推迟核力作用问题。1952 年在加拿大国家研究院期间，他对相互作用表象及束缚态理论也做过有意义的探讨。

3. 胡宁关于核力介子理论的研究

从 1935 年汤川秀树（1907—1981）提出介子假说后，虽然实验上还没有发现介子，人们却希望能够像由光子传递电磁作用力一样，通过介子传递的机制解决核力问题，泡利学派在这方面做过一些有意义的探讨。1943年，胡宁（1916年生）在获得博士学位后来到美国普林斯顿高等研究院，在泡利指导下从事核力的介子理论和广义相对论等方面的研究。他先同约奇（J. M. Jauch）合作，检验了赝标介子和矢量介子混合的非相对论性理论，进而又计算了相对论性修正。泡利和胡宁还研究了在强耦合近似下标量和矢量介子对理论中的自旋相关相互作用。这些工作都属于核力介子理论的早期经典文献。

1937年，惠勒（J. Wheeler）提出了S矩阵（即散射矩阵）。20世纪40年代初，海森堡等人指出，S矩阵元存在着一些与具体相互作用形式无关的性质，如洛伦兹不变性、幺正性和解析性，以及同因果性的联系等。他们希望能够通过对S矩阵性质的研究，开创出一种独立的理论方法，即通过在复数能量-动量平面上对S矩阵进行解析延拓，得出量子理论中所有观察量之间的关系。胡宁在爱尔兰都柏林高等研究院访问时，在这方面做了一系列工作。他先同海特勒合作，讨论了对S矩阵元的一些零点和极点的物理解释，然后他证明了对于短程力，S矩阵元在能量-动量复平面上只有一些简单的极点和零点，据此足以确定核物理学里的色散公式。胡宁实际上是独立地得到了维格纳（E. P. Wigner）等人在这方面的一些有典型意义的结果。胡宁还对如何消除S矩阵元的发散性问题做过研究。他的这些工作，为20世纪50年代中期基本粒子强相互作用理论中色散关系方法的建立，做了必要的准备。

1948年，胡宁重抵美国在康奈尔大学访问时，从费曼（R. Feynman）那里了解到量子电动力学的最新进展，就立即投入到这方面的研究中去。当时新理论的一个困难是不知道如何恰当地处理电磁场理论中的洛伦兹条件。胡宁首先证明了把电磁场的4个分量形式上平等处理的相对论协变理论的结果，与此前他人用消去纵场而只留下有物理意义的两个横场分量的复杂方法所得到的结果是一样的。1950年，古普塔-布洛勒不定度规方法的提出，圆满地解决了这一理论困难。

4. 朱洪元关于同步辐射性质的研究

高速带电粒子在磁场中运动时所放出的电磁辐射称为"同步辐射"。同步辐射光源的出现，被人们看作是继 X 射线光源、激光光源之后在光源发展中的又一次革命性事件。但在追溯同步辐射的发现史时，长期以来人们公认的早期理论工作是由苏联的伊凡年科与索科洛夫（于 1948 年 3 月）、美国的施温格（于 1949 年 3 月）做出的。但事实并非如此，世界上第一位系统定量地描述同步辐射性质的科学家是中国青年学者朱洪元。

朱洪元 1917 年出生于江苏宜兴一个高级知识分子家庭。其父亲朱重光和母亲王祖蕴均是德国汉诺威大学毕业生，分别从事水利航运和建筑业，均被授予特许工程师学位。朱洪元 1939 年毕业于上海同济大学机械工程系，1945 年留学英国曼彻斯特大学物理系，在著名物理学家布莱克特（P.Blackett）指导下进行同步辐射和基本粒子的研究，于 1948 年获得哲学博士学位。

当时布莱克特正在思考苏联物理学家波梅兰丘克（I.Pomeranchuk）1939 年提出的一个观点。众所周知，带电粒子的加速运动，都会产生电磁辐射。波梅兰丘克发现，在磁场作用下，速度接近光速的电子在做圆周运动时，能量损失十分迅速，并以电磁辐射的形式释放出来。联想到 20 世纪 30 年代人们提出的宇宙线产生的簇射现象，布莱克特想到，从宇宙中来的高速电子，是否能形成覆盖面特别大的广延大气簇射呢？布莱克特把这个难题交给了朱洪元。布莱克特设想，宇宙空间来的高速电子在进入大气层之前，就已经进入地球磁场，并在地球磁场作用下沿弧线运动。由于具有向心加速度，高速电子将迅速损失能量，放出大量光子；这些光子进入大气后与大气中的原子发生碰撞，转化为电子和正电子对；这些电子和正电子对在行进中再与大气中的原子继续碰撞，又产生新的光子。这一次又一次级联产生的大量光子和正负电子对，将会形成特大的广延大气光电簇射面。

朱洪元经过周密的思考和详细的推导，对高能电子在磁场中运动时放出的电磁辐射的性质在理论上进行了全面的研究，得到了这种后来被称为"同步辐射"的能量分布、角度分析、强度和极化情况的表达式，得出了与其导师原来的设想大相径庭的结论。在 1947 年 3 月所写的论文《关于高速荷电粒子在磁场中发射的电磁辐射》中，朱洪元概括道：

> Pomeranchuk 曾经证明，能量 $\gg 1 \times 10^{17}$ 电子伏的电子在穿过地球的磁场时，将失去其大部分能量。本文证明，失去的能量转变为约 600 个能量很高的光子。这些光子分布在长度为几十厘米或甚至只几厘米的非常窄的带上。地球的磁场既不能对广延空气簇射的能谱，也不能对其空间范围产生可观的影响。它的主要效应在于将簇射发展到最大时的高度提高。在一个速度非常高的电子达到大气顶部以前，一种类似于级联过程的现象已经在发展。[①]

朱洪元认为，在地球磁场中旋转运动的电子，虽然迅速地损失能量，放出大量的光子，但这些辐射光子基本上是沿着电子轨道的切线，即粒子瞬时速度的方向发射出来的，能量越高的电子越是如此，它们只能集中在一个十分窄小的锥形范围内。因此，在地球表面观察到的光电簇射，只有一个很有限的区域，不会产生特大范围的光电簇射。

朱洪元的结论完全出乎布莱克特的预料，他对此不能立即给予肯定。于是建议朱洪元将结果送给当时住在英国的印度著名物理学家巴巴（H. Bhabha）审阅。巴巴开始也怀疑朱洪元的结果，因为在场论中出现的红外问题中，能量越低的光子数目越多；而朱洪元的结论恰恰相反，即光子的能量趋于零时，光谱的强度也减小到零。朱洪元针对巴巴教授的怀疑，认真进行了复核计算，复信给巴巴指出：在计算光子数时要用到一个积分，"由于被积分函数在时间轴的上侧和下侧分布，其结果使得在谱分布的低频部分的傅氏分量趋于零"。朱

---

① TZU. *On the radiation emitted by a fast charged particle in the magnetic field.* Proc. Roy. Soc.，1948（A192）：231—246.

洪元的复信消除了巴巴的怀疑，于是在巴巴教授的支持和布莱克特的推荐下，论文得以在英国皇家学会会刊上发表（1948 年 2 月）。在论文的最后部分，朱洪元概括道：

> 在前面的各节中我们研究了一个高速电子在磁场中发射出的辐射。这种过程和轫致辐射很相似。由于对的产生和轫致辐射这两种过程不仅在物理上相似，在数学处理上也相似，由此可以有把握地假定，光子在地球磁场中的吸收系数和电子的吸收系数具有相同的数量级。当光子的能量可与 W_c 相比时，产生对的概率将是可观的。对于一个能量非常高的电子说来，在它到达大气顶层以前，一种类似的级联过程可能已经在发展。
>
> 像轫致辐射和对的产生这种过程，只有在某种能够吸收动量的东西存在时才能发生。在目前的情况下动量是怎样被吸收的，是一个有兴趣的研究问题。显然，它最终是被地球的巨大质量吸收的，正如在原子过程中它是被原子核的质量所吸收的那样。[①]

朱洪元的论文被英国皇家学会会刊编辑部接受一个月之后，英国物理学家波洛克（Pollock）的研究小组在美国通用电器公司的电子同步加速器上偶然地观察到了同步辐射现象。此后又经过一年多的研究，美国物理学家施温格于 1949 年 3 月在《物理评论》上发表了题为《论加速电子的经典辐射》的论文，也是关于同步辐射的频谱、角分布和极化状态等性质的研究，其主要结果与朱洪元的论文完全相同。所不同的是：朱洪元研究的是宇宙射线中的高能电子，施温格研究的是加速器中的高速电子。

事实说明，伊凡年科和索科洛夫、施温格和朱洪元等的 3 篇关于同步辐射的论文都是各自独立完成的，得到的主要结果也是相同的。但从论文投出和发

---

① TZU. *On the radiation emitted by a fast charged particle in the magnetic field*. Proc. Roy. Soc., 1948（A192）：231—246.

表日期的先后来说，朱洪元的工作是最早的，而且是在"观察到人为的同步辐射"实验之前，其他两篇论文均在上述实验之后。但由于种种原因，在后来的各种工作中被援引的都是施温格的论文，朱洪元的论文无人提及，使得中国学者这一开拓性的工作被埋没了41年！直到1988年5月在北京召开的同步辐射应用的国际会议上，与会的中国学者冼鼎昌第一次向人们提出了朱洪元41年前的论文，引起与会学者的由衷敬佩。美国斯坦福同步辐射实验室的温尼克（H.Winick）教授特意到朱洪元面前表示："能认识您这位在同步辐射发展初期就做出了如此重要工作的科学家，我深感荣幸。"他认为朱洪元的工作"应当认为是同步辐射理论发展中最早的贡献之一"，他还在自己向大会提交的论文中增补了朱洪元的文章。由此，朱洪元的论文才被人们称为同步辐射应用的奠基性文献。同步辐射由于其频谱很宽，自然准直性很好，极化状态明确，强度很高，而且具有脉冲时间结构，现在已得到广泛的应用。

1947年，布莱克特领导的宇宙线研究组成员罗彻斯特（G.Rochester）和巴特勒（C.Butler）在地下室的云室中，发现了一些难以解释的粒子的径迹。朱洪元对这些径迹做了估算，最早指出衰变前粒子的质量的下限为电子质量的900倍，这些粒子后来被称为奇异粒子。

5. 张宗燧关于量子场论的研究

量子场论作为研究微观物质世界的基本理论，它的研究进展对物理学各个分支学科的发展都有重要的推动作用。张宗燧（1915—1969）是最早研究量子场论的中国学者之一。他出生于浙江杭州一个高级知识分子家庭，自幼聪明好学，中学时就自修了微积分和原子物理学，大学三年级时就自学了当时最难学的相对论。1936年8月，张宗燧到英国剑桥大学从师福勒（R.H.Fowler）研究统计物理。1938年获得博士学位后即到丹麦哥本哈根大学随N.玻尔研究量子场论。1939年春又去瑞士高等工业大学在W.泡利指导下继续研究量子场论，并应邀在剑桥大学开设了场论课。张宗燧于1939年秋回国，先后在重庆中央大学、北京大学和北京师范大学任教，其间曾到美国普林斯顿高等研究院、费城卡耐基高等工业学校和英国剑桥大学工作。他兼任中国科学院数学研究所研究员。

1938 年来到哥本哈根大学理论物理研究所之后，张宗燧就把自己的研究重点由统计物理转到量子场论上。当时量子场论的研究正被一些发散困难困扰。张宗燧连续发表了十余篇论文，在量子场论的形式体系的建立，特别是在高阶微商、高自旋粒子的理论等方面，有不少工作达到了当时的国际先进水平。

1948 年，国际上出现了克服发散困难的重正化方法，张宗燧这时致力于量子场论数学形式的研究。在《关于 Weiss 的场论》一文中，他扩充了 Weiss 理论中的场方程，使之成为决定空间性曲面上的波函数如何随曲面的任意变化而变化的方程。张宗燧通过与哈密顿-雅可比方程进行比较，证明这一方程即使在含有高阶微商时也是可积的，这就在实际上证明了对易关系的相对论不变性。然后他利用一个接触变换引入相互作用表象，从而使相互作用表象理论获得更为普遍的基础。

（三）"层子模型"的提出和粒子物理研究的新进展

1. 20 世纪 50 年代到 60 年代初的研究进展

20 世纪 50 年代初以来，早期在国外从事粒子物理学研究并取得出色成果的物理学家彭桓武、张宗燧、胡宁、朱洪元等陆续回国，使当时在国际上蓬勃发展的粒子物理理论研究在国内开展起来。

胡宁回国以后，继续在量子场论、基本粒子理论和广义相对论等方面进行有效的工作。他在 1954 年发表的《由高能核子碰撞而产生的介子簇射》一文中，提出了一种简化的模型以及与之相配合的场论方法，计算出反应产物的平均横动量、非弹性系数、多重度和角分布等性质的定量结果，能较好地描述喷注现象的主要特性。直到 1958 年，国外才出现了运用类似物理概念提出并引起广泛关注的"火球模型"。

1956 年 3 月，中国和苏联、波兰、南斯拉夫、罗马尼亚、捷克斯洛伐克等 11 国联合建立了苏联杜布纳联合原子核研究所，中国科学院先后选派了王淦昌、胡宁、朱洪元、张文裕、周光召、何祚庥、吕敏、方守贤、丁大钊、王祝翔等 130 余人参加了该所的研究工作。王淦昌领导的小组利用 10 吉电子伏的质子加速器和他们自制的 24 升丙烷气泡室，收集了大量核反应事例，于 1959 年 3 月从数万张径迹照片中发现了反西格马负超子（$\tilde{\Sigma}^-$），这是在高能 π 介子核反应中首次观察到有反粒子产生、衰变和衰变产物湮没的完整现象。

1958 年，朱洪元从来访的苏联物理学家塔姆（и.TaMM）处得知刚刚提出的普适弱相互作用中的 V-A 理论，便立即领导其小组进行研究，讨论了介子和超子的衰变过程，并探讨了 μ^- 介子在质子上的辐射俘获过程，发现了一个严格的选择定则：当始态的 μ^- 介子和质子组成自旋为零的 s 态时，μ^- 的辐射俘获不会发生；只有当强作用的重正化效应存在时，才会发生 μ^- 的辐射俘获。1960 年，朱洪元进一步阐明了它的原因：在此过程中，V-A 理论经变换后起作用的是标量及赝标量，它们禁戒了辐射俘获过程在自旋为零的 s 态中发生。

1957—1961 年，周光召在杜布纳联合原子核研究所从事高能物理、粒子物理等方面的基础理论研究工作。当时他虽然尚未步入而立之年，却已成果累累，仅这一时期在国外刊物上发表的论文就有 33 篇，获得了国际上的好评，两次获得联合所的科研奖金。在《极化粒子反应的相对论理论》、《静质量为零的极化粒子的反应》和《关于赝矢量流和重介子与介子的轻子衰变》等一系列重要论文中，周光召严格证明了电荷共轭宇称（CP）破坏的一个重要定理，即在电荷共轭、宇称、时间（CPT）联合反演不变的情况下，尽管粒子和反粒子的衰变总宽度（总寿命）相同，但时间（T）反演不守恒，它们到不同过程的衰变分宽度（分枝比）仍可以不相同。1960 年，他简明地推导出赝矢量流部分守恒（PCAC）定律，对盖尔曼等人提出的赝矢量流部分守恒定律做出了严密的理论证明。关于弱相互作用中部分赝矢量流守恒的观念，直接促进了流代数理论的建立，是对弱相互作用理论的一个重要推进。因此，国际学术界公认周光召是 PCAC 的奠基人之一。为了适应分析高能散射振幅和当时的雷吉（Regge）理论的需要，周光召第一次引入了相对论螺旋散射振幅的概念和相应的数学描述。

在联合所的一次学术讨论会上，周光召提出了与苏联教授关于《相对性粒子自旋问题研究结果》相反的意见，引起了激烈的争论。周光召没有向权威妥协，用了 3 个月的时间一步步严格地证明了自己的观点，并把研究结果写成论文《相对性粒子在反应过程中自旋的表示》，发表在《理论与实验物理》杂志上。过了些时候，美国科学家也得到了相似的研究结果。这就是著名的"相对性粒子螺旋态"理论提出的过程。

此外，周光召还最先提出用漏失质量方法寻找共振态和用核吸收方法探测弱相互作用中的弱磁效应的建议，并且在粒子物理各种现象性的理论分析方面做了大量工作。当时国外人士称赞说："周光召的工作震动了杜布纳。"

1959—1961 年，朱洪元也在苏联杜布纳联合原子核研究所工作。他利用色散关系对 π 介子之间及 π 介子与核子之间的低能强相互作用进行了深入的研究，并与其合作者共同发现了当时流行的角动量分波展开法引入了很大的误差，他们指出由此方法导出的方程含有不应有的奇异性质，其中隐含有发散困难，从而否定了 1959 年国际高能物理会议上提出的关于这一问题的研究方案，并推导出不含发散积分的 π-π 及 π-N 低能散射方程。

1958 年，张宗燧发表了《含有高次微商的量子理论》的论文，他将两种含有高阶微商的量子场论进行了比较。其中一种是将场方程正则化，再进行量子化；另一种是将场方程分为许多满足二次方程的场的线性组合。研究结果表明，无论是就对易关系，还是就总能量来说，这两种理论都是相同的。这就指出了含有高阶微商的量子场的各种理论将遇到同样的困难。

2."层子模型"的提出

1965 年，当国际高能物理学界深入研究强子内部结构的新阶段刚刚开始时，中国高能物理学者们提出的"层子模型"理论，为高能物理学的发展做出了自己的重要贡献。

早在 1949 年，物理学家费米和杨振宁提出了 π 介子是由核子和反核子组成的假说。1955 年，日本物理学家坂田昌一依据当时粒子研究的新成果，主要依据奇异粒子的性质和奇异粒子所参与过程的规律性，提出了强子结构的复合模型。这个假说认为，粒子世界的基本"材料"是核子（包括质子和中子）以及超子 Λ 粒子，其他的强子，包括介子和重子，都是由它们和它们的反粒子所构成的复合体系。坂田模型开创了用结构模型研究强子物理的新领域。1964 年，在当时广泛开展的对称性研究的基础上，美国物理学家盖尔曼（M. Gell-Mann）将坂田模型加以改造，提出了"夸克模型"，将构成强子的 3 种组分改称为"夸克"（quark）。这个模型不仅对介子，而且特别对重子的性质做出了很好的解释和预言，对强子结构问题的研究起了重要的推动作用。到 1965 年，发现的基本粒子的总数已不少于周期表上化学元素的数目，其中包括自旋高达 11/2 的重子。核子电磁形状因子的测定表明，核子有一定的大小，其形状因子具有偶极点的形式；强子性质之间的对称性以及强子相互转化的现象，也表明它们之间可能存在着统一的基础。这一切都是强子具有真实的内部结构的迹象。因而，发展强子结构的理论成为当时发展粒子物理理论的必然趋势。

虽然当时并不知道强子内部是否有新的力学规律在起作用，也不知道强相互作用的具体形式，但是人们仍然可以从对实验结果和理论现状的深入分析中，提取比较适合于描述强子内部结构的观念和方法，大胆地进行试探和实践。当时已经提出的坂田模型和夸克模型，主要是从两条途径做出它们的理论预言的：一是借助于群论，从强子组分的群变换性质出发，把强子分成若干族，探讨同族粒子性质之间的相互联系这样一种对称性方法；二是根据结构模型的物理图像，从强子组分及其相互作用性质的某些假定出发，导出关于强子的状态及其在一些相互作用过程中的某些选择规则。这两种方法虽然都成功地做出了不少很好的理论预言，但还不能完全解释已发现的某些实验事实。实验表明，有一些过程显示出较好的对称性，另一些过程则较差，还有一些过程对称性被严重破坏，呈现一种既对称又不对称的复杂局面，绝不是一般对称性观点所能统一解释的。所以，必须找到一种新的途径，把上述两种方法中行之有效的内容包括进去，并能更深刻地揭示出强子结构的动力学性质。

从多年来高能物理实验的结果进行分析，量子数、本征值和几率波的概念在高能物理中仍然有效，因此，在强子内部，用波函数描写状态、用算符代表物理量可能仍然可行。朱洪元、胡宁、何祚庥、戴元本等 39 人组成的北京基本粒子理论组在这一认识的基础上，从 1965 年 9 月到 1966 年 6 月，合作建立了关于强子结构及强子过程的"层子模型"。

作为发展强子结构理论的第一步，他们尝试引进强子的内部波函数来描述强子的内部结构，用这种波函数在原点的数值、波函数的重叠积分以及强子组分的相互作用性质来表达跃迁矩阵元，用以统一地描述强子的一系列转化过程，以便通过与实验结果的比较来检验和改进所提出的模型和所采用的波函数。他们根据物质结构具有无限的层次，强子内部的组分未必就是物质的最终单元，还可能包含更深层次的结构的观点，把强子内部的组分通称为"层子"，认为层子也可能不止 3 种，强子是层子或层子与反层子的束缚态。

层子模型正是在这种思想的指导下，运用理论试探和实验检验的方法建立起来的。它的主要特点是突破了通常对称性理论中局限于静态力学量的研究，引入结构波函数来描写强子的束缚态性质，描写强子内层子的运动。在最终建立起层子之间的动力学理论之前，可以通过表达层子在强子内部运动的波函数来着手研究，因为相当一部分动力学的信息都包含在反映强子内部结构的波函数中。这个波函数不但考虑了层子的对称性质以及层子在强子内部运动的非相对论性近似，而且考虑了强子整体的高速运动特点，具有相对论协变的性质，因而原则上适合于讨论强子的相互转化这种涉及极高速运动的过程。由于强子是束缚态，不能当作点粒子来处理，因此发展了计算含束缚态的矩阵元的方法，自洽地处理了束缚态的内部运动的波函数。利用这个波函数讨论了一系列强子过程，特别是比较系统地分析了强子的电磁性质、大量的电磁跃迁过程和弱相互作用过程；此外还对一部分强相互作用过程和高自旋态进行了初步探讨，得到了许多有意义的结果。这些理论结论同实验结果大部分数量级相符合，有一部分符合得很好，这是对层子模型的很大支持；也有一些偏离较大，这给理论探索提出了更为深入的课题。层子模型的提出和国外一些学者在非相对论性夸克模型基础上所进行的关于强子结构问题的探索工作一起，大大推进了强子内部结构问题的研究。

关于层子模型的探索，研究组一共写了 42 篇论文，发表在 1966 年出版的《原子能》杂志和《北京大学学报》自然科学版上。这些理论的主要思想，通过题为《强相互作用粒子结构的相对论模型》的论文发表。1966 年，在北京举行的亚洲及太平洋地区科学会议上，以及后来在国际高能物理学界中，"层子模型"理论受到了高度评价。例如诺贝尔物理学奖获得者温伯格（S. Weinberg）在他的著作《最初三分钟——宇宙起源的一种新的看法》（1977 年）中写道：

> 北京一小组理论物理学家长期以来坚持一种类型的夸克理论，但称之为"层子"而不称之为夸克，因为这些粒子代表比普通强子更深一个层次的现实。

另一位诺贝尔物理学奖获得者，参加过 1966 年科学会议的巴基斯坦物理学家萨拉姆（A. Salam），更积极提倡研究"亚层子"问题。由于种种原因，直到 1980 年，关于"层子模型"的综述性论文才得以发表。几十年来高能物理实验和理论研究的实践表明，层子模型所开始和坚持的探索强子内部结构的研究方向是正确的，层子模型的基本物理图像是正确的，层子模型所采用的基本方法虽然远不是完善的，也仍然是有启发意义的。

3. 20 世纪 70 年代后的新成果

这一时期，粒子物理理论在国际上取得了突破性的发展。1967 年提出了电弱统一理论，1973 年创立了量子色动力学。而在这期间，我国的基础科学研究却受到极大的破坏，几乎完全停滞。只是在 1972—1975 年，周恩来总理多次强调要加强基础研究，粒子物理研究工作才略有恢复。"文化大革命"结束后，理论研究才得以全面恢复。

戴元本、吴咏时等研究了电磁形状因子以及量子色动力学的红外行为。何祚庥和黄涛进一步推广了哈格-西岛-兹末曼（Haag-Nishijima-Zimmermann）所发展的束缚态场论，建立了一个新的束缚态场论的体系，并系统地研究了这一束缚态场论的微扰展开理论的规范不变问题及红外和紫外发散的重正化问题。1976—1986 年，中国科学院理论物理研究所的郭汉英、陈时等进行了规范场的主纤维丛表达与 Kaluza-Klein 理论的研究，探讨了规范场和纤维丛之间的关系。他们用纤维丛理论处理了破缺规范理论中子群的磁单极问题，导出了存在磁单极时电磁势的一般表达式；还讨论了五维 Kaluza-Klein 真空的稳定性问题，首次得到了五维 K-K 真空不稳定的结果。中国原子能科学院的马中骐求得了 SU（N）球对称势的一般形式，得到了 SU（S）大统一理论中的全空间解析的磁单极解，并研究了拓扑背景场中费米子的运动，解出费米子在磁单极场中和在双子场中的散射态和束缚态。

1978—1988 年，中国科学院理论物理研究所的张肇西、黄朝商等进行了微扰量子色动力学应用的研究。主要研究了以下几个方面的问题：

（1）强子碰撞直接产生重夸克偶素，这是世界上第一次提出一种强子直接产生重夸克偶素的机制；

（2）计算喷注行为从而理解强子化的粒子多重数；

（3）利用非常普遍的归一化条件，首先从理论上得到 EMC 效应小 x 区域行为的趋势，并为实验所证实；

（4）应用重正化群和算子乘积展开方法，计算微扰量子色动力学对 $m_t > m_w$ 非轻子衰变有效拉氏量的修正，计算形状因子、$J/\psi \rightarrow \gamma + n$ 和 I^{++} 介子衰变到光子加 I^{++} 介子等遍举过程；

（5）计算高扭曲算子的反常量纲矩阵，并使之对角化。

1982—1990 年，张肇西、周邦融等进行了"关于夸克、轻子复合模型"的研究，讨论了把引力排除在外，但包括可能的全部不破缺的规范相互作用的大统一，结果发现复合大统一方案在排除引力的情况下是难以实现的。这项研究还论证了夸克-轻子族间的规范成分主对称性可以存在，可以起源于夸克-轻子的复合性。他们首次提出了利用复合模型中出现的高维色费米子的凝聚来替代 Higgs 机制的思想，取得一定的成功。

从 1983 年开始，朱伟、沈建国、邱锡钧、张肇西等研究核子内的夸克分布，指出 EMC 效应涉及两个不同层次的夸克概念：当人们论述束缚态核子内的夸克时，指的是组分夸克；而在论述深度非弹性散射过程中的夸克时，则是指海夸克。他们提出了核内组分夸克模型的初步理论，预言核内海夸克不可能增强。1986 年，BCDMS 国际协作组在第 24 届国际高能物理会议上公布的实验结果，支持了这一组分夸克模型。1990 年 5 月，美国费米实验室 E_{772} 国际协作组公布的实验结果又对朱伟等人核内组分夸克模型所做出的预言进行了确证，即核内的海夸克没有增强。他们还进一步发展了胶子聚变机制和阴影-反阴影理论，提出了核内阴影和反阴影共存的观点。

1976 年以后，周光召又逐渐转向粒子物理理论的研究。他组织领导了许多中青年研究人员对相互作用统一、CP 破坏、非线性 σ 模型、有效拉氏量理论、超对称破缺等方面做了许多有意义的研究工作。特别是 1982—1988 年，周光召、侯伯宇等进行了当代理论物理前沿研究的重要课题"量子场论大范围性质的研究",引起了国内外学者的普遍重视。他们深入分析了有效作用"反常"项的形式、性质和拓扑起源,在国际上首先得到规范不变有效作用"反常"项的正确形式,探讨了它的存在条件,独立地发现了 $2n$ 维空间的非阿贝尔反常、$2n+1$ 维陈省身-Simons(C-S)示性类与 $2n+2$ 维阿贝尔反常之间的深刻联系,提供了 $2n$ 维非阿贝尔反常的整体形式;进而推广了 C-S 第二示性类的概念和著名的示性类超度公式。他们率先提出了广义 C-S 示性类,得到了超度公式的一般形式,并据此进行了规范群的上同调分析,指出了规范群上同调与 Cech-deRham 上同调的关系。他们分析了各级上闭链的性质及其物理意义,发现了第三上闭链的物理应用,讨论了广义 C-S 特征类与指标定理的关系。他们独立地发现了几种有效作用与拓扑不变量的关系,独立地提出了去除递承系列拓扑障碍的方法,在拓扑不变量的性质及其在规范场的有效作用方面做了较系统的工作,此项成果具有十分重要的理论意义和实践意义。

1986—1990 年,中国科学院理论物理研究所的黄朝商、朱重远等进行了弦理论若干特征的研究,证明了对含标量场的玻色弦系统,从可重正化性、重参数化不变性、彭加勒不变性及负模态与物理态退耦的合理要求出发,不需用共形反常消除条件,即可自然地导致刘维型作用量,同时导出有边界时作用量的一般形式。他们用引进新的矢量-矢量场的方法构造了几种在经典意义上与普通弦作用量等价的玻色及超弦协变作用量,为建立协变弦量子化理论提供了新的可能性。他们首先提出研究有扭边界条件的费米弦即扭超弦模型,为现实弦理论提供了一种新的可能性;并用扭仿射代数证明了扭玻色弦的单图模不变性。他们将玻伊克(Bowick)和拉杰夫(Rajeev)用几何方法研究玻色弦理论及其量子化时得到的结论,推广到超对称及有相互作用时的情形,得到了超弦的临界维数;在讨论与标量场的作用时,还首先得到了快子满足的条件。他们还从格拉斯曼曲率的讨论中,得到了一系列弦理论的临界维数条件。

(四) 中国的三大加速器工程

1988 年 10 月 24 日上午，位于北京西郊的中国科学院高能物理研究所内，取得了首次对撞成功的北京正负电子对撞机的科研人员，迎来了邓小平等党和国家领导人，庆祝这项高能加速工程的胜利建成。4 天之前，10 月 20 日《人民日报》报道了这一成就，高度评价说"这是我国继原子弹、氢弹爆炸成功、人造卫星上天后，在高科技领域又一重大突破性成就"，"它的建成和对撞成功，为我国粒子物理和同步辐射应用开辟了广阔的前景，揭开了我国高能物理研究的新篇章"。

物质微观结构的研究在 20 世纪始终是全世界最前沿的科研课题，也是一个国家科学技术水平和工业水平的重要标志之一。要想研究比原子核更深层次的物质微观结构及其运动规律，就离不开高能加速装置，在地球的环境中实现宇宙开始形成时或星球的剧烈演变中的条件，把粒子加速到高能，让它们碰撞，从而产生我们希望研究的粒子。

建成我国自己的高能加速装置，拥有我国自己的高能物理实验基地，这是赵忠尧、王淦昌、钱三强、张文裕、谢家麟、朱洪元等老一辈物理学家多年的夙愿。我国利用高能加速器进行高能物理实验研究始于 1956 年。作为莫斯科杜布纳联合原子核研究所的成员国，我国承担该所经费的 20％。我国派去的科研人员利用该所当时世界上能量最高的质子同步加速器，取得了发现反西格马负超子的重大成果。1960 年苏联撤走了全部来华专家，此后在联合所工作的中国科研人员的处境日益困难。到 1965 年，我国政府决定退出该所，同时计划建设我国自己的高能物理实验研究中心，但后来一再被搁置。1972 年 4 月，张文裕、朱洪元、何祚庥等 18 位科学家联名给周恩来总理写信，呼吁发展我国高能物理学研究；同年 9 月周总理给张文裕、朱光亚等回信批示："这件事不能再延迟了，科学院必须把基础科学和理论研究抓起来，同时又要把理论研究和科学实验结合起来。高能物理及高能加速器预制研究应该成为科学院要抓的主要项目之一。"

此后，我国相继提出并建成了北京正负电子对撞机、兰州重离子加速器和合肥同步辐射装置这三大加速器工程。

1. 北京正负电子对撞机

为了产生不同质量的基本粒子，通常是用加速器把某种带电粒子（如质子或电子）加速到相应的能量，轰击一个固定的靶，使它与靶中的粒子相互作用，产生出某种基本粒子来。但是，轰击固定靶的粒子的能量 E，只有一部分用于转化的新的粒子，大致为 $\sqrt{E}$，一大部分能量被白白浪费掉了。因此，近一二十年，新建的高能加速器都是对撞机。在对撞机中，可同时加速两股带电粒子束，它们沿相反方向运动，在一定的位置上发生对撞；两个对撞粒子的能量可以全部转化为新粒子。对撞机有两个重要指标，一是能量的高低，这要根据研究的对象来确定；一是亮度的大小，它与两束粒子流的流强的乘积成正比。对撞后产生新粒子的数量与亮度成正比。

1973 年初，中国科学院成立了高能物理研究所。同年 5 月，以所长张文裕为团长的高能物理代表团去美国和西欧的高能物理实验室考察，回国后提出 40 吉电子伏质子同步加速器方案。直到"文化大革命"结束之后，1977 年制订了全国自然科学发展规划，开始重新修改加速器方案，决定建造一台能量为 50 吉电子伏的质子同步加速器，计划于 1987 年建成并开展实验研究工作，这就是所谓"八七工程"。1980 年，受整个国民经济实力的限制，50 吉电子伏质子同步加速器被缓建。1981 年，朱洪元、谢家麟先后两次赴美，在李政道和 K.W.H. 潘诺夫斯基等加速器专家的帮助下，提出了一个既适合国情，又能使中国高能物理研究进入世界前沿的正负电子对撞机方案。1982 年 6 月，高能所完成了北京正负电子对撞机（BEPC）预制研究方案的初步设计，1984 年 9 月被国务院批准，规定要"一机两用，应用为主""增加同步辐射实验区"。同年 10 月 7 日，BEPC 工程破土动工。经过谢家麟、方守贤、叶铭汉等研究、设计和建造者 3 年多的艰苦努力，于 1987 年 12 月负电子出束，1988 年 5 月正电子出束，同年 10 月 16 日 5 时 16 分一次对撞成功，1989 年正式投入运行。

北京正负电子对撞机包括电子注入器、贮存环、探测器及数据处理中心、同步辐射区等 4 个主要组成部分。正负电子分别在长 202 米的电子直线加速器上加速至 11 亿～14 亿电子伏，然后经输运系统在不同的位置上注入贮存环。在贮存环里，正负电子沿相反方向作回旋运动，并逐步积累到一定强度后再加速直至对撞。贮存环的周长为 240 米，正负电子束团能被加速到 22 亿～28 亿电子伏（质心能量为 30 亿～56 亿电子伏）。这就提供了产生 J/ψ 粒子及其家族、第四个夸克（粲夸克）和第三代轻子（τ 轻子）的条件。

建造正负电子对撞机的技术远比建造质子同步加速器的技术先进和困难。在这个能区的其他正负电子对撞机有美国于 1972 年建成的 SPEAR 和联邦德国于 1973 年建成的 DORIS。每一台对撞机的亮度只能在一段能区达到高水平，在这一能区之外，亮度就迅速下降，难以进行有意义的实验研究。和 SPEAR、DORIS 相比，BEPC 的亮度要高 5～10 倍，因此在技术上属于 20 世纪 80 年代水平，被李政道评价为"世界第一"。

通过对撞所产生的我们要研究的粒子，需要有仪器去记录和分析，这种仪器叫作探测器。由于产生的粒子和它们的衰变产物是多种多样的，需要用多种不同的探测器来完成这一任务。把多种探测器组合起来，称为谱仪。在北京正负电子对撞机上工作的唯一的大型探测装置"北京谱仪"（BES），是一个长、宽、高各为 6 米、重达 500 吨的多层圆桶状装置，套在束流管外（电子和正电子在束流管道内对撞）。它由中心漂移室、主漂移室、飞行时间计数器、簇射计数器、螺线管线圈、μ 子鉴别器，以及气体系统、电子学系统、能谱判选系统、数据获取系统、离线分析系统等部件组成；用以提供触发信号，给出带电粒子的位置、径迹和电离能量损失，给出粒子动量，精确测量从对撞点飞抵探测器的时间（分辨率达 3 纳秒），测量正负电子和光子的能量与位置，记录穿透力极强的 μ 子的位置和动量，以及对来自各分探测器的信息进行放大、转

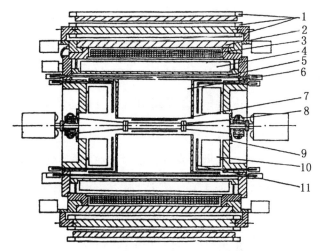

1—μ子鉴别器；2—轭铁；3—磁体线圈；4—桶部簇射计数器；5—桶部飞行时间计数器；6—主漂移室；7—中心漂移室；8—束流管道；9—亮度监测器；10—端盖簇射计数器；11—端盖飞行时间计数器

北京谱仪示意图

换、借助计算机进行处理等。这台绝大部分部件都系国产的北京谱仪，达到80年代国际先进水平，是目前在这一能区性能最好的谱仪。

北京正负电子对撞机是一机两用，初期兼作高能物理研究和同步辐射应用。它有5条光束线，分别供X射线形貌术EXAFS、小角散射、光电子谱、光刻等方面的研究使用。

北京正负电子对撞机和北京谱仪的建成和对撞成功，为我国高能物理研究提供了具有国际竞争力的实验设施，也表明我国高能加速器和大型粒子探测器的设计建造技术跨入了世界先进水平。李政道说，仅用4年时间就完成了如此复杂的高技术工程，这样快的速度在国际上是不多的。它能一次对撞成功，表明对撞机的各种设备、部件的质量，安装调试的水平在世界上是一流的。

1991年6月至1992年8月，中国科学院高能物理研究所的100多位物理学家、工程师和30多位美国物理学家，在北京正负电子对撞机和北京谱仪上对τ轻子的质量进行了测量与分析，最后得出了最新的精确值为

$$m_\tau = 1776.9 \begin{smallmatrix} +0.4 +0.2 \\ -0.5 -0.2 \end{smallmatrix} 兆电子伏$$

误差项分别为统计误差和系统误差。这一结果与以前的测量值少了 7.2 兆电子伏，精度提高了约 6 倍。由于 τ 轻子是最适宜进行普适性研究的粒子，而其质量的测量在验证普适性问题上又有举足轻重的意义，因此当我们关于 τ 轻子质量的最新测定结果一公布，立即引起了国际高能物理学界的重视并被广泛引用。这一测定结果使得原来关于轻子普适性的疑问变得不再那么严重了。所以，这一结果被公认为是"近年来国际高能物理领域最重要的实验结果之一"。

我国物理学家在北京正负电子对撞机和北京谱仪上收集到了 900 万 J/ψ 事例，并对其中的一部分进行了分析研究，获得了初步结果。例如，对 J/ψ 粒子宽度的精确测量，对 J/ψ 粒子衰变的一些分枝比的测量，以及对于 f_2（1270）粒子自旋和宇称的分析，对一些可能的胶子球事例的观察，对中性事例的分析，对 ξ 粒子存在的确认，等等。这些结果都获得了国际同行的普遍重视与好评。

2. 兰州重离子加速装置

重离子物理是利用高速重离子轰击原子核、原子、分子、各种固态物质乃至生物细胞，从而研究它们的内部结构和变化规律的一门综合性学科。由于重离子质量大，核内电荷多，加速后的动能比轻粒子高得多，用它作轰击"炮弹"可以开拓出许多新的研究领域。20 世纪 60 年代以来，世界各国纷纷建造新型的重离子加速器。

70 年代初，中国科学院兰州近代物理研究所开展了重离子物理的基础研究和应用研究。1974 年提出了建造大型重离子加速器方案，1976 年完成设计和论证，于当年 11 月被国家计委批准。1977 年完成扩建设计并开展了建造工作，1988 年 12 月 12 日建成并引出碳离子束。

这台装置由 1.7 米的扇聚焦回旋加速器、7.2 米的分离扇回旋加速器、注入器、全长约 65 米的束流输运线、总长约 110 米的束流分配线和各实验站组成。分离扇回旋加速器是本装置的主要部分，它由 4 台各为 500 吨重扇形磁铁，两台高频加速腔和约 100 米^3 的大体积整体真空室组成。

加速器采用两种离子源。用 PIG 源时，可加速元素周期表中从碳到氙的各种离子，单核能量为 100 兆～5 兆电子伏/核子；用 ECR 源时，可加速碳到钽以前的所有离子，能量为 120 兆～5 兆电子伏/核子。这是我国能量最高、加速离子种类最多、规模最大的重离子加速器。这个装置的主要目的是进行重离子碰撞过程、新核素的产生等有关核结构和核反应的基本研究；同时对原子、分子物理，固体物理，材料科学，生物医学等多个领域也有重要应用。

兰州重离子加速器建成运行以来，经 3 年时间对重离子合成新核素及其衰变性质、核结构和生成机制进行研究，终于在世界上首次合成了 3 个远离 β 稳定线的新核素，即铂－202、汞－208、铪－185。由兰州近代物理研究所和上海原子核研究所的科学家完成的这一课题，立即得到国际物理学界的关注和高度评价。它对于丰富和深化人们对原子核内部结构及运动规律的认识以及相关学科的发展，都将起到积极的促进作用。

3. 合肥同步辐射装置

由于同步辐射光具有光谱连续、强度大、亮度高、有时间结构、偏振、方向性强、稳定性好等特点，因此世界各国竞相建造。为满足我国多种学科研究发展的需要，建造一台专用的同步辐射装置是十分必要的。合肥中国科技大学于 1977 年提出建议，1978 年开始设计预制，1983 年获得批准，1984 年动工兴建，1987 年建成直线加速器，1988 年完成贮存环装置，1989 年顺利出束。

这台装置由 35 米长的 200 兆电子伏的直线加速器产生电子，经由 60 米长束流输运线，注入平均直径为 21 米的贮存环中；当电子贮存到 300 兆安左右，贮存环开始加速将电子能量提高到 800 兆电子伏。电子在这个能值辐射同步光提供使用，寿命可达 8 小时。贮存环包括 12 块偏转磁铁，32 块四极磁铁，4

个 3.36 米长的直线节和一个高频加速站。

和北京正负电子对撞机的同步辐射相比，合肥同步辐射装置的主要辐射功率在真空紫外和软 X 光波段；而前者能量较高，主要辐射在 X 光波段。所以，这两台装置的应用范围可互相补充。

（五）步入国际先进水平的宇宙线物理研究

自 20 世纪初发现宇宙线以来，许多新的粒子都是首先从宇宙线研究中发现的。宇宙线以它具有的高能量、低强度的特点，成为粒子物理学家竞相开掘的研究领域。50 年代初，我国由于缺少高能加速器等设备，我国的科学工作者就首先利用我国的地理优势，借助宇宙线开展高能物理实验研究。20 世纪 50 年代初，何泽慧研制出作为宇宙线测量器的核乳胶，使我国成为世界上少数几个能生产核乳胶的国家之一。

1953 年，在王淦昌、肖健的领导下，中国科学院近代物理研究所在云南东川海拔 3180 米的落雪山建立了我国第一个高山宇宙线实验站。从 1954 年开始，先后在这个实验站安装了 50 厘米×50 厘米×25 厘米的多板云室和 30 厘米×30 厘米×10 厘米、磁场为 0.7 特的磁云雾室，以及观测宇宙线强度变化的 μ 子望远镜和中子记录器，主要进行高能核作用和奇异粒子的产生及其性质的研究。到 1957 年，已收集了 700 多个奇异粒子事例，不仅数量在当时国际宇宙线研究的各实验站中名列前茅，而且有一些当时尚属稀有事例。他们对多个奇异粒子 Λ^0 超子和 K_S^0 介子的寿命、质量、质心系内动量分布和角分布作了全面分析。实验得到了在 3 吉～5 吉电子伏和十几个吉电子伏两个能区产生的 Λ^0 超子和 K_S^0 介子的数目比，发现随能量的上升其比值约增大 3 倍，反映了 K、$\tilde{K}$ 介子对的产生截面在刚过阈能时随能量显著增加。他们测量了在铅核和铝核中产生 Λ^0 衰变事例的角分布的不对称，表明在弱作用的 Λ^0 衰变中宇称不守恒的存在。他们对能区在 30～200 吉电子伏的入射能量高于当时加速器的最高能量的高能宇宙线粒子与轻原子核次级粒子的微分角分布双峰现象的研究，对两心火球模型提供了支持。此外，他们还较早地观察到二喷注现象。

20 世纪 60 年代中期，在张文裕的指导下，又在落雪山附近海拔 3200 米的山峰上，建成了一个新的高山站。这个高山站的主要设备是一个大云室组，包括 150 厘米×150 厘米×30 厘米、0.7 特磁场的磁云雾室，150 厘米×200 厘米×50 厘米的多板云室和 70 厘米×120 厘米×30 厘米的上云室。这是当时世界上规模最大的云室组之一。1970 年利用这个大型云室组研究了 $10^{11} \sim 10^{12}$ 电子伏的高能现象。1972 年获得了一个重质量荷电粒子事例，其质量大于质子质量的 12 倍，电荷可以是 1 或 2/3、1/3 等分数电荷，寿命大于 10^{-9} 秒。关于这个发现的报道发表在 1972 年 10 月出版的《物理》第 2 期上。次年 1 月 11 日，日本《朝日新闻》即刊登了这一消息，这个事例得到了国际同行的高度重视。虽然这个现象没有得到进一步的确证，但是直到现在国际上仍有一些实验组在寻找这一类现象。他们还系统地测量了 3200 米高度处的 μ 子流强、能谱，测量了 π 介子、质子、反质子的流强和它们之间的比值，特别是在国际上首次测量了动量在 10 吉～25 吉电子伏/c 区域的反质子流强。上述这些高山宇宙线高能粒子形态学的测量和研究，对宇宙线在大气中的传播和超高能作用模型的检验有重要意义。

为了研究当时的加速器能量还达不到的超高能现象，我国从 1977 年开始，在西藏海拔 5500 米的甘巴拉山上逐年建设了世界上最高的高山乳胶室。到 1989 年，其规模已达到铅乳胶室 138 吨，铁乳胶室 300 吨，与国际上 3 个著名的乳胶室实验站相当，而且在高度上占有优势。从 1980 年开始，我国高能物理研究所、山东大学、郑州大学、云南大学等单位和日本东京大学组成中日合作研究组，在这里开展了 $10^{15} \sim 10^{17}$ 电子伏能区超高能核作用的实验研究。获得了 3200 米、5500 米、6500 米 3 个高度上的超高能 γ 光子的特性、能谱、流强和衰减长度；得出在 10^{15} 电子伏以上能区，非弹性截面随能量 E^{-006} 规律上升，平均横动量值缓慢上升，并有大横动量喷注现象发生。大横动量喷注现象的发生，标志着粒子在更深层次发生碰撞，这类事例的积累，对探讨基本粒子更深层次的结构会有很大帮助。在甘巴拉山乳胶室超高能事例中，还找到了国际上唯一的多心结构超低空 γ 族事例以及高多重数的同心双环 γ 族现象。

近年来，我国宇宙线学者在空间数据分析方法和解释工作上也取得了重要进展，建立和完善了一个超高能宇宙线作用的软件系统。

1988 年，我国在怀柔建成了包括 53 块 50 厘米×50 厘米×5 厘米塑料闪烁体构成的空气簇射阵列，以观测研究能量大于 10^{15} 电子伏的空气簇射特性和超高能 γ 射线天体。随之又建成了昆明梁王山、西藏羊八井和郑州等广延大气簇射阵列，研究领域大为扩展。

在对撞机出现以后，可供研究的现象的质心能量大为提高。现在能量最高的对撞机的质心能量已相当于宇宙线中 1.7×10^{15} 电子伏的入射能量。虽然宇宙线高能粒子的天然能量可以比对撞机中加速粒子的能量高出不少数量级，但因不能人工控制，而且十分稀少，已不能期望它对核子相互作用的细节提供足够统计性的资料，所以实际上已成为研究高能粒子的辅助手段。近年来宇宙线研究的重点已逐步从高能物理转向高能天体物理，包括宇宙线的起源。为了在高空观测从宇宙空间飞来、还没有与大气发生作用的原始粒子，我国根据自己的实验情况，从 1979 年起重点发展高空科学气球系统，并积极创造条件进行卫星观测。现在我们已经可以研制体积为 4×10^{15} 米^3 的大型气球，升空高度达 40 千米，最长滞空时间为 18 小时。我们还利用气球携带的自己研制成功的高能 γ 射线望远镜系统，对蟹状星云中的脉冲星和天鹅座 X-1 等天体进行跟踪观测，获得了蟹状星云中脉冲星硬 X 射线辐射的周期位相结构、天鹅座 X-1 高能 X 射线能谱等结果。这些结果对于黑洞等致密天体表面辐射机制的研究有重要意义。

十、固体物理学领域群星璀璨

　　固体物理学是研究固体物质的性质、微观结构及其各种内部运动，以及这种微观结构和内部运动与固体的宏观性质（如力学性质、热学性质、光学性质、电磁学性质等）的关系的学科。它是物理学中内容极为丰富、应用极为广泛的分支学科。

　　20 世纪上半叶，我国学者只是在晶体学、金属物理学、半导体和晶格动力学方面做了一些研究工作，为固体物理学引进中国铺垫了道路。中国科学院建立以后，组建了以固体物理为主要研究方向的应用物理研究所，该所和一些高等院校一起，推动了晶体学、低温技术、磁学、固体强度与范性学等研究工作的开展。1958 年，在新成立的中国科学技术大学内设置了以凝聚态物理为专业的技术物理系。1977 年在中国科学院召开的新学科规划会议上，把表面物理、非晶态物理、固体缺陷、相变和高临界温度超导体确定为凝聚态物理的发展重点。这一时期，在北京、上海、昆明、长春、合肥等地建立了相应的研究机构，各地的高等院校也取得了一些重要研究成果。到 20 世纪 90 年代，中国凝聚态物理研究的分支学科已发展成为包括晶体学、晶体生长、磁学、半导体物理、电介质、非晶态物理、表面物理、低温物理、高压物理、固体缺陷、内耗以及固体离子学等十多个分支的庞大学科群。研究机构也发展到十多个研究所和高校研究室，研究人员达 3000 人。

　　由于这个领域硕果累累，精英群立，难以一一尽述，因此在本篇中，我们仅就晶体学、固体物理理论、内耗和高温超导等几个方面的研究进展和重要成就做出概述。

（一）几代学人的晶体学研究

1. 我国第一代晶体学家——陆学善、余瑞璜和卢嘉锡

中国古人从实用和美学的角度早就对各种晶体发生了兴趣，在各种古籍中留下了关于形形色色结晶体的丰富记载。在 16 世纪李时珍所著的《本草纲目》中，曾记载了 275 种具有药效的矿物。晶体学作为一门科学发轫于 18 世纪的欧洲，到 19 世纪，几何晶体学已臻于完备。人们对晶体外形所进行的系统和定量的研究，导致了有理指数和对称性定律的发现，并确定了晶体的 32 个点群和 14 种空间点阵，进而推引出 230 个空间群。但晶体学传入中国，却是 20世纪上半叶的事情。1912 年劳厄（M. von Laue，1879—1960）关于 X 射线晶体衍射的重大发现，当时在中国并未引起任何注意。正是早期 3 位留学美国的学者胡刚复、叶企孙和吴有训在国外做过 X 射线的早期研究工作，他们才真正认识到 X 射线晶体学的重要性。他们留学归国后都从事物理教育工作，倡导 X 射线晶体学的研究。

1928 年，吴有训从南京国立东南大学（后改名为中央大学）被聘往北平国立清华大学物理系，与叶企孙一起从事物理教育和科研工作。慧眼识英才的吴有训先生先后将东南大学物理系的优秀毕业生陆学善、余瑞璜聘为清华大学物理系助教。几年后，叶企孙和吴有训又把他们两人派往英国曼彻斯特大学留学。在获得博士学位后，他们先后回国工作。1945 年，卢嘉锡也从美国回到祖国。他们 3 人于 1936—1948 年在抗战的艰苦条件下开展了研究工作，被称为我国第一代晶体学家。

（1）陆学善关于晶体结构和合金相图的研究

陆学善（1905—1981）系浙江湖州人，出身贫苦，周岁时父亲病故。母亲

在纱厂做工，生活艰难，无钱上学，后得邻居资助两角小洋的报名费才上了小学。由于他聪慧好学，成绩优异，深受师长赏识，获免学费和书籍费，并获每天免费午餐一顿，才得以读完中学。1923 年高中毕业后本拟做工养家，他的中学校长和两位老师不忍让这位品学兼优的学生辍学，凑集了 200 元钱才使他考入教会创办的杭州之江大学，翌年又考入南京国立东南大学物理系，严济慈、吴有训、胡刚复等著名物理学家当时都在此任教。陆学善由于品学兼优而获得奖学金直至毕业。1928 年秋，吴有训被聘为北平清华大学物理系教授，刚刚毕业的陆学善随被聘为吴有训的助教，到清华大学研究当时发现不久的电子衍射现象以及建筑声学中交混回响时间过长的现象。1930 年，陆学善获得中华教育文化基金会乙种科学研究奖助金，成为吴有训唯一的一名研究生，从事物质与射线相互作用的实验研究。在多种多原子气体的 X 射线散射强度的研究中，陆学善得到了理论计算与实验结果较相符合的结论，特别是他注意到在某些大角度散射情况下引入非相干项的重要性，从而验证了康普顿-吴有训效应的正确性。此外，他还对醛类物质的拉曼效应强度关系进行了系统的研究。1933 年，陆学善完成了题为《多原子气体所散射 X 射线之强度》的研究生毕业论文，随被清华大学研究生院选派公费出国留学深造。

1934 年夏，陆学善偕新婚的夫人赴英国曼彻斯特大学物理系学习，在诺贝尔物理学奖获得者、X 射线晶体学权威布拉格（W.L.Bragg）主持的晶体学研究室进行金属 X 射线晶体学的研究。在两年多的时间里，他夜以继日地以顽强的毅力、勤奋的精神、极高的工作效率，完成了巨大的工作量，使导师布拉格感到吃惊和敬佩。1936 年，陆学善出色地完成了铬-铝二元系合金的全面深入的研究，获得了曼彻斯特大学物理学博士学位，成为我国最早从事 X 射线晶体学研究的物理学家之一。在测定铬-铝二元系相图时，陆学善依据单相区点阵常数随成分连续变化，两相区保持不变的原理，创立了利用点阵常数测定相图中固溶线的方法。他通过确定各相的相界位置和转换温度，首次提出了完整的铬-铝系相平衡图，并成功地解决了该系的 β 和 Y_2 两个相的结构。他的这一研究成果不仅在当时的晶体学研究中是一个重要进展，他所创立的利用点阵常数测定相图中固溶线的方法，也一直为国内外晶体学家所沿用，并被金属物理和 X 射线晶体学方面的著作作为一种经典方法加以引用。

1936 年底，陆学善抱着建立和发展我国晶体学的愿望回到祖国，任北平研究院镭学研究所（上海）研究员。在抗日战争期间和抗战胜利后几年生活极为艰苦，工作条件十分困难的情况下，陆学善仍竭尽全力开展科学研究工作。他系统地研究了压力的普遍照相效应，提出了照相潜象的形变理论；研究了用背射照相机测定点阵间隔时所有可能的系统误差及其校正方法；对透明石英进行了 X 射线研究，得到了一些新的结果；对二氧化铀的结构进行了研究，并创立了一种提高测定点阵间隔精密度的新的图解法，弥补了布拉德雷（A.J. Bradley）方法的不足。此外，陆学善还积极从事学术著译和物理学名词的审定工作。

（2）余瑞璜关于 X 射线晶体结构分析的研究

余瑞璜（1906—1997）是江西宜黄人。其父中过秀才，以教私塾为业。余瑞璜 1 岁时父亲即去世，出身名门的母亲担负起支撑家业和教养子女的重担。余瑞璜 5 岁时就跟母亲学背古诗，并听母亲讲文天祥、史可法、岳飞、林则徐等人的故事，在他幼小的心灵中播下了求知和爱国的种子。从 6 岁开始，余瑞璜读过私塾、小学和师范学校，1925 年考入南京东南大学物理系，1929 年以优异成绩毕业。由于得到吴有训的赏识而受聘于清华大学物理系任助教。1935 年他考取留英公费生，到英国曼彻斯特大学在 W.L.布拉格教授指导下进行 X 射线晶体结构分析研究。1937 年获得博士学位后，他的导师建议他去 W.H. 布拉格（W.L.布拉格之父）领导的英国皇家研究所做实验工作。但当时国内正处于抗日战争时期，吴有训先生建议他学习国家亟须的金属学后尽快回国，于是他先后在北威尔士大学进行 X 射线金相学研究，在伯明翰大学学习金属学和热处理，1938 年 9 月偕家眷返回祖国。回国后，余瑞璜在西南联合大学清华金属研究所进行研究工作，同时为矿物系讲授晶体结构。1946 年余瑞璜随校北返后任清华大学物理系教授，兼任北京大学地质系教授。1948 年 8 月，应美国国务院法尔布瑞特美中交换教授讲座的邀请，他去麻省理工学院地质系讲学，途经加州理工学院时受诺贝尔奖获得者、著名化学家鲍林（L.Pauling）之邀作短期讲学和研究。不久余瑞璜获悉解放军已过长江，随即终止访问，返回香港，到广州接家眷后经香港、天津到达北京，在清华大学任教。

余瑞璜是中国晶体学研究的主要创始人之一，他在 X 射线结晶学、X 射线晶体分析法、固体与分子的经典电子论及其应用方面卓有成就。1930 年，他在清华大学 X 射线实验室研制成盖革计数器，这是我国第一次自己成功制造的有关仪器。1932 年，他发表了第一篇学术论文——《关于氩的 X 射线的吸收和散射简报》。这篇论文很快就被康普顿效应的发现者 A.H.康普顿在他的著作《X 射线的理论与实验》（1935 年）中引用，以说明 X 射线的散射系数不同于经典散射系数。

从 1912 年冯·劳厄发现 X 射线晶体衍射现象后，利用 X 射线实验测定晶体结构的研究就成为一个非常活跃的重要科学领域。1935—1937 年，余瑞璜就在 W.L.布拉格教授指导下进行复杂晶体结构的分析研究。他用摆动晶体 X 射线谱仪分析了溴酸锌和硝酸镍铵的晶体结构。他发现，X 射线衍射的晶体摆动谱仪所用的对称式叶形摆动器所得出的晶体摆动速度不均匀。经过他严格的数学处理后，得到了正确的非对称式叶形摆动器，使单晶体在摆动时受到均匀照射，这项改进对需要均匀摆动的装置有普遍意义，曾被国外学者采用。他用傅里叶综合法分析了溴酸锌的晶体结构。在用傅里叶综合法定出溴原子坐标后，又实际观察到溴原子的第一衍射环。他创造性地用晶体的傅里叶综合图减去溴的第一衍射环，巧妙地消除了一般所称的"鬼影"。接着他又对溴锌原子做类似处理，用这个方法他首次解决了结构分析中的"鬼影"问题。布拉格教授对他的这一贡献给予了很高评价。

最有意义的是，在对硝酸镍铵分析时，余瑞璜对该晶体的 X 射线衍射线强度随衍射角的增加而急剧下降的现象做出了正确的解释。他认为，这是由于

NO_3 中的一个 O 和 N 总是以其他两个 O 的连线为轴，在 NO_3 的平面三角形原子组的平面中做十分反常的大幅度的来回角摆动所致。以这种模型算出的衍射线强度和实验所得的结果完全一致。他还将该晶体放在液氮中进行低温 X 射线衍射谱线的观察，得出肯定的结果，在后来的低温晶体结构分析中也得到同样的结果。在博士论文答辩时，这一发现也受到了布拉格教授的赞扬。

在西南联合大学清华金属研究所，余瑞璜研制出我国第一台连续抽空 X 射线管，并用它重复了印度的拉曼（C.V.Raman）发现的氯化钠弥散衍射实验，还用它分析了云南、贵州两省的硬铝石铝矿。

20 世纪 30 年代至 40 年代，用 X 射线衍射强度确定晶体中原子坐标参数有两种方法，即傅里叶综合法和帕特孙综合法，这些方法都由于"鬼影"的存在而影响原子位置的精确确定。余瑞璜回国后于 1942 年针对这一问题成功地提出了一种新方法，即晶体分析 X 射线数据的新综合法。随之他又提出了一种由相对 X 射线强度资料确定绝对强度而不需实验工作的方法。他写的两篇论文寄到英国的《自然》杂志后，为该刊审稿的国际晶体学杂志总编辑威尔逊（AJ.C.Wilson）对论文《由相对 X 射线强度资料确定绝对强度》产生了极大兴趣，在该文后用同一标题发了一篇文章。余瑞璜的文章指出，按照新综合法，利用 X 射线衍射线的绝对强度 $|F(h)^2|$ 与相对强度 $H(h)$ 的关系公式 $H(h) = C|F(h)^2|$，决定晶体中原子位置参数的绝对强度 $|F(h)^2|$ 的值，可以近似地从实验给出的相对强度 $H(h)$ 导出，而无须进行任何测定绝对强度的实验，只需确定一个待定常数 C 就行了，余瑞璜还给出了计算 C 的公式。威尔逊在他的文章中对 C 的确定做了进一步的讨论。余瑞璜的这一工作受到国际晶体学界的极大重视。直到 1978 年，英国皇家学会会员、曼彻斯特大学教授利普逊（H.Lipson）在给余瑞璜的信中写道："战争时期你在《自然》杂志上发表的论文开辟了强度统计学的整个科学项目。"后来威尔逊也在来信中说，他在余瑞璜文后写的那篇论文，是自己最重要的文章，被广泛引用。围绕新综合法，余瑞璜先后发表了十余篇论文，成为 X 射线晶体结构分

析强度统计学的奠基人之一。余瑞璜在 X 射线晶体学方面的贡献得到了国际晶体学界的承认。在 1962 年国际晶体学会出版的《X 射线衍射 50 年》的史册中，就有 3 处提到了余瑞璜的名字。该书的总编辑埃瓦尔德（P.P.Ewald）说："我对中华人民共和国知之甚少，但知道在那里有第一流的晶体学家，比如余瑞璜。"

（3）卢嘉锡关于结构化学的研究

卢嘉锡 1915 年生于福建厦门，父亲以设塾课徒为生，家境清寒。卢嘉锡随塾就读，后念过一年小学和一年半中学，13 岁时考入厦门大学预科，1930 年进入厦门大学，1934 年以优异成绩从化学系毕业，然后留校任助教。1937 年考取"中英庚款"公费留学，入伦敦大学在著名化学家萨格登（S.Sugden）指导下进行人造放射性方面的研究，两年后取得博士学位，成为我国最早的核化学家之一。之后卢嘉锡进入美国加州理工学院，在诺贝尔奖获得者 L.鲍林指导下从事结构化学研究。1945 年冬，30 岁的卢嘉锡怀着科学救国的热忱回到祖国，先后在厦门大学和浙江大学任教。

1937—1945 年，是卢嘉锡科研工作硕果累累的第一个时期。他的研究工作遍及核化学、结构化学以及燃烧与爆炸等领域。在结构化学方面，他发表了《脲-过氧化氢加成物的晶体结构》《硫氮、砷硫化合物的电子衍射研究》等重要论文，成为后人研究同类化合物时的主要参考文献。

过氧化氢（H_2O_2）的分子构型是当时一个很有意义的课题。过氧化氢虽然是一种简单化合物，但在 X 射线晶体结构分析尚处于初级阶段的 20 世纪 40 年代，测定它的分子结构却是个难题，因为很难得到单晶，故无法进行晶体结构的测定。卢嘉锡和加拿大无机化学家吉格纳（P.A.Gignére）一起，巧妙地用尿素和过氧化氢结合成一种通过氢键联结的加成物"Hyperol"，不但使过氧化氢稳定下来，而且得到了可供衍射实验用的单晶。接着他和美国化学家休斯（B.Hughes）合作，完成了这种加成物晶体的结构测定。实验结果证实了前人的理论分析结论，纠正了过氧化氢分子构型的错误写法。

1943 年，卢嘉锡与多诺霍（J.Donohue）合作，用电子衍射法测定了硫氮（S_4N_4）、砷硫（As_4S_4）等化合物的结构，结束了国际上关于硫氮结构的长达半个世纪的争论。

总的看来，这一时期由于战争的原因，科研设备和经费都很稀缺，从事研究工作的人员也极少，我国国内的晶体学研究举步维艰，主要成就多是在国外取得的。

2. 晶体学在中国的本土化

1949—1977 年，是我国晶体学发展的第二阶段，这是晶体学在我国生根和本土化的关键时期。中国科学院成立后，陆学善负责的原北平研究院镭学研究所（上海）晶体学研究室迁到北京，他被任命为应用物理研究所副所长。一年后，严济慈辞去所长职务，陆学善被任命为代理所长，较早地开展了晶体学研究工作。余瑞璜则与冶金部副部长陆达一起筹建了中国金属学会，并建议在全国各大工厂建立 X 射线化学分析和金相实验室。1952 年，余瑞璜从清华大学调到东北，主持东北人民大学（现吉林大学）的物理系，并建立了我国第一个金属物理专业。20 世纪 60 年代初，卢嘉锡在福州创建了中国科学院福建物质结构研究所。1952 年，北京大学化学系开设了晶体学课程。1954 年暑期，余瑞璜和唐有祺（1920 年生）为化学、物理和矿物学等方面的大学教师开设了晶体学讲座。此后数年，各大学化学系都陆续开设了结晶化学课程，其中包括 X 射线晶体学的基本原理。

（1）X 射线衍射研究

20 世纪 50 年代初期，中国的 X 射线衍射研究，只有陆学善等在合金的粉末衍射分析方面做过一些工作。不久，刘益焕开展了合金加工和热处理后结构、结构变化以及休姆-罗塞里（Hume-Rothery）电子化合物中的有序无序相变及超结构的研究。吴乾章利用 X 射线多晶衍射物相分析方法，对耐火材料的耐用性进行了研究。

1954 年 10 月，陆学善因操劳过度突患急性心肌梗死症，此后他辞去了领导职务，但仍坚持进行和指导晶体物理学方面的科学研究和培养年轻科研人才的工作。

20 世纪 50 年代至 60 年代，陆学善和章综（1926 年生）在利用 X 射线粉末衍射技术研究金属合金体系的有关晶体结构和超结构的工作中，发现了合金相中一类以氯化铯型为基本结构单位、空位作有序分布而形成的超结构相，指出决定其结构的主要因素是基本结构单位内所含的平均价电子数。特别是发现了铝-铜-镍三元系的 τ 相内存在着 8 种结构，这 8 种结构都是以氯化铯型为基本结构单位，经畸变和空位沿六角晶系的 z 轴作有序分布而形成的 10 层、11 层直至 17 层的属于不同结构类型的超结构，这是陆学善等经过深入细致的研究之后得出的高精度、高水平的研究成果。在一个相区内，晶体单胞随成分不同而经历 8 种不同的变态，而且变化时原子排列都服从一定的规律，这种现象在二元或三元金属间化合物中都很少见到。因此，这一结果被作为典型例子收入金属合金的晶体化学和物理方面的专著。1957 年 3 月，应苏联科学院的邀请，陆学善赴莫斯科在苏联第二届晶体化学会议上，宣读了论文《铝-铜-镍三元合金系中 τ 相晶体结构》，受到了高度赞扬。

在金属合金体系有序化的研究中，陆学善用 X 射线衍射方法深入、系统地研究了铜-金二元系超结构问题。从实验上证实了铜-金超结构相的存在，证明了有序两相共存区是由同一种化学成分的两种不同堆垛形式所组成的亚稳相。他发现，经过长时间热处理的合金，在室温下铜金-Ⅰ四方超结构相重复出现 3 次。他还发现，在 400 ℃上下和室温下，都存在铜金-Ⅱ正交超结构相；同时，堆垛层错数除通常认为的 10 层外，还存在更高层的堆垛层错数。他详尽地讨论了铜金-Ⅱ超结构相衍射线的面指数出现规律和它同铜金-Ⅰ超结构相的对应关系，提出了由铜金-Ⅰ转变为铜金-Ⅱ的劈裂双线的线间距来测定铜金-Ⅱ堆垛层错数的方法，并发现了超结构相有序度随成分变化等一系列从未发现过的现象，从而丰富了有序化超结构相形成的实验和理论。

　　我国有着丰富的矿物资源镓。从 20 世纪 60 年代开始，在国际上对镓和稀土合金研究尚少的情况下，陆学善即用 X 射线衍射法和热分析法测定了一系列镓的过渡族金属体系的相图，对其中的一系列新相进行了晶体结构分析，并随之开始进行稀土合金的研究。这些工作对于探索新材料以及开发镓与稀土合金，在实践和理论上都有重要意义。

　　上海硅酸盐研究所的郭常霖等发现 84 种碳化硅新多型体，占世界上发现的 150 多种多型体的一半以上。他们还测定了十多个属于特殊结构系列的新多型体的晶体结构。陆学善、梁敬魁（1931 年生）等用多晶粉末衍射的方法测定了 $FeGa_3$、V_2Ga_3 等一系列金属间化合物和无机盐的晶体结构，测量的精确度达到了世界公认的高水平。1955 年，唐有祺在应用物理研究所组建了我国第一个单晶体结构分析研究组。同年首次用 X 射线法测定了一个单晶体结构。次年，吴乾章指导了单晶体结构分析法的研究，并倡导和组织了对结构分析"直接法"的研究。1963 年以来，范海福（1933 年生）等对直接法开展了大量研究，他们突破了晶体学中直接法只能应用于小分子单晶体的 X 射线衍射分析的狭小领域的局限，开展了将直接法应用于测定蛋白质结构的研究。在将直接法与传统的蛋白质结构分析法——同晶型置换法与异常散射法相结合的研究中，取得了国际上当时最佳的实验结果，从而把直接法的应用从小分子推广到大分子。范海福、郑启泰等就直接法处理晶体结构分析中关于由赝对称引起的衍射周相不确定性问题，即用直接法测定特殊的超结构问题进行了系统研究，阐明了这一问题的原因、表现形式及解决方法，建立了一套系统的实用算法，并编制了自动处理晶体结构中赝对称性问题的程序系统。

　　（2）位错与晶体缺陷研究

　　以位错为对象的晶体缺陷理论虽然在 20 世纪 30 年代已问世，但直到 50 年代获得了位错存在的直接证据后，位错与晶体缺陷的研究才在世界范围内蓬勃开展起来。当时国际上对位错的存在有不同的看法，国内学术界大都未敢涉猎。南京大学的冯端（1923 年生）却紧跟这一学术发展趋势，带领着王业宁

（1926 年生）、闵乃本（1935 年生）、李齐等几个年轻人，闯入这一领域。他们选择了我国丰产且尖端技术极为需要的钼、钨、铌等体心立方难熔金属为研究样品，开展了晶体缺陷的研究。难熔金属熔点很高，单晶体制备极难。他们借鉴国际上刚刚问世的电子轰击熔炼技术，研制成我国第一台电子束浮区区熔仪，成功地长出了钼、钨单晶体。在没有电子显微镜等先进仪器的情况下，他们首次提出了位错浸蚀像的成像规律，发展了一种能显示和探测位错三维空间分布的简便易行的浸蚀像方法，用光学显微镜观察研究，很快便在位错类型、组态、亚晶界位错结构和位错滑移动力学等方面取得了独创性结果，在 1966 年北京国际物理讨论会上获得普遍好评，并推动了国内晶体缺陷研究的进展。

在"文化大革命"结束之后，为适应国家激光事业发展的需要，冯端对激光与非线性光学晶体开展了广泛研究。他在发展应力双折射貌相、X 射线衍射貌相、电子显微镜观测技术及成像理论的基础上，系统研究了晶体中的位错、铁电畴、铁弹畴、孪晶界、生长条纹、生长区界面、包裹体等缺陷的类型和分布及其起源。在 X 射线衍射貌相术中，首创利用透射光束技术观测面缺陷；并首次提出了反演畴界电子衍射像的黑白衬度理论；首次用光学双折射貌相法成功地观测到螺位错。在相变物理方面，他发现了铁电相变点附近的多种特征微畴结构，以及某些晶体中通过畴界成核、增殖、运动或畴界拓宽实现相变的现象；同时还发现了位错等缺陷诱发铁电畴、铁弹畴，并提高局域相变温度的现象。这些成果为人们了解预相变的结构变化特征和缺陷在相变中的行为提供了直观的信息，对发展铁电相变的微观理论具有重要意义，得到国际同行的高度重视。

（3）中子衍射法研究

用中子衍射法研究晶体结构，是应用物理研究所的吴乾章和原子能研究所共同于 1958 年开展起来的。他们还组织了把 X 射线、电子和中子三大衍射技术结合起来互相补充的研究工作。1960 年，原子能研究所的杨桢、张焕乔等和物理研究所的李荫远（1919 年生）开展了中子外场衍射课题的研究，他们发现，当用石英单晶做超声压电振荡器时，衍射的中子束强度成倍增强。他们测定了增长倍数与振荡频率、中子波长的关系，以及摇动曲线的宽度变化和中子的单色性等性能，并对其机制作了初步分析。这一研究导致了对运动的或具有晶格梯度的单晶对中子衍射机制方面的广泛探讨，阐明了中子动态衍射和单晶形变对衍射的各种影响，成为利用运动的晶体实现衍射及利用形变晶体实现衍射等衍射新技术的理论基础。1974 年，他们又发现不大的直流电场能导致 α-碘酸锂某些晶面的中子衍射强度显著增大，以及与这一现象有关的弛豫现象、各向异性、温度和低温"冻结"效应、交变电场效应等。对这些现象的探讨，导致 1977 年发现了直流场作用下 TGS 单晶在临界点附近的中子衍射增强现象，并引起国内外对 α-碘酸锂在静电场下的物理特性的广泛研究。

（4）人工合体晶体研究

在人工合成晶体的研究中，中国科学家于 1965 年 9 月 17 日在世界上首次用人工方法成功合成了结晶牛胰岛素。这是我国在生命科学基础研究方面取得的第一项世界水平的成果，标志着人工合成蛋白质时代的开始，在国内外引起了巨大的轰动。这一成果的主要完成者是纽经义、龚育亭、邹承鲁、杜雨苍、季爱雪、邢其毅（1911 年生）、汪猷（1910 年生）、徐杰诚，还有其他几十位科技人员参加，并是在王应睐（1907 年生）、汪猷的指导下完成的。在世界上，是我国科学家首次用人工方法合成了具有生物活性的蛋白质，这是人类认识生命现象的历史上的又一个飞跃。

3. 晶体学研究的深入发展

中国晶体学发展的第三个阶段，是从难忘的 1978 年开始的。在 20 世纪 80 年代和 90 年代，中国的晶体学家们在将 X 射线粉末衍射法、电子显微术和电子衍射法应用于晶体研究方面，取得了一系列重要成果。

（1）多晶 X 射线衍射法研究

1980 年，陆学善分析了粉末照相法产生误差的原因，提出了修正偏心与吸收流移常数的方法，使粉末照相法点阵常数测量的精确度达到 5×10^{-5}，这一精确度是当前粉末法测定点阵常数的世界先进水平。他还提出了 X 射线粉末衍射指标化的一种新图解法，可适用于四方、六角、正交和单斜晶系。这一方法提出了等原子曲线概念，限制了指标化的多解，使指标化结果快速可靠。陆学善所提出的从 X 射线衍射强度的准确测量来测定晶体的德拜特征温度以及德拜特征温度的各向异性与非均匀性的新方法，使人们可以在原子参数已知的情况下，只需要收集一个温度的衍射强度，即可求得特征温度。这种方法特别适用于所有原子都占据特殊无参数位置的晶体结构。上述这些工作，对于发展多晶 X 射线衍射法做出了重要贡献。

(2) 电子晶体学研究

电子晶体学是包括高分辨电子显微学与电子衍射晶体结构分析的学科。20 世纪 30 年代初，鲁斯卡（Ruska）发明了第一台电子显微镜，随着电子显微镜分辨本领的提高，20 世纪 70 年代初，人们已拍摄到可以直接观察晶体中分子和原子团的高分辨电子显微像，称为结构像。高分辨电子显微学是研究固体材料微观结构的重要手段。电子衍射晶体结构分析学虽然比 X 射线晶体学的历史短，其方法也不如 X 射线晶体分析方法成熟，但它有独特的优点。由于电子与物质的相互作用比 X 射线强，穿透力又比 X 射线弱，因此电子衍射比 X 射线衍射更适合于研究薄膜和表面的结构；还由于轻重原子对电子的散射本领之比高于 X 射线，因此电子衍射更有利于测量轻原子的位置；另外，借助会聚束电子衍射技术可以确定晶体有无对称中心。由于上述原因，使电子衍射分析成为 X 射线衍射分析的一个重要补充手段。在发展我国的电子晶体学上，郭可信（1923 年生）、李方华（1932 年生）、范海福等学者做出了重要贡献。

我国的电子显微术研究始于 1951 年。当时钱临照、何寿安等在中国科学院物理研究所装备的我国第一台电子显微镜上，对金属单晶体的初期范性形变进行了研究，在铝单晶滑移形变后的表面特征中发现了许多新的现象。20 世纪 60 年代，金属研究所的郭可信和物理研究所的李方华开展了电子衍射的研究。郭可信等研究了单晶电子衍射图的几何形状，并对不同类型的电子衍射图进行了分析。

李方华是广东省德庆县人。1952 年由武汉大学保送到苏联留学，后进入中国科学院物理研究所工作，在陆学善先生指导下从事合金的 X 射线粉末衍射研究。20 世纪 60 年代初，李方华开始独立工作，她把钱临照、何寿安先生用过的我国第一台电子显微镜改装成透射、反射两用的电子衍射仪，用此设备开展了有特殊物理性质的薄膜和表面结构研究，以及薄膜单晶体结构的测定。无论是用 X 射线衍射法还是用电子衍射法测定晶体结构，其理论依据均在于晶体结构同它的衍射效应之间存在着互为傅里叶变换的关系。所谓衍射效应，就是指从晶体向各个方向发出的衍射波具有不同的振幅和周相。从衍射实验可以记录下各个方向上衍射波的振幅，但遗憾的是无法记录下衍射波的周相，这就产生了所谓的"相位问题"。除此之外，电子衍射分析还有其特殊的问题，由于电子与物质的相互作用很强，电子衍射波与透射波强度之比远大于 X 射线，透射波与衍射波之间以及衍射波与衍射波之间的相互作用不容忽视，使得晶体结构因数的模与衍射强度之间失去规律性的联系。因此，除相位问题外，电子衍射晶体结构分析的工作还面临着一个困难，即动力学衍射效应问题。李方华在研究二十三烷醇薄膜单晶体的结构时，根据动力学效应往往使强衍射束减弱、而使弱衍射束增强的规律，提出了一个把实验电子衍射强度转换成结构因数之模的经验方法，成功地测定了该晶体的结构，并确定了其中氢原子的位置。

20 世纪 70 年代初，国外报道了用高分辨电子显微镜所拍摄的结构像直接观察到晶体中的分子和原子团，这无疑解决了衍射分析中的"相位问题"。因为结构像的傅里叶变换同时给出了衍射波的振幅和相位。李方华紧跟这一进展，开始了高分辨电子显微学学科发展的研究。她发现，高分辨电子显微学在测定晶体结构上的应用受很大限制，于是着手寻找可能的出路。1982 年，她应国际知名电子显微学家桥本初次郎的邀请，到日本大阪大学应用物理系做访问学者，开始了原子分辨率的电子显微学的实验研究。她发现电子衍射分析中视为障碍的动力学效应居然有助于探测晶体中的轻原子。回国以后，她把这一实验规律上升为理论，并把高分辨电子显微学与电子衍射相结合，做了一系列有独创性的工作。

20 世纪 70 年代末，我国购置了一台勉强可以开展高分辨电子显微学实验研究的电子显微镜。李方华领导的课题组成员就把高分辨电子显微学实验和分析技术推广应用于研究半导体、合金、氧化物和矿物等材料，发现了许多新的结构现象，为相关学科的发展提供了重要的研究结果。在反映晶体结构的高分辨电子显微像（结构像）上，原子表现为黑点，而黑点的黑度（即原子的像衬）与原子的散射本领呈单调关系。由于轻原子的散射本领小，黑度极小，一般是观察不到的，传统上只是用高分辨电子显微像来直接观察晶体中的重原子。1983 年李方华在日本工作时，独立地总结了晶体厚度对不同重量原子像衬的影响规律，发现随着晶体厚度的增加，轻原子的像衬增大很快，而重原子的衬度却变化不大。在某一晶体厚度下，轻重原子的像衬相差无几，于是结构像衬对轻原子的位置极为敏感；当晶体的厚度继续增加时，重原子的衬度发生反转，即由黑变白，高分辨电子显微像将不再反映晶体的结构。李方华十分清楚，晶体厚度的增加意味着动力学效应增强，所以上述像衬变化现象说明，在高分辨电子显微学中，一定的动力学效应有助于观察轻原子。当时她用这一规律测定了一个既含重原子钡和铈，也含轻原子氟、碳、氧的晶体中轻原子的位置。回国以后，她通过反复探索，终于推导出了像的强度与晶体厚度之间的关系式，并提出了称为"赝弱相位物体近似"的新像衬理论，扩大了高分辨电子显微学的应用范围。她用这一理论指导实验，首次观察到晶体中的锂原子，这是国际上迄今能观察到的最轻的原子。

高分辨电子显微学与电子衍射分析法，在研究晶体结构上各有利弊。显微成像可以直接反映晶体的结构，也不存在相位问题，但其弱点是不适于测定事先一无所知的结构，也不适于电子辐照下容易损坏的试样。另外，高分辨电子显微像所反映的结构细节远不如电子衍射分析所得的丰富；而 X 射线晶体学中的直接法，实际上是一种特殊的图像处理方法。将直接法引入高分辨电子显微学，将可创立一种新的图像处理技术。从 20 世纪 70 年代中期开始，李方华与范海福合作，根据这一指导思想来建立一种测定微小晶体结构的新方法。他们综合了电子成像和衍射分析的优点，提出了高分辨电子显微学图像处理的新理论和新方法。这种新方法分两个步骤：第一步是像的解卷处理，把一幅在任意条件下拍摄的高分辨电子显微像转换成反映晶体结构的结构像；第二步是借助电子衍射分析中的直接法进行相位外推处理，来提高像的分辨率，使之超出电子显微镜的分辨极限，从而辨别出全部原子。他们用这一方法，成功地测定了未知晶体的结构。此后，李方华等又进一步发展了解卷方法，把最大熵原理应用于像的解卷处理，并综合了"赝弱相位物体近似"像衬理论，使这种图像处理方法适用于较厚的实际晶体。与国际上同类工作相比，他们获得的结果一直是最佳的。

（3）5 次和 6 次以上旋转对称的发现

5 次、10 次、8 次和 12 次对称及有关准晶的发现，是我国学者在凝聚态物理和材料科学方面的重大研究成果。

直到 1984 年底，传统的固体理论和晶体学理论一直认为，固体不是晶体就是非晶体。晶体中原子的排列不但有长程序，而且有周期性；而非晶体中原子只有近程序，没有长程序，因而也没有周期性排列。晶体中原子排列的周期性平移对称使得晶体中点阵的旋转对称只能有 1 次、2 次、3 次、4 次及 6 次这有限的几种，而 5 次对称和 6 次以上的旋转对称都是不允许的。从几何学上看，我们可以分别用长方块、正方块、三角块或六角块（分别显示 2 次、4 次、3 次、6 次旋转对称）布满一个平面，显示出二维的周期性平移；却不能用正五角形或 6 次以上旋转对称的图形布满一个平面而不留空隙。这就是说，5 次和 6 次以上旋转对称与周期性平移不相容。这种结论是固体物理学和晶体学传统理论所肯定的。

1984 年末，美国国家标准局的施切特曼（Shechtman）等首先报道了他们在急冷凝固的铝-锰合金中发现了明锐的 5 次对称电子衍射图，说明其中原子排列具有 5 次旋转对称特征，因此不可能有周期性平移对称。这一发现导致了"准晶"这一研究领域的开拓，在固体物理学界和晶体学界产生了强烈的震动，以至于国际晶体学权威，诺贝尔化学奖获得者鲍林博士都难以接受，认为这只是一种由 5 个同样的晶体并列在一起的五重孪晶所产生的电子衍射图。他声言："有关准晶的胡说八道都将逐渐消逝。"然而，中国的晶体学家们却认识到晶体的必要条件是其中原子的长程序，而不是周期性平移对称。准晶就是原子有严格的位置序而无周期序的晶体，它的发现扩大了晶体及其对称性的范畴。

几乎与施切特曼等人同时，中国科学院金属研究所的郭可信、叶恒强（1940 年生）和研究生王大能于 1984 年春在过渡金属合金的四面体密堆相的研究中，发现了 6 种新相和复杂的畴结构，在微畴区域中发现了具有 5 次对称的电子衍射像。他们观察到，在几纳米大小的微畴中，构成 4 面体密堆相的 20 面体单元不但取向相同，而且具有平移对称；而在畴与畴之间，20 面体的取向仍然相同，但平移对称已不存在。中国学者首次独立的关于 5 次对称性的发现，揭示了介于有序与无序之间新的结构状态的存在，引起了国际上的广泛注意。1985 年春，在郭可信、叶恒强指导下，博士生张泽又独立地在钛-镍-钒急冷合金中发现了 20 面体相，并得到了它的 5 次对称电子衍射图。他们说明了它的高分辨结构相：一方面，这是一组具有 20 面体对称关系的、排在一个圆上的 10 个亮点；另一方面，这种 10 个亮点组的分布又不具有周期性。与此同时，他们还在非晶态镍-锆合金的晶化过程中观察到一种 $\beta = 72°$ 的单斜亚稳相绕 b 轴的 5 次旋转孪晶，它也给出了 5 次对称的电子衍射图。

一旦晶体的周期性平移序这个禁区被 5 次对称及有关准晶的发现所突破，其他旋转对称的发现也就容易被人们所接受了。1986 年，郭可信、叶恒强、冯国光等又在急冷铝-铁合金中发现了 10 次对称的准晶，并首先在国际上提出了准晶生长的晶体学基础。他们认为，在合金的凝固过程中，原子首先聚集在一起成为紧凑排列的原子簇。如果凝固过程进展很快，原子簇之间的长程周期序来不及建立，就会根据原子簇本身的旋转对称（5 次，10 次等）按一定几何规律连接起来，生成准晶。当然，由于是急冷凝固，准晶中包含大量的缺陷。1987 年，在郭可信指导下，北京科技大学的研究生王宁和中国科学院北京电子显微镜实验室的陈焕一起，在急冷凝固的铬-镍-硅合金中，首先发现了 8 次对称的电子衍射图，并正确地提出 8 次准晶的存在。8 次准晶点阵是由正方形和 45°菱形两种单胞的非周期分布构成的，显示出 8 次旋转对称特征。这种 8 次准晶与另一种合金相共存，这种合金相具有与 β-Mn 一样的晶体结构，但是两者的异同是很明显的。他们还观察到在加热过程中，8 次准晶转变为 β-Mn 结构，这种连续相变的发现有助于理解准晶的生成。

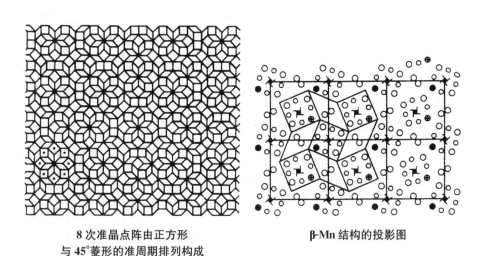

8 次准晶点阵由正方形   β-Mn 结构的投影图
与 45°菱形的准周期排列构成

5 次对称及有关准晶发现后不久，国外就有人报道了在蒸气态凝聚的铬-镍微粒中发现了显示 12 次对称的电子衍射图。不久后，陈焕在急冷凝固的钒-镍和钒-镍-硅合金中也观察到 12 次对称的电子衍射图。分析指出，12 次对称准晶也是一种二维准晶，在 12 次旋转轴方向呈周期性，而在与它正交的平面内呈准周期性。正如 8 次准晶与 β-Mn 结构的关系一样，12 次准晶与 β-U 结构也有相似的结构单元。只是在 12 次准晶中的排列是准周期的，而在 β-U 结构中则是周期的。这一事实再次说明准晶出现的规律及必然性。

（二）杰出的固体物理学家黄昆

1990 年 1 月 4 日，在北京大学举行的"黄昆教授七十寿辰学术报告会"上，著名物理学家杨振宁教授说：

> 有这么多人，举办了这么热烈的祝贺黄昆寿辰的盛会，代表着他在中国有着巨大的贡献和巨大的影响。

的确，在固体物理特别是在晶格动力学和半导体物理方面，有许多进展是与黄昆的科学工作直接相关的。

黄昆于 1919 年 9 月 2 日生于北京一个有文化教养的家庭，父亲黄澂是中国银行的高级职员，母亲贺延祉毕业于北京女子师范大学，也是银行职员。黄昆从小聪明好学，成绩优异。特别是上中学后，在身为教授的伯父的引导下，养成了下课后很少看书上的例题而自己主动做数学题的习惯，这使他终身受益，从不走"照猫画虎"的捷径。1937 年，黄昆考入燕京大学物理系。由于课程不重，他得以主动学习，并花较多精力去自学钻研当时新兴的量子力学理论，阅读中外古今文学名著。在回忆这一经历时他认为：

> "学习的主动性无论对学习或是对从事研究都是最为重要的。""学习知识不是越多越好，越深越好，而是应当与自己驾驭知识的能力相匹配。"

1941 年，黄昆大学毕业后到西南联合大学物理系任助教，一年后师从吴大猷做研究生，并与王竹溪的研究生杨振宁建立起深厚的友谊。1945 年 8 月，黄昆以"中英庚款"公费生资格到英国布里斯托尔大学成为国际知名固体物理学家莫特（N.F.Mott，1977 年获诺贝尔物理学奖）的研究生。1948 年初获得哲学博士学位后，曾到爱丁堡大学物理系与当代物理学大师玻恩短期合作，后到利物浦大学理论物理系任博士后研究员。在利物浦大学期间，黄昆与温柔、美丽的英国同事艾夫·里斯（Avril Rhys）小姐建立了诚挚深厚的友谊。里斯小姐是从布里斯托尔大学物理系毕业后，来到利物浦大学理论物理系任系主任秘书的。她帮助黄昆进行理论计算。1952 年，26 岁的里斯小姐远渡重洋来到中国，与先期回国的黄昆结婚，取中文名为李爱扶，长期留在北京大学物理系工作，任电子学工程师，为北京大学物理系实验室的建设做出了贡献。

1951 年底黄昆回到祖国，在北京大学物理系任教，与虞福春、褚圣麟等一起，建立了中国的普通物理教学体系。1956 年，他参与制订了我国发展半导体科学技术的规划，并组织其实施，成为我国半导体物理学科的开创者之一。1977 年，黄昆调任中国科学院半导体研究所所长，并在半导体超晶格理论的研究中取得了重要成果。

1947 年，黄昆在莫特教授的指导下，完成了题为《稀固溶体的 X 光漫散射》的学位论文。他指出溶在固体中的外来杂质原子会引起晶格的畸变，这种原子尺寸的差异将引起 X 射线衍射效应。除一级衍射效应表现出谱线（或斑点）随成分的变化外，还存在二级衍射效应，表现为布拉格衍射积分强度的减弱以及邻近衍射斑点的漫散射。黄昆通过估算预言，在低温下可以观测到这种漫散射。随着实验技术的提高，黄昆的预言直到 1967 年才在氟化锂晶体中首次得到证实。20 世纪 70 年代初，这种散射被发展成为一种研究晶体微观缺陷的直接而有效的方法，用这一方法可以发现晶体畸变的强度、形状和溶质原子周围位移场的情况。人们把这种集中在衍射斑点附近、能够反映晶体点阵长程弹性畸变的缺陷的 X 光漫散射，称为"黄昆散射"。

晶体中发生电子跃迁时，常常会伴随着发生晶格能量的改变，表现为晶体中电子跃迁的光吸收和光发射具有复杂的与温度有关的谱线形状。这个问题对认识晶体的光学性质和光电性质，认识晶体中激发出来的载流子的运动和寿命等都具有基本的重要意义。1950 年，黄昆和里斯在《F 心的光吸收和无辐射跃迁的理论》一文中，第一次对这个问题给出了完整的理论处理。他们把分子物理中的弗兰克-康登原理（Franck-Condon principle）推广到处理固体中的电子跃迁过程，得到了相应的位形空间变化图像。弗兰克-康登原理指出，在发生电子跃迁时，分子中原子核的空间位形保持不变，所以只表现为跃迁前后分子振动状态的变化。黄昆和里斯认为，在对晶体中电子跃迁的理解上，也应采用类似的物理图像，即认为缺陷中心的电子跃迁会使晶格振动的平衡点发生改变。他们把围绕 F 心的晶格原子的平衡位移位形用晶格振动的正则坐标来展开，跃迁前后的平衡位移位形的变化便表现为晶格振动能量的变化。这样便得到一幅直观的物理图像：电子能够实现无辐射跃迁，其能量转化可以由同时发生的发射（或吸收）一个（或多个）晶格振动量子——声子来补偿，这就揭示了复杂的谱线形状以及它对温度的依赖关系的物理本质。这篇论文成为人们认识固体中杂质缺陷上的束缚电子的跃迁以及半导体中载流子的复合的一项奠基性理论工作，被国际学术界称为"黄-里斯理论"。论文中引入的物理图像，对随后深入发展的"极化子"（polaron）理论有重要影响。论文所提出的表征晶格弛豫强度的参量被称为"黄-里斯参量"。

黄-里斯理论是适合于各种晶体缺陷中心的普遍性理论，20 世纪 50 年代就被广泛应用到半导体载流子复合、发光中心效率及探讨固体杂质缺陷光谱的研究中。但是，由于理论计算的结果一直比实际偏小，所以一些学者对黄-里斯提出的机理表示怀疑，并引起了深入的讨论。1980—1985 年，黄昆又回到这个领域，比较严格地分析了这类理论处理的基础——把电子运动和晶格运动分开处理的所谓绝热近似，发现了自己早年在绝热近似理论中采用康登近似的错误，重新明确了正确选择绝热电子波函数的理论依据；同时还证明，在晶格弛豫只限于电子-声子相互作用的对角部分以及非对角部分只限于一级微扰处理的范围内，无辐射跃迁的绝热近似理论和静态耦合理论完全等价，这就澄清了 20 多年来国际上关于无辐射跃迁理论的争论中存在的一些根本性问题。他还提出了无辐射跃迁中声子统计规律的理论，预示了固体物理领域一个新的研究方向。

离子性晶体中，离子间的相互作用除了短程力外，还有长程的库仑作用，所以，晶格振动会伴随着产生宏观的电磁场。1949—1951 年，黄昆引入了一个物理图像清晰、便于与实验观测量直接联系的唯象模型来处理立方晶体的元胞中有两个离子的情况。由于极性振动必然伴随着宏观电磁场，因此需要同时考虑电磁场运动及点阵运动的两个方程。他把介质的电磁理论和点阵动力学理论加以综合，用以处理极性晶体中光学振动的色散以及它们与电磁波的相互作用，这就克服了过去的理论中必须假想某些微观模型所带来的种种问题。由于这组方程明确、概括性强并且图像鲜明，方程中只包含标准的实验参数，可以准确地用于描述和研究实际晶体，它已被推广到处理复式格子和各种对称性的格子。这组唯象的方程被学术界称为"黄方程"。

1951 年，黄昆利用这组方程，推导出了晶体中的声子与电磁波的耦合振动模式。在《关于辐射场和离子晶体的相互作用》的论文中，他阐明了这个十分重要和普遍的理论。众所周知，当不考虑电磁波与格波的相互耦合时，电磁波与格波各有自己的色散规律和传播特性。当引入相互间的耦合后，晶体中出现的将是光波-格波的耦合模式和新的色散规律，这会引起一系列全新的光学现象。1963 年，利用激光技术，在半导体磷化镓的拉曼散射实验中，证实了黄昆指出的这种耦合振动模式的存在，并直接测量出相应的色散规律，这些结果引起了科学界的极大兴趣，人们把这种耦合模式相应的能量量子称为"极化激元"（polariton）。由于极化激元的存在，晶体的光学常数成为不仅依赖于波的频率，而且也依赖于波的波矢的物理量，由此引起了被称为"空间色散光学"的一系列光学现象。随后的研究发现，不仅是晶格振动，而且介质中其他的能与电磁波相互作用的元激发，如固体中的激子、磁子（自旋波），等离子体中的等离子波等，都会与电磁波耦合形成极化激元，也都有空间色散现象。

因此，黄昆引入的这个概念，已经成为理解电磁波与固体、等离子体相互作用的一个基本概念。

黄昆亲自领导了半导体超晶格的理论研究。他和他的学生详细地分析了III-V族化合物的量子阱和超晶格的空穴带的电子状态，发展了一种适用于超晶格结构的简单有效的方法，并对量子阱和超晶格结构中空穴子带的性质、价带杂化和外加电场等对量子阱和超晶格中激子吸收的影响做了理论计算。他们还系统地研究了超晶格中的长波光学振动模式，提出了一个能描述迄今所了解的所有实验事实的理论模型，得到了在一维和二维的量子系统中纵向光学振动和横向光学振动的类体模的正确描述。

黄昆对固体物理学的另一项重要贡献，就是与量子力学的创始人之一玻恩合著了《晶格动力学理论》一书。晶体中的原子会围绕其平衡位置做微小振动，它对晶体的热学、电学、光学和力学性质都有重要影响。1912 年，玻恩与冯·卡门（T. von Kármár）合作，提出了晶格中原子运动的格波概念；在以后的岁月里，他们又共同发展了晶格动力学的许多理论。在第二次世界大战期间，玻恩就计划写一本专著，希望"从量子理论的最一般原理出发，以演绎的方式尽力而为地推导出晶体的结构和性质"。1947 年初，黄昆访问玻恩教授并在他那里进行短期工作，被玻恩邀请在其已有手稿的基础上合作完成这部科学专著。经过几年的努力，这部长达 400 页的英文巨著终于问世。玻恩在该书的序言中写道：

> 他接受了这个建议，并成功地完成了任务。不过，本书已变得和我原来的计划很不相同了。黄昆博士坚信科学之主要目的在于社会应用，而我原先计划的抽象演绎的表述方式不太合他的口味，因此他增写了几章比较基本的引论……本书之最终形式和撰写应基本上归功于黄昆博士。

黄昆在写这本专著时，不仅把固体物理学中玻恩学派晶体点阵动力学的研究成果做了系统的整理，用严谨的体系和清晰的物理图像总结了这个领域的理论，并还做了一系列创造性的工作，发展和完善了这个研究领域。这本书已经多次重版并被译成多种文字，在很长时间里一直作为这一学科领域中极为重要的经典著作之一。

在 2002 年 2 月 1 日召开的"国家科学技术奖励大会"上，黄昆被授予2001 年度国家最高科学技术奖，以表彰他在科学技术领域所做出的杰出贡献。朱镕基总理在讲话中说："黄昆院士在固体物理学科做出了许多开拓性的重大贡献，对推动固体物理学的发展起了重要作用。他提出的与晶格中杂质有关的X 光漫散射预言，被后来的实验所证实，可直接用于研究固体中的微观缺陷；他在晶格动力学领域的研究成果，对信息产业特别是光电子产业具有重要的指导意义。"

（三）"内耗与超声衰减国际奖"的获得者葛庭燧

金属物理学家葛庭燧是把我国内耗与固体缺陷研究带入国际领先地位的带头人。在 1989 年召开的第九届国际固体内耗与超声衰减学术会议上，他荣获了这一科学领域的国际最高奖励——"内耗与超声衰减国际奖"，以表彰他近半个世纪在这一领域的理论与实验研究方面所做出的创造性贡献。

葛庭燧 1913 年 5 月 3 日出生于山东蓬莱大葛家村一个农民家庭。他年少聪慧，勤学苦读。1937 年毕业于清华大学物理系，1938 年考入燕京大学研究院当研究生，并任助教。葛庭燧 1943 年获美国加州大学伯克利分校物理学博士学位，随后在美国麻省理工学院光谱实验室参加研制原子弹（曼哈顿计划）的有关工作，对铀及其化合物进行光谱化学分析，并在该校辐射实验室进行远程雷达发射和接收两用天线自动开关的研究。1945—1949 年，他在芝加哥大学金属研究所进行内耗和金属力学性质的基础研究。1949 年 11 月，葛庭燧偕夫人及子女经香港回国，历任清华大学物理系教授、中国科学院应用物理研究所研究员。1952 年他赴沈阳参加中国科学院金属研究所的筹建工作，1980 年调往合肥，任中国科学院合肥分院副院长、固体物理研究所所长。

葛庭燧闯入金属物理和固体内耗研究领域是带有戏剧性和偶然性的。第二次世界大战结束后，芝加哥大学决定建立进行基础研究的金属研究所。1945 年 9 月，负责筹建工作的物理学家甄纳（C.M.Zener）到辐射实验室为新建的研究所招聘人员，做了题为"金属的弛豫谱"的学术报告。葛庭燧误以为这是关于光谱学方面的报告就进入了会场。甄纳讲到金属滞弹性弛豫谱（内耗）是新近发展的一种研究金属的结构和性能的重要方法，它在固体物理学中将要占据的地位很可能与光谱学在原子、分子结构理论中的位置相似。一直抱有"科学无国界，但科学家有祖国"的爱国热情和信念的葛庭燧立即想到，冶金学是我国国家建设的重要领域，多学些这方面的知识肯定是有用的，于是就向甄纳提出了参加这个新研究所的申请，并于 1945 年 11 月被接纳为这个研究所的成员。

所谓内耗，就是指物体由于内部原因而使其振动能量逐渐耗散的现象，对于高频振动，这种能量耗散则称为超声衰减。引起振动能量耗散的根本原因，是材料在应力作用下出现了非弹性应变，这是由于应变落后于应力而产生的。也就是说，应变对于应力有一个位相差，这个位相差愈大，内耗愈大。这种应变落后于应力的具体情况，与物质内部的分子、原子、电子和声子等的存在状态及其运动变化有关，与物体结构的特点、结构缺陷的类型和组态以及各种缺陷之间的相互作用密切相关，所以内耗测量方法提供了一种探测物体内部微观结构的极其灵敏的手段。

葛庭燧的第一个研究课题是晶粒间界的力学性质。甄纳认为，晶粒间界具有黏滞性质，他与合作者曾用测量滞弹性内耗的方法去研究这个问题。按照滞弹性理论，如果晶粒间界具有黏滞性质，则晶粒间界应当引起一个作为测量温度的函数的内耗峰，但是甄纳等人并未观测到这样的内耗峰。葛庭燧想到，原来内耗的测量都采用超声频或声频的装置，其振动频率太高（高达 1000 赫），晶粒间界弛豫出现在很高温度，内耗曲线被移向高温，内耗峰的峰巅温度坐落在太高的温度从而测不出来，因此，必须用较低的频率来测量。他联想到用扭转振动装置测定金属杆的弹性模量的方法以及在电学测量中久已熟悉的对数减缩量的概念，巧妙地利用扭摆（振动频率约1赫）来测量丝状或杆状试样的低频内耗，发明了现在国际上仍广泛使用的低频扭摆内耗仪。用这个装置可以很方便地测量内耗与温度的函数关系，测出众多的物理化学过程所联系的激活能，使内耗的宏观测量能够提供试样内部结构的信息，这在内耗研究上是一个重大突破。为了同时测量滞弹性所表现的准静态效应，即在恒应力作用下的滞弹性蠕变和在恒应变下的滞弹性应力弛豫，葛庭燧又联想到用墙式转动线圈装置测量电流的情况，用同一试样代替电流计的悬丝，把吊起来的试样连接到一个转动线圈的上端，并把转动线圈放在一组马蹄磁铁产生的均匀磁场内，于是就可用通过试样及转动线圈的电流来度量作用到试样上的切应力，用灯尺和光学反射装置来度量试样的切应变。1957年，麦克伦（D. Mclean）教授在他的名著《金属的晶粒间界》中特辟一章介绍葛庭燧的方法，称葛庭燧是把扭摆和扭动线圈装置融为一体的第一人。随后人们就把扭摆装置称为"葛氏扭摆"，把扭摆线圈装置称为"葛氏弛豫计"。

葛庭燧利用他发明的低频扭摆对纯铝进行了测量，在1946年9月发现了多晶铝的晶粒间界内耗峰（作为温度的函数），并指出这个内耗峰只在多晶体中出现，在单晶体中不出现。实验证明这个晶界内耗峰也在多晶镁中出现，因而是一种普遍现象。他根据实验，算出了晶界黏滞系数随温度变化的表达式，并且外推到铝的熔点温度时与实验值相符。他最先提出晶界滑动是一种扩散过程，测出了有关的激活能，并提出了晶粒间界"无序原子群模型"，被称为"葛庭燧晶粒间界模型"。他对纯铝的内耗、动态模量弛豫、在恒应力下的微蠕变（包括弹性后效）以及在恒应变下的应力弛豫进行了测量，发现它们可以用一条综合曲线来表示，这4种测量结果所得到的晶粒间界黏滞滑动弛豫强度之值都相同，并且与甄纳由理论上得到的计算值相符合。这一系列结果肯定了晶粒间界具有黏滞性质，也证实了甄纳关于滞弹性理论所做出的种种推论。正是在葛庭燧的工作发表之后，甄纳才于 1948 年出版了他的经典名著《金属的弹性和滞弹性》。在这本仅有 163 页、第一次提出滞弹性概念的著作中，甄纳引用了葛庭燧的工作 15 次、图 6 幅、表 1 个，这足以说明葛庭燧的工作奠定了经典的滞弹性内耗理论的实验基础。

1976 年，葛庭燧于 1947 年发现的晶粒间界内耗峰被国际文献正式命名为"葛峰"。但是，也正是这一年，意大利和法国的科学家对"葛峰"的来源提出了争议。20 世纪 80 年代，葛庭燧与中国青年科技人员一起，对晶界"葛峰"又进行了更深入、系统的研究，肯定了葛峰是由于晶粒间界的弛豫过程所引起的。同时又在葛峰附近发现了两个新的内耗峰：一个出现在高于葛峰温度的区域，是由单晶体经过扭转形变所引起的；另一个出现在较葛峰温度略低的区域，是由于试样中含有竹节晶界所引起的。这就澄清了有些人的错误认识，即认为"葛峰"也在单晶中出现是由于他们所用的单晶试样经过了扭转加工或者是含有竹节晶界的缘故。20 世纪 80 年代后期，葛庭燧根据葛峰和竹节晶界峰的弛豫强度随着温度的降低而减小并最后变为零的实验事实，又把晶界弛豫的微观过程与晶界的重合点阵模型及结构单元模型联系起来，这孕育着有关晶界结构和晶界性质的研究方面一个方向性的突破。

1941 年，斯诺克（Snoek）在含碳或氮的铁中发现了著名的点缺陷弛豫型内耗峰。1948 年，葛庭燧对它的出现条件和冷加工对它的影响做了仔细的研究。1952 年后，葛庭燧等在含碳的面心立方系不锈钢、锰钢、γ 铁和纯镍等以及低碳马氏体中观测到填隙原子所引起的斯诺克类型的内耗峰，发现这种内耗峰的高度与含碳量成正比。随后又发现含微量锰的 γ 铁中因含碳而出现的内耗峰，其高度与含碳量的平方成正比，从而肯定了填隙原子在含有替代式合金元素的面心立方系中以及在面心立方系的纯金属中都能引起斯诺克型内耗峰的论断。这一成果为后来点缺陷内耗弛豫普遍理论的建立打下了坚实的基础。

1949 年，葛庭燧在美国时用低频内耗方法研究点缺陷与位错交互作用，在经过高度冷却加工和部分退火的铝-铜替代式固溶体中发现了表现反常振幅效应——内耗随振动振幅的增加而减小，这是一种非线性内耗现象。回国以后，他在沈阳、合肥同青年科技人员一起，继续在铝-铜和铝-镁系中进行深入研究，提出了金属范性形变低频内耗的位错动力学模型和位错弯结气团模型。特别是 20 世纪 80 年代中期以来，他们在铝-镁和铝-铜合金里发现了由于溶质原子与位错交互作用所引起的 10 个温度内耗峰，它们由低温到高温作规则排列，从而把溶质原子双空位对、溶质原子单空位对、溶质原子本身与位错的短程交互作用（通过位错弯结）以及长程交互作用（通过 Cottroll 气团）所引起的滞弹性内耗弛豫谱的完整框架勾画出来，他们还提出了各个弛豫谱线的微观机制。因此，葛庭燧开创了新的非线性滞弹性内耗的研究领域。

（四）跻身世界三强的中国高临界温度超导体研究

中国科学院物理研究所的赵忠贤及其研究集体关于液氮温区氧化物超导体研究的突破，使中国的高温超导研究跻身于世界三强（中国、美国、日本）之列，并居领先地位。

1908 年，荷兰物理学家卡末林-昂内斯（H.Kamerling Onnes）首次液化了最后一种"永久气体"——氦，得到了绝对温度 4.2 开以下的低温。这时人们自然会想到，各种物质在这样低的温度附近会出现什么样的性质？如金属的电阻在绝对零度附近将如何变化？有人认为金属的电阻应随温度的降低而逐渐减小，并在绝对零度时消失；也有人认为，当温度降低时，金属的电阻应先达到一个极小值，然后由于电子会凝聚到原子内，金属的电阻将重新增加，并在绝对零度时变为无限大。究竟如何，最终还要靠实验来做出解答。1911 年，昂内斯出人意料地由实验发现，在 4.2 开左右，汞的电阻突然变为零，从此，超导物理就诞生了。最初人们曾把超导性看作是个别金属在低温下的特殊现象，但在 1912—1913 年，昂内斯又发现了锡和铅（甚至是不纯的铅）的超导电性，随后越来越多的物质被发现在低温下都有超导电性。1933 年，德国物理学家迈斯纳（W.Meissner）和奥森费耳德（R.Ochsenfeld）发现，当进入超导态后，超导体会将体内的磁力线排斥于体外，其内部的磁感应强度总保持为零，就像一个理想抗磁体一样，这就是迈斯纳效应。于是，人们才比较全面地认识了超导体的两个最基本的宏观性质：无限大电导和完全抗磁性。

超导现象发现后，人们也在理论上展开了探索工作。自 20 世纪 30 年代初起，相继提出了一些成功的唯象理论。1934 年，荷兰物理学家戈特（C.J.Gorter）和卡西米尔（H.B.G.Casimir）把导体中的电子分为超导电子和正常电子，提出了超导"二流体模型"。在该模型的计算中，他们得到了超导体临界磁场与温度关系的抛物线形式。1935 年，物理学家伦敦兄弟（F.London 和 H.London）在"二流体模型"的基础上，提出了两个描述超导体的电流和电磁场关系的方程，建立了研究超导体电动力学的基础，即"伦敦理论"。1950 年，德国物理学家弗勒利希（H.Fröhlich）提出一种新的观点，认为电子与晶格的相互作用是导致超导电性的根本原因，从而迈出了发展超导微观理论的关键一步。1957 年，美国物理学家巴丁（J.Bardeen）、库珀（L.N.Cooper）和施里弗（J.R.Schrieffer）提出了第一个超导微观理论，阐明了超导电性的物理机制，即著名的 BCS 理论，他们为此获得了 1972 年的诺贝尔物理学奖。1957 年，苏联物理学家阿布里科索夫（A.A.Abrikosov）提出，自然界中还存在着一种具有负界面能的超导体，即"第二类超导体"。到目前为止，能够得到实际应用的超导材料主要就是第二类超导体，主要是超导合金和化合物，也包括几种纯金属。

自从昂内斯在汞中发现超导电性以来，寻找能在更高温度下出现超导电性的材料，就成了物理学家们努力的方向。第一个具有较高转变温度的超导体是德国物理学家艾合曼（Von G.Ascherman）等在 1941 年发现的 NbN，其转变温度约为 15 开。1953 年，美国物理学家哈迪（G.F.Hardy）和休耳姆

（J. Hulm）发现一类称为 A15（或 β 钨）结构的材料，其中的 V_3Si 具有当时最高的转变温度 17.1 开。不久，马赛厄斯（B. T. Matthias）等又发现了 Nb_3Sn 的转变温度为约 18 开。此后，一系列 A15 结构超导体被陆续发现，直到 1973 年，美国物理学家加瓦勒（J. R. Gavaler）应用溅射方法制成铌三锗（Nb_3Ge）薄膜，获得了 22.3 开的转变温度。接着，贝尔实验室的泰斯塔迪（L. R. Testardi）等人又将它的转变温度提高到 23.2 开。从 1911 年到 1973 年，超导转变温度 T_c 平均每年仅提高 0.3 开。此后 13 年，超导转变温度始终未能突破 23.2 开这一"温度壁垒"。

金属氧化物高温超导体的发现，引来了超导转变温度的一个重大突破。1986 年 1 月，瑞士苏黎世国际商用机器公司（IBM）的德国物理学家珀诺兹（J. G. Bednorz）和瑞士物理学家缪勒（K. A. Müller）在钡-镧-铜-氧的化合物中发现了临界转变温度高达 30 开以上的超导电性。经过谨慎地检验之后，他们于 1986 年 4 月向德国《物理学杂志》送交了题为《在钡-镧-铜-氧系中可能存在高 T_c 超导电性》的论文。这篇在超导物理学史上有划时代意义的文章发表于同年 9 月，但最初并未引起人们的普遍注意，甚至有的著名物理学家断言这个异常高的 T_c "会有 99％以上可能是不对的"。但日本东京大学的田中昭二（S. Tana Ka）等在 1986 年 11—12 月重复了珀诺兹和缪勒的实验，并通过迈斯纳效应观察到了它的排磁通特性，确证了该系统中超导电性的存在。于是，人们纷纷把寻找超导材料的视野由良导体金属、合金及金属间化合物转向了电介质方面。1987 年初，中、美、日三国的科学家几乎同时获得了液氮温区（77 开以上）的高温超导体，超导研究跨入了液氮温区的新时代。珀诺兹和缪勒因这项重大突破而荣获 1987 年的诺贝尔物理学奖。

中国的超导研究始于 20 世纪 50 年代初，比国外晚 40 多年。当时国内物理学界的有识之士认识到必须发展低温技术。1948 年在美国麻省理工学院获得博士学位，后来又到普渡大学参加创建低温实验研究室，并受钱三强和彭桓武的嘱托到荷兰莱顿大学学习了一年低温技术的洪朝生（1920 年生）回国以后，在中国科学院物理研究所组建了低温物理研究组，建成了由液氮、液氢到液氦的一整套低温设备，迈出了超导研究的第一步。20 世纪 60 年代初，在苏联留学并在著名物理学家卡皮察（P.L.Kapitza）指导下进行过液氦的卡皮察热阻研究的管惟炎（1928 年生）从苏联回国，并将研究的主攻方向转向了超导。当时正值第二类超导材料被发现，使基础研究进入应用研究阶段。管惟炎在国内首先倡导进行强磁场超导材料的研究。他们用实验方法研究了铅-锑合金脱溶过程对超导体临界特性的影响，证实了国外学者提出的假说，即第二类超导体的临界场主要取决于合金材料中电子的平均自由程，而较高的临界电流则来源于脱溶产生的第二相和位错等缺陷。在实用材料的研制上，管惟炎研究小组独立于国外探索出生产实用超导材料铌三锡带材的扩散法新工艺，有效克服了铌三锡的脆性问题。1965 年，他们又与中国科学院上海冶金研究所合作，拉制出具有当时国际先进水平的铌-锆线材 6000 米以上，并用此线材绕制了内部直径 6 毫米、长 60 毫米的中国第一个强磁场超导磁体。经过 113 次的"锻炼"，它最高产生了 4.4 特的强磁场，这是中国超导研究中的一个里程碑。

1975 年，著名低温物理学家赵忠贤（1941 年生）从英国学成返回中国科学院物理研究所。赵忠贤 1964 年毕业于中国科学技术大学物理系低温物理专业，分配到中国科学院物理研究所。他参加了超导计算器的研制工作，还参加并领导了红外雷达和参量放大雷达所用的制冷机的研制工作。1974 年，赵忠贤被中国科学院派送到英国剑桥大学冶金及材料科学系进修，在导师指导下，从事有关第二类实用超导体的研究。他发现了第二类超导体的磁通流动具有当从非线性区过渡到线性区时，其转变的临界点和临界电流呈线性关系的特征，这一发现受到导师的高度评价。在赵忠贤和有关专家的倡议下，1976 年后，中国开始了高温超导体的探索工作。

从 1976 年到 1986 年，中国连续召开了 6 次有关高温超导体的全国性专题学术会议，极大地推动了我国高温超导研究工作的进展。

在超导理论方面，中国学者提出了一系列假说和模型，为深化高温超导研究提供了必要的指导。复旦大学在马氏体相变、晶格动力学方面的工作，对了解晶格振动相变与超导的关系有一定意义。他们在二维系统方面的研究对了解层状化合物的超导电性十分有益。北京大学根据轨道杂化理论提出的临界温度有可能达到 70～80 开的假说，对于启发人们的思维、开阔人们的思路极有作用。赵忠贤等与北京大学合作，根据巴丁的激子模型提出了新的超导物理 ACS 模型，指出在晶态和非晶态半导体的界面上，只要有足够的载流子浓度，就很容易形成激子超导 ABB 系统。此外，南京大学和中国科技大学的蔡建华、吴杭生等人，对超导临界温度理论也做了富有成效的研究。

在实验方面，1978 年的会议充分肯定了国内在 A15 材料上做出的成绩。1980 年，赵忠贤等研制出的 A15 结构的铌三锗达到了临界温度 23.2 开，达到当时的国际水平，这是我国高温超导体探索工作的一大进步。冶金部长沙矿冶所设想用 CVD 方法制备铌三锗带材，以便使该材料具有实用价值。在 A15 结构铌三锗的物理性质和成相规律方面，国内也做了一些探索性工作。关于夏沃尔相（Chevrel phase）材料的高临界磁场，在国际上曾引起轰动，国内也很快制备出来。赵忠贤等还提出了一个超导临界温度和半径的经验规律，并预见到一种新的超导材料，引起了日本以及当时的民主德国和美国等国科学家的兴趣，其中关于新超导材料的预言已被美国的有关实验室所证实。赵忠贤等利用非晶加压方法制备的 A15 结构的铌三硅，临界温度达到 19 开，虽然没有达到预想的 30 开或 38 开，但仍是这一材料系统中的"世界纪录"。国内超导研究者不仅对氧化物超导体、重费米子超导体等非常规超导体，而且对新的亚稳相超导材料，如非晶 InSb 的晶化过程及超导性等都做了很好的研究，对它们的物理性质（如中子散射、比热容等）进行了有成效的探究。1983 年，赵忠贤等在研究非晶态铜-锆及镍-锆合金的超导电性与临界电流时，观察到了峰值效应和负磁阻现象，并根据边缘效应作了解释。在实验手段方面，还移植了一些新的技术，如离子注入技术等，为高温超导突破提供了必要的技术基础。

珀诺兹和缪勒的文章发表之后，由于他们宣布的超导临界温度提高的幅度太大，所以使很多人对他们的结果表示怀疑，他们的论文在国际上并未引起足够的重视。1986 年 9 月，赵忠贤看到了这篇文章，凭着他长期在这个领域中工作培养出的特殊的敏感，他当时就感到"他们的看法是有道理的"。[①]基于对晶格不稳定性与超导关系的理解，赵忠贤认为，钡-镧-铜-氧系列材料中同时有铜的二价离子和三价离子，铜的二价离子有 Jahn-Teller 效应，使晶格对称性降低，点阵发生畸变；而在二价离子和三价离子之间有巡游电子，这种电子遇到三价离子时，三价离子便还原成二价离子，又可产生 Jahn-Teller 效应。巡游电子的运动造成晶格的交替畸变，使电子与声子的相互作用很强，但不引起结构相变，这就有可能产生高临界温度的超导电性[*]。于是，赵忠贤就与熟悉变价系统并从事快离子导体研究的陈立泉教授合作，组织科研人员开始了这一探索性工作。

起初他们用库存多年的原料来制备样品，进展却出乎意料，他们在锶-镧-铜-氧系列材料中获得 48.6 开的临界温度，在钡-镧-铜-氧系列材料中则是 46.3 开，同时在某些钡-镧-铜-氧样品中观察到了 70 开的超导迹象，但这一结果不稳定，在一次热循环后就消失了。这些结果在 1986 年 12 月 26 日公布后，引起了全世界的关注。因上述两种系列的超导体均处于当时的国际先进水平，其中锶-镧-铜-氧系列材料的转变温度 48.6 开还是当时世界上的最高纪录。不过，70 开超导体的实验结果的重复问题，一时还无法解决。他们曾改变过制备样品的方法，加压和淬火都试了，但效果有限。

与此同时，物理学家朱经武在美国休斯敦大学的研究组于 1986 年 12 月间，也在加压的镧-钡-铜-氧材料中观察到 40.2 开和 50.5 开的转变温度。随后在 1987 年 1 月 29 日，首次得到了在 90 开以上电阻消失的超导体，材料的成

---

① 刘兵. 著名超导物理学家列传. 北京：北京大学出版社，1988：178.
* 这个理解是当时赵忠贤等人评价珀诺兹等人的工作和开始自己的研究工作的出发点。实际的机制是什么至今也不清楚，所以赵忠贤等人后来也不再提 Jahn-Teller 效应了。

分是钇-钡-铜-氧。2月16日，美国国家基金会正式宣布了这一重要成果，但没有公布新材料的成分。

赵忠贤等人把思路主要集中到超导起源上。他们注意到，早期发现70开超导迹象的样品是用1956年国产的不太纯的原料制成的。分析表明，其中有较多的其他稀土杂质存在，用光谱纯的材料却只能做出临界温度40开左右的样品。他们还发现，单相成分不易出现高温亚稳相，只有在多相材料中才可能找到相对稳定的新亚稳相。他们认识到，超导材料多是多晶相，在保持相同点阵结构的情况下，用某些原子半径较小的元素取代具有较大原子半径的镧或钡，将会对二维特性发生影响，有可能获得更接近二维结构并具有更长周期的超点阵体系。于是，赵忠贤等人坚持用掺杂质、多相系统和替换元素的方法，试验了用钪、钇、镱、镝、钬等稀土元素替换的几种样品。第一个出现90开超导性的是用元素镱制备的样品，零电阻温度达到78.5开。为了使层状钙钛矿结构更接近于二维体系，他们用钇取代镱，终于在1987年2月19日中午，获得了在液氮温区稳定的钇-钡-铜-氧超导体样品。重复实验完全肯定了这样一个结果：在分辨率为10^{-8}V的情况下，零电阻出现在78.5开，抗磁性出现在93开，起始临界转变温度在100开以上！1987年2月24日，中国科学院公布了这一结果，引起了世界的轰动。中国还第一个公布了液氮温区氧化物超导体的成分，迅速得到世界各国的承认，并对国际上高临界温度超导体的研究工作起了积极的推动作用。

此后，赵忠贤等人又继续独立地用多种稀土元素替代钇而获得10种液氮温区的超导体。经烧结分析，赵忠贤和他的助手们还独立地确认钡-钇-铜-氧体系样品是一种畸变的四角结构（正交结构）。在国际上，他们最早用持续电流方法确定了钡-钇-铜-氧超导态电阻的上限为2×10^{-18}欧·厘米；并首先确定（123）相钡-钇-铜-氧在实验误差±0.2开范围内无铜的同位素效应，有力地推动了超导电性的科学研究。

继赵忠贤等人于1987年2月发现液氮温区100开以上的超导体之后，北京大学、中国科技大学、南京大学等单位也相继宣布找到了起始温度超过 100 开、零电阻温度达 91 开的钡-钇-铜-氧化合物超导体。1988 年 3 月，赵忠贤等人研制出由铊-钡-钙-铜-氧组成的超导体，其零电阻温度为 114 开，在 117 开时出现明显的抗磁效应，临界电流密度达到 1 630 安/厘米^2。同时，第一台高温超导电机模型在西安交通大学运转成功，北京大学研制成功零电阻温度 60 开、厚度 0.5～1 微米的超导薄膜，使中国的超导技术向应用跨进了一大步。1989 年，由中国科技大学研制的铋-铅-锑-锶-钙-铜-氧超导体，临界温度达到 132 开，再一次创造了世界最高纪录。

液氮温区氧化物超导体的发现，是国际超导研究史上的一个里程碑，必将带来实践和理论上的重大飞跃。中国的物理学家们在诸强问鼎的超导之争中，保持了国际上的先进地位，对人类文明做出了自己的贡献。

十一、登上诺贝尔奖台的物理学家

　　诺贝尔奖，自它创立之日起，就成为人们在科学、文学与和平事业方面取得卓越成就的主要象征，成为誉满全球的殊荣，实际上是一种威望最高的国际性奖项。但是，在它创立的半个多世纪中，华人学者却始终未能登上诺贝尔奖的领奖台。50 年代后期以来，这种情况才得到改变。

（一）李政道、杨振宁和宇称不守恒的发现

　　对称性是人们非常熟悉的一个概念。在物理学中，对称性是指物理规律对某种变换的不变性。在经典力学中，人们已经认识到，一定的对称性是和一定物理量的守恒相联系的。最简单的对称性是空间各向同性和均匀性，它们代表了物理规律对空间转动和平移的不变性，前者和角动量守恒相联系，后者和动量守恒相联系。时间均匀性也是一种基本的对称性，它代表物理规律对时间平移变换的不变性，时间均匀性和能量守恒相联系。对称性的限制，可以作为探索新的物理规律的重要依据。

　　左右对称性，是另一类重要的时空对称性，它是基于对分立的镜像变换的不变性，相应于空间反演不变性。在经典力学中，左右对称性没有找到相应的守恒量。在量子力学中，系统的状态由波函数来描写，量子系统的对称性与波函数的性质有一定联系，这种性质可以用"宇称（Parity）"这个量子数来描

写。假设一个粒子（量子系统）的状态（波函数）和它在空间反演后的状态（镜像）相同，则称这个粒子有偶宇称或正宇称，记为 P＝＋1；若空间反演后的状态与原状态反号，则称这个粒子有奇宇称或负宇称，记为 P＝－1。空间反演不变性，将导致系统的宇称守恒。

宇称守恒定律最早于 1924 年由拉波特（O.Laporte）发现。他在分析复杂原子的光谱时发现有两种谱项，分别对应偶能级和奇能级，跃迁只能在这相异的两类能级之间发生，即由偶变奇，或由奇变偶。后来定义偶能级具有＋1 宇称，奇能级具有－1 宇称，而光子的宇称定义为－1，于是在发射一个光子的跃迁过程中，初态的宇称等于终态的宇称，即宇称守恒。直到 1956 年以前，人们都坚信，与时空变换不变性相联系的守恒定律应该普遍成立，宇称守恒定律是不容怀疑的神圣原理。但是，矛盾终于出现了。

1953 年，达利兹（R.Dalitz）和法布里（E.Fabri）指出，从 θ 介子和 τ 介子衰变过程

$$\theta \to \pi + \pi$$

$$\tau \to \pi + \pi + \pi$$

中可以获得它们的自旋和宇称的信息。θ 介子可以衰变为两个 π 介子，τ 介子可以衰变为 3 个 π 介子。而早已确定，π 介子的宇称是奇的（－1）。因而，2π 状态的宇称为偶（＋1），3π 状态的宇称为奇（－1）。如果衰变满足宇称守恒定律，那么衰变前的 θ 与 τ 的宇称应该不同，即 θ 与 τ 不应该是同一种粒子。但另一方面，实验却指出这两种介子具有非常接近的质量和寿命，它们的质量只相差 2～10 个电子质量，即准确到 1％，寿命则准确到 20％。这就迫使人们怀疑上述 θ 和 τ 不是同一粒子的结论是否正确，这就是所谓"θ-τ 之谜"。

由于传统上相信宇称是守恒的，1955 年下半年李政道与人合作曾试图用级联模型来解 θ-τ 之谜，结果失败了。于是他又想到，也许因为 θ-τ 是奇异粒子，宇称在 θ-τ 衰变中不守恒。他和杨振宁研究了这种可能，但没有得到任何

结果。1956年初，斯坦伯格（J.Steinberger）与他的合作者进行了超子 $\Lambda°$ 和 Σ^-（也是奇异粒子）的产生和衰变实验；根据李政道的建议，实验发现了反应中的宇称是不守恒的，由于实验事例数太少，他们没有引出任何肯定的结论。但是，这些初步的数据却令李政道感到鼓舞，他知道，宇称不守恒一定会导致许多其他的结论，于是开始进行了广泛的研究。1956年4月底，李政道基本上完成了对奇异粒子衰变的理论研究。

1956年5月初，杨振宁从布鲁克海文来到哥伦比亚大学，李政道兴奋地将他的新发现和突破告诉了杨振宁，于是他们开始共同对这个问题做更深入的研究。他们发现，在强相互作用中，已有确凿的实验证据证实宇称守恒；在电磁相互作用中，宇称守恒也有极好的证明。在所有奇异粒子的弱衰变中，他们相信宇称是不守恒的；但对非奇异粒子的弱相互作用，他们认为应该做进一步的探索。β 衰变的研究，有着悠久的历史，已经有许多可用的实验资料。因为过去的分析都先验地假定宇称守恒，早先对 β 衰变是用5个耦合常数 C_i（$i=$S，P，V，A，T）组成的相互作用来描写的。李政道和杨振宁引入了另外5个宇称破坏的常数 C_i'，用一般的宇称不守恒相互作用对所有的 β 衰变现象进行了系统的研究。经过约一星期的紧张工作，他们用新的相互作用导出了早先用宇称守恒假设所得到的所有公式，从而清楚地表明，没有一点证据说明 β 衰变中宇称是守恒的。他们把视野扩展到其他过程，又经过一个月的努力，完成了分析工作，终于在1956年6月，写出了题为《宇称在弱相互作用中守恒吗?》的论文。10月份在《物理评论》中以《弱相互作用中的宇称守恒问题》为题目发表。

李政道和杨振宁的文章遭到了著名物理学家的反对。看来除了 θ-τ 衰变这个实例外，还必须在 β 衰变中探测可能的宇称不守恒。

1956年下半年，李政道和杨振宁找到了被称为"实验核物理的执政女王""新时代的居里夫人"的弱相互作用实验的权威吴健雄，讨论了测量 β 衰变中自旋-动量关联不对称的最好办法。吴健雄建议使用极低温度（0.01开）下被强磁场极化的钴-60β源，观察它的β衰变的角分布，来检验弱作用宇称守恒问题。她与物理学家安布勒（E. Ambler）、海瓦德（R. W. Hayward）、霍普斯（D. D. Hoppes）、哈德逊（P. Hudson）一起，利用这里的仪器设备，完成了极化钴核^{60}Co β衰变

$$^{60}Co \longrightarrow {}^{60}Ni + e^- + \bar{\nu}$$

前后不对称的测量，发现β衰变的电子关于核极化方向前后明显的不对称。自然界第一次亮出了它的"手征"，李-杨的理论是正确的！吴健雄博士等的实验在1957年1月发表，轰动了物理学界。另外两组物理学家也证实了π-μ-e衰变中的宇称不守恒。

1957年1月15日，哥伦比亚大学物理系举行新闻发布会，被称为美国实验物理之父的拉比（I. I. Rabi）向公众宣布，物理学中的一个被称为宇称守恒的基本定律被推翻了，著名物理学家奥本海默（J. R. Oppenheimer）在给杨振宁的回电中说："终于找到了走出黑屋的门"。诺贝尔奖获得者，反物质的主要发现人之一的赛格雷（E. G. Segrè）以"皇帝的新衣"的故事来比喻这一发现，并热情盛赞中国的文明史和中国学者的成就："古代的欧洲旅行者很早就惊诧地发现了中国这个国家历史悠久的文明了。而从当代这3个中国物理学家所取得的成就，就可以看出中国这个伟大国家在经历过当前的革命震动时期，并恢复其作为世界文明发源国之一的作用后，将来可能对物理学做出什么样的贡献。"

正是李政道、杨振宁和吴健雄的突破性工作，彻底解放了人类对于物理世界最基本结构的思想。今天，物理学界公认对称破缺是自然界相当普遍的规律，而在20世纪50年代中期以前，这是不可想象的。

由于这个极为重要的划时代贡献，李政道和杨振宁被授予1957年诺贝尔奖。李政道在致辞时用中文开头，然后用英文。他说，一个科学上的成就永远是许多在同一或相关领域中的研究者积累的结果，没有过去的经验，没有现在

的激励，就不会产生我们今天的观念和知识。有许多伟大的物理学家，他们为人类对自然界的了解做出过很大的贡献。他强调，我们有限的人类智慧去认识无限的宇宙奥秘，是一个永不终止的过程。

李政道、杨振宁、吴健雄，科学中国人的杰出代表，中华民族的骄傲！

李政道，1926 年 11 月 25 日生于上海，曾祖和祖父与东吴大学有很深的渊源。其父李骏康毕业于金陵大学农化系，当时经营肥料化工产品。李政道兄妹 6 人，都学有所长。李政道自幼爱读书，父母常陪他去书店选购书籍。爱丁顿的《膨胀的宇宙》唤起了他的想象力，使他对科学产生了浓厚的兴趣。李政道的少年时代是在动乱中度过的，他甚至没有得到过正式的中学和大学毕业文凭。1941 年 12 月，侵华日军进入上海租界，刚满 15 岁的李政道只身离家，经杭州、富阳等地，穿过日军封锁线，到迁入贵阳的浙江大学求学，途中过的是流浪生活。1943 年秋，李政道以同等学力考上浙江大学。不久，侵华日军侵入贵州省，他又经重庆转入昆明西南联合大学。战时的昆明，没有很好的教室、图书馆，各方面条件很差，很多学生在茶馆里读书。李政道总是每天一大早就到茶馆买一杯茶，占一个位子坐一整天。后来李政道称自己是"茶馆里的大学生"。

1945 年当美国第一颗原子弹试验成功后，中国政府也想造原子弹，曾昭抡建议数学、物理、化学三科各选派两名学业优秀的年轻人去美国留学，培养人才。吴大猷推荐了李政道和朱光亚去学物理。李政道于 1946 年 9 月到了美国，当时他还不满 20 岁，刚念完大学二年级。到芝加哥大学后，因为没有大学文凭，一度难以进入研究生院，只能先当非正式生。在费米、泰勒和扎克赖森（W.H.Zachariasen）等教授的帮助下，1948 年转为正式生，开始在费米的指导下作博士论文研究。费米引导李政道先研究核物理，然后进入天体物理。1949 年底，李政道完成了关于白矮星的博士论文，获得博士学位。校长在授予他博士学位证书时说："这位青年学者的成就，证明人类高度智慧的阶层中，东方人和西方人具有完全相同的创造能力。"

1950 年，他先到加州大学伯克利分校工作一年，然后到普林斯顿高等研究院，1953 年进入哥伦比亚大学，1956 年成为哥伦比亚大学历史上最年轻的教授，1964 年被聘为哥伦比亚大学费米讲座教授，1984 年，当选为哥伦比亚大学四位全校教授（University Professor）之一。

李政道常说："物理是我的生活方式"。50 多年来，他的物理生涯灿烂辉煌，在理论物理的研究和对实验物理的推动上，做出了杰出的贡献。除闻名的关于弱相互作用中宇称不守恒的重大发现外，他的研究工作涉及对称性原理、统计力学、极化子和孤子、场论、强相互作用模型、重离子碰撞、离散力学、天体物理、高温超导理论等广泛领域。

1950 年，李政道对白矮星做了有预见性的重要研究。在他的博士论文《白矮星的含氢量》中，证明了白矮星的氢含量不足百分之一，从而有力地支持了白矮星是星体演化末期的观点，并首次正确地计算了简并物质的电导率。

1950—1951 年，李政道讨论了湍流，计算了各向同性湍流的涡流黏滞系数，证明在二维空间中不存在湍流。

到普林斯顿后，李政道和杨振宁共同发表了两篇统计物理方面的论文，首次给出了不同相热力学函数的严格定义，发现不同相的热力学函数一般是不可解析延拓的。这一成果对后来惰性气体实验研究起了很大作用，这两篇论文标志着量子统计的新开端。

1954 年，李政道建立了著名的"李模型"，这是量子场论中少有的可解模型，对后来的场论和重正化研究有重大影响。

1957—1960 年，李政道、杨振宁和黄克孙合作研究了硬球玻色气体的分子运动论，消除了硬球玻色系统的发散性。他们发现有相互作用的玻色系统可以导致超流现象，从而对氦 II 的奇特性质有了进一步了解。

在弱相互作用方面，李政道的研究成果最多，涉及弱相互作用的各个方面。他与杨振宁、罗森布鲁斯（M.Rosenbluth）合作，提出了普适费米作用和中间玻色子的存在。后来李政道把这种粒子称为 W ±（W 是"弱"的英文字头）。1961年，李政道基于幺正性的要求，得出W粒子的质量上限为300吉电子伏；基于弱电统一，估计出W的质量为30吉电子伏。他和杨振宁还提出了二分量中微子理论。在1957年获诺贝尔奖的研究项目之后，李政道将弱相互作用研究中的新思想推广到其他物理过程中，并成为20世纪60年代粒子物理学占统治地位的主题之一。可以说，在对称原理方面的研究，是李政道对现代物理学最卓越的贡献。

1964年，李政道和诺恩伯格（M. Nauenberg）对零质量粒子理论中的发散性做了进一步分析，引入了一套处理方法，这套方法被称为KLN定理。这是用高能喷注发现夸克和胶子的理论基础。

1969—1971年，他与威克（G. C. Wiek）提出了一个解决量子场论中紫外发散的方法——在希尔伯特空间引入不定度规。他们证明，这一理论和已有实验结果没有矛盾。

1974年，李政道和威克开始研究自发破缺的真空是否可能在一定条件下恢复破缺对称性。他们发现重离子碰撞中，在原子核大小的尺度上可以局部恢复对称性。相对论重离子碰撞这一领域可以说是李政道开创的。

70年代末，李政道和弗里伯格（R. Friedberg）、瑟林（A. Sirlin）找到一批场论中的经典解及其量子化解，李政道称其为非拓扑孤子，建立了场论的一个新领域。后来，李政道和他的合作者用非拓扑孤子研究了强子的孤子模型。1986年，李政道、弗里伯格和庞阳详细研究了由非拓扑孤子和广义相对论相结合而导出的孤子星的特殊性质，发现这类新的星体结构可以有各种大小质量，从一个太阳质量到 $10^{12} \sim 10^{15}$ 个太阳质量。因此是暗物质、类星体等的理论模型之一。

从1982年起，李政道对格点规范理论产生了兴趣。他和他的合作者引入随机点阵的概念（以一系列任意分布的点代替空-时连续区），并指出怎样按这样的点阵完成场论计算。李政道进一步提出，时间和空间是否可以是离散的。他们发现，已有的理论都可以在离散的时空上描述。这套称为离散力学的理论是今后统一场论的可能途径之一。

1986 年以来，李政道对高温超导理论进行系统研究。他与合作者一起提出了超导的 S 道玻色-费米子模型。他们对这个模型进行了一系列分析，计算能隙和长程序，证明出现迈斯纳效应，并考察了相关长度、涡旋线和临界磁场。这个理论可以解释不少关键实验。

李政道的工作，表现出创造性、多面性和独特性的风格。1988 年，曾任美国物理学会主席的德莱尔（S.Drell）教授说："综观物理学的各个不同领域，很难找到一处地方没有留下李政道的足迹。他犀利的物理直觉和高超的解答难题的能力，为物理学的发展做出了持久而明确的贡献。"

1974 年，李政道和夫人回国访问。在他的建议下，中国科技大学办了"少年班"，培养科学人才。从 1980 年起，在李政道的倡导和组织下，通过中美联合招考物理研究生项目（CUSPEA），每年约有 100 名中国学生通过考试进入美国一流的研究生院。到 1989 年计划结束，共培养了 915 名学生。1979 年 1 月，李政道和帕诺夫斯基（W.K.H.Panofsky）一起组织了第一次中美高能物理会谈，正式成立了合作项目。在李政道的精心安排下，美国的高能物理实验室为北京正负电子对撞机的设计和建造提供了大量支持。1985 年和 1986 年，经李政道建议，中国先后设立了博士后制度及自然科学基金。

杨振宁，1922 年 10 月 1 日生于安徽合肥。其父杨克纯（字武之）是美国芝加哥大学的数学博士，回国后任清华大学与西南联合大学数学系主任多年。杨振宁 1938 年进入西南联合大学，1942 年毕业于物理系。他的毕业论文是跟随吴大猷教授做的，吴先生让他用群论的方法把分子光谱的一些问题搞清楚。这使他对群论和对称性在物理学中的应用有了深刻的印象。大学毕业后，杨振宁进入清华大学研究生院，在王竹溪的指导下，完成了《超晶格统计理论中准化学方法的推广》的硕士论文。这样，对称原理和统计力学，成了杨振宁一生的主要研究方向。

1944 年夏，杨振宁考取了留美公费生。1946 年初，杨振宁到芝加哥大学成为著名物理学家费米的研究生。由于感到自己缺少实验方面的训练，因此想写一篇实验论文，经费米介绍到阿利森（S.K.Allison）的实验室，用了约 20 个月的时间，帮助建成了一台 40 万电子伏的加速器。可是，他用这台加速器所做的实验并不成功。他接受了著名物理学家泰勒（E.Teller）的建议，转回来做理论研究。当时在芝加哥大学，杨振宁对新发展起来的许多物理学理论都有相当的了解。据说当费米不在时，同学们有了问题就去找杨振宁。杨振宁用了半年时间，就以题为《核反应与关联测量中的角分布》的论文获得了博士学位。由于学业出众，他被芝加哥大学留下来做讲师。1949 年春，杨振宁转到普林斯顿高等学术研究所，在这里工作了 17 年，并于 1955 年晋升为教授。1966 年，杨振宁接受了纽约州立大学石溪分校的邀请，担任该校的爱因斯坦讲座教授的职位，并担任该校理论物理研究所所长。

除关于弱作用中宇称不守恒的发现外，杨振宁在理论物理学的许多领域，包括粒子物理学、统计物理和凝聚态物理学等方面，从理论结构和唯象分析上都取得了重大成就。在统计物理方面，1952 年，他重新推出了昂萨格（L.Onsager）的结果，物理意义弄得很清楚，数学处理也很干净，后来他又与李政道等人合作，做出了许多相当重要的工作。在粒子物理方面，他与合作者对高能粒子碰撞现象进行了研究，用比较简单的几何图像分析了高能物理中的散射数据，取得了很好的结果。在凝聚态物理方面，他与合作者提出了用波函数的单值性和 BCS 理论正确解释超导体的磁通量量子化，还写出了关于"非对角长程序概念"的很有深度的论文。"杨-米尔斯规范场理论"，可以说是杨振宁的最高成就。

大家知道，电磁学的基础是麦克斯韦方程组，这组方程的一个基本性质就是规范不变性。电磁学就是最早的一个规范场理论。

人们早就知道，质子和中子的带电状态不同，它们的质量有很小的差别，这个微小差别很可能是由带电状态不同造成的。除此之外，大量实验表明，它们的性质很相似，因此它们被统称为核子，看作是核子的两种不同状态。这种对称性称为同位旋对称性，数学上属于 SU（2）群，是非阿贝尔群。同位旋是一个守恒量子数，性质和电磁场中电荷守恒有些类似。当杨振宁在芝加哥读研究生时，就思考着这样一个问题：为什么不可以把同位旋守恒的性质也变成一个规范场的理论呢。他想到，如果能把同位旋相互作用纳入规范作用的轨道，那么它通过一种新的规范场来传递，相互作用形式就完全确定了。1953—1954年，当杨振宁访问布鲁海克文时，他又一次回到这个问题上。当时米尔斯（P. L.Mills）是哥伦比亚大学的博士研究生，和杨振宁共用一个办公室。杨振宁邀请他一同研究了这个问题，1954 年 6 月一起提出了非阿贝尔规范场的理论，即著名的"杨-米尔斯场论"。这篇文章引进了非阿贝尔规范不变性，用一种优美的数学形式，把 SU（2）规范场理论表达出来。

在这篇有划时代意义的论文发表后，杨-米尔斯规范场还不被承认是物理，只被看作是一个数学结构，是一个可能对物理有用的数学结构，论文并没有受到重视。20 世纪 60 年代后，随着实验的进展，对弱相互作用的知识越来越多，于是人们希望找到一个弱作用的理论。到 1972 年，这个非常简单而又非常漂亮的数学结构被正式承认是物理的一个基本结构了，并承认它奠定了弱相互作用的基础。随后的研究发现，杨-米尔斯非阿贝尔规范场的数学结构也是强相互作用理论的基本结构。现在知道，自然界存在着 4 种基本相互作用：强作用、电磁作用、弱作用和引力，传递这些作用的都是杨-米尔斯场。所以，杨-米尔斯规范场理论的提出，已引起了人类对微观世界基本相互作用认识上的一场革命，这个理论为整个粒子物理学奠定了以后发展的最基本的原理和方程。

（二）丁肇中和 J 粒子的发现

1974 年 11 月 11 日，美国两个实验室同时宣布独立地发现了一个新粒子，他们分别把它命名为 J 粒子和 ψ 粒子，这就是现在所称的 J/ψ 粒子。由美籍华裔高能物理学家丁肇中领导的麻省理工学院（MIT）实验小组是发现者之一。

1965 年，丁肇中领导一个小组在德国汉堡的德国国家电子同步加速器上进行 e^+e^- 电子对产生截面的测量，验证了量子电动力学在极小距离时的正确性。但是，他们也观察到了明显偏离的效应，认为这是由于重光子的强作用引起的，因此他们的注意力逐渐转移到利用双臂谱仪通过检测 e^+e^- 对来研究重光子的性质。所谓重光子是指量子数与光子的量子数相同的介子，因为这些介子的自旋为 1，所以也称为矢量介子，它们是可以通过强作用衰变的强子共振态。丁肇中小组测量了重光子的许多特性，得到一系列精确的实验结果，为夸克模型的正确性提供了重要的检验，也为 J 粒子的发现作了准备。

1972 年，丁肇中领导一个小组到布鲁克海文国家实验室进行了一个非常复杂的实验来寻找重粒子。当时已知的三种重光子的共振宽度分别为 154、9.9、4.22 兆电子伏。丁肇中小组认为，在 5 吉电子伏的范围内，可能还会找到另外的重光子。他们拟定寻找新粒子的方案是：用质子束流轰击靶核，产生中性矢量介子，然后探测由这种粒子衰变出的 e^+e^- 对，以确定这种矢量介子的性质，即

$$P + 靶核 \rightarrow V^\circ + X$$
$$\rightarrow e^+ + e^-$$

式中 V° 是待寻找的新粒子，X 表示任意强子。

实验中，他们将加速器中 30 吉电子伏的质子束引出来轰击铍靶，对所产生的次级粒子，用偏转磁铁偏转，使带正电和带负电的粒子分别进入双臂谱仪的两臂，两个臂的符合事例说明在靶片处产生了正负粒子对。用计数器等仪器测量并计算出其能量、动量和它们的夹角后，就可肯定记录的是 e^+e^- 电子对，并计算出有效质量。从多次测量得到有效质量的分布曲线，可以看出是否出现

了未知的新粒子，并确定它的质量和寿命。

实验发现，正负电子对集中在 3.1 吉电子伏附近很窄的一个峰之内，峰的宽度小于 5 兆电子伏。这表明发现了一个新粒子，他们根据丁肇中的姓"丁"的字形，把它命名为"J 粒子"。

J 粒子和当时已发现的其他上百种亚原子粒子不同，它有两个奇特的性质：质量重和寿命长。它的质量约为质子质量的 3.3 倍，比已往发现的任何粒子的质量都大得多。以往的实验所得的规律是：粒子的质量越大，寿命就越短。例如 Δ^{++} 粒子的质量比质子质量大 30%，其平均寿命只有 6×10^{-24} 秒。J 粒子的质量比 Δ^{++} 大得多，它的平均寿命反而比 Δ^{++} 的平均寿命长两千倍。为了解释 J 粒子的奇特性质，物理学家们通过理论分析，发现原有的 u、d 和 s 三夸克强子结构模型不能容纳这种新粒子，必须扩充为包含 c

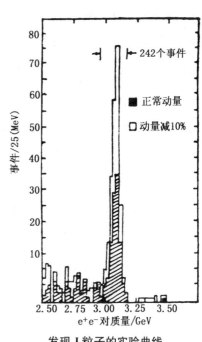

发现 J 粒子的实验曲线

（粲）夸克的四夸克模型。由此可见，J/ψ 粒子的发现实际上证实了一种新夸克的存在，并引出了十多个含粲粒子的发现。

J/ψ 粒子的发现为粒子物理"标准模型"的建立做出了重大贡献。丁肇中和同时发现这一粒子的里克特（B. Richter）因此获得了 1976 年的诺贝尔物理学奖。

丁肇中祖籍山东日照，1936 年 1 月 27 日生于美国密歇根州的安阿伯。他的双亲分别是工程学和心理学教授。丁肇中出生后不久全家回到中国。1949 年进入中学接受教育，他的数学、物理和历史成绩优秀。1956 年，他进入美国密歇根大学学习工程学，后转学物理学，1962 年获物理学博士学位。1965

年，丁肇中成为哥伦比亚大学讲师，1969 年任麻省理工学院教授。1964—1972 年，他的研究小组在汉堡的德国国家电子加速中心进行了一系列光生矢量介子实验；1972 年，他领导一个小组在布鲁克海文国家实验室寻找重粒子，结果在 1974 年发现了 J 粒子。后来他把实验组转到日内瓦欧洲核子研究中心，在交叉贮存环上研究标度行为和重光子产生机制。1977 年，他又到汉堡在正负电子对撞机佩特拉（PETRA）上进行实验，在这里他迎接了第一个中国物理学家小组，并开始了和中国物理学家的长期合作。1982 年起，丁肇中又到欧洲核子研究中心，领导了由 13 个国家 43 个研究单位（包括中国、美国、苏联、印度和东、西欧国家组成）在莱泼（LEP）加速器上的 L3 实验。丁肇中为中国培养了许多高能物理实验人才。他是中国上海交通大学和北京师范大学的名誉教授。

丁肇中的研究工作以实验粒子物理、量子电动力学以及光与物质相互作用为中心。除前面述及的光生矢量介子的研究和 J 粒子的发现外，重要的工作还有三喷注的发现和中微子代数的确定等。

在 20 世纪 60 年代末，物理学家们就预言了胶子的存在，但在实验上一直缺乏证据。丁肇中领导的包括中国物理学家小组在内的马克杰（Mark-J）实验组，设计建造了重 400 多吨的马克杰探测器，在德国国家电子加速器中心的佩特拉正负电子对撞机上进行实验。通过分析实验的强子事例，得到两组较大的喷注及一组较小的喷注。这种三喷注的能流分布被解释为由正、反夸克和胶子分别形成的喷注。胶子喷注的发现是对量子色动力学理论的有力支持。

L3 实验的主要物理目标之一，是系统地研究 Z^0 粒子的特性。L3 实验测量的 Z^0 参量和标准模型的理论值符合得很好。根据目前的物理实验，已知自然界中有三代轻子，即电子及电子型中微子；μ 子及 μ 子型中微子；τ 子及 τ 子型中微子。但是在自然界中是否还有更多代的轻子，这是物理学家们非常关心的问题。在 Z^0 粒子衰变为正反带电轻子对或正反中微子对或正反夸克对时，其中每种衰变道都有 Z^0 粒子峰的部分宽度，即对 Z^0 粒子峰的总宽度都有贡献。

如果自然界除三代中微子外还有其他类型的中微子，Z° 粒子的相应衰变道就会使 Z° 粒子的峰加宽，因此 Z° 粒子峰的宽度是中微子代数的量度。由实验得到的 Z° 粒子峰宽扣去已知粒子衰变道的贡献，就能推算出中微子有多少代。由 L3 探测器给出的结果，可以做出只有三代中微子的结论。

（三）朱棣文和激光冷却捕获原子

1997 年 10 月 15 日，瑞典皇家科学院决定把 1997 年度诺贝尔物理学奖颁发给美国加州斯坦福大学的朱棣文（stephen Chu）、法国的克洛德·科恩-塔诺基（Claude Cohen-Tannoudje）和美国的威廉·菲利普斯（William D.Phillips），以表彰他们在发展用激光冷却和捕获原子方法方面所做的贡献。

众所周知，在原子与分子物理学中，研究气体的分子和原子相当困难，因为它们即使在室温下，也以每秒上百公里的速度朝四面八方运动。冷却是让它们减慢运动的可行方法，但一般的冷却方法会使气体凝结为液体进而冻结。不过，人们早就认识到光可能有机械效应，光场对原子或量子的运动状态会产生影响。20 世纪 70 年代，苏联和美国的物理学家曾提出用聚焦激光束使原子束弯折和聚焦，从而达到捕获原子的目的。他们的工作导致可以操纵活细胞和其他微小物体的"光学镊子"的发展。1975 年，美国斯坦福大学的汉斯（T.W. Hansch）和肖洛（A.L.Schawlow）首先建议用相向传播的激光束使中性原子冷却，即把激光束调谐到略低于原子的谐振跃迁频率，利用多普勒原理就可使中性原子冷却。这个方法的实质就是将激光的光子动量传递给原子，形成辐射压力来阻尼原子的热运动。与此同时原子又会因跃迁而向四面八方发射同样的光子。这样，每碰撞一次，原子的动量就减少一点，直至降到最低值。所以，所谓激光冷却，就是在激光的作用下使原子减速，这种冷却方法称为多普勒冷却；所对应的极限温度，称为多普勒极限。对钠的谐振跃迁，可计算出其极限温度为 0.24 毫开。不过，利用激光去冷却和捕获中性原子，还必须解决一个困难，就是当自由原子的速度逐渐减小时，激光的频率也必须跟随多普勒频移而改变。1985 年，菲利普斯利用所谓"塞曼减速法"解决了这一困难，成功地阻滞了原子束，把原子捕获在磁阱中。

1984 年，朱棣文及其在新泽西州荷尔德尔贝尔实验室的同事，动手实现汉斯和肖洛提出的多普勒冷却原子的设想。他们用 6 个方向的激光束对原子进行照射，使原子冷却。1985 年，他们报道了把在体积为 0.2 厘米^3 中的 10^5 个中性钠原子的稀薄蒸气冷却到大约 0.2 毫开的温度。因为原子在激光束交汇区域的运动很像在粘性媒质中运动，所以朱棣文等人用了"光学粘胶"（molasses）这个名词。光学粘胶实验的改进，使冷却原子的密度达到 10^9 每立方厘米，观察时间增至 1 秒。

要使被激光冷却后在光学粘胶中运动的中性原子真正被捕获，需要有一个更深的陷阱。1987 年，普利查德（Prichard）和朱棣文根据达利巴德（J.Dalibard）的建议，用 3 对相向传播的圆偏振激光束，并与弱磁场组合在一起，构成了磁光陷阱，这个技术为后来的各种实验提供了基本手段。

根据扎查利亚斯（J.R.Zacharias）和汉斯的建议，朱棣文还发展了一种叫作"原子喷泉"的技术：用两两相向、相互正交的 6 束激光组成光学粘胶，再加两个线圈产生磁场，形成磁光陷阱，把注入的经过冷却的原子捕获在陷阱中。将这些原子向上喷出，在到达顶点时正好进入微波腔中，用微波脉冲将原子从一个能态激发到另一个能态，就可以极其精确地测量原子的能态。这一技术被用于高分辨率光谱学，它还可以把原子钟的精确度从 10^{-14} 秒提高到 10^{-16} 秒。

在朱棣文关于光学粘胶的研究工作之后，菲利普斯又研究和发展了一种新的冷却机制"偏振梯度冷却"。这种机制使原子的温度不断降低。科恩-塔诺基在前两人的基础上，又发展了一种"亚反冲冷却"技术，成功地将原子的温度降到了与绝对零度只差百万分之一度的温度。

朱棣文等人的工作，极大地加深了人们对于辐射和物质的相互作用的认

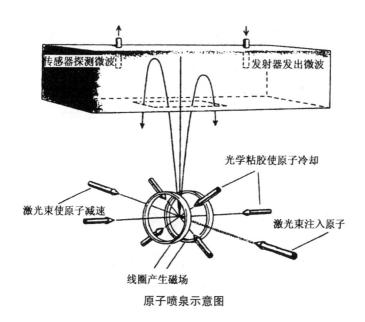

传感器探测微波

发射器发出微波

光学粘胶使原子冷却

激光束使原子减速

激光束注入原子

线圈产生磁场

原子喷泉示意图

识，开辟了一条深入了解低温环境下分子、原子和量子的物理特性的途径。激光冷却和捕获原子的研究，已经形成了分子和原子物理学发展的一个突破口，其应用前景非常广泛。例如，利用原子的波动性制作原子干涉仪，或制作原子钟用于太空飞行。利用这一技术绘制重力分布图，可以解开地球上的许多谜团，如观测油田，探测海底或地层深处的洞穴和矿物。在生物技术上，可以用它来探测活细胞，帮助解开 DNA 密码。当时还有人利用这一观念研究"原子激光"，希望可以制造更精密的电子元件。正如朱棣文所说："我所研究的工作——以激光冷却与捕获原子的方法，可以说是打开了以光束来固定住细胞内的染色体，以深入研究活细胞之可能性。这种技术现在被使用于物理、化学和凝聚态科学之实验工具。"

朱棣文祖籍江苏太仓，1948 年 2 月 28 日出生于美国密苏里州的圣路易斯。其父朱汝瑾、其母李静贞都是颇负盛名的化学专家。朱棣文 1976 年毕业于加州大学伯克利分校，获物理学博士学位，留校作两年博士后研究，后加入贝尔实验室。1983 年起任贝尔实验室量子电子学研究部主任，1987 年应聘为斯坦福大学物理学教授，1990 年担任物理系主任，1993 年被选为美国科学院院士。他专长于应用物理，是量子光学的权威。

在获得诺贝尔物理学奖之后，他的父母说，"身为父母，有子获诺贝尔奖，当然非常开心，更重要的是，他替中国人争了光"。朱棣文自己也表示："我在美国出生、长大，当然是美国人，但在血缘上，我是中国人。"他说，有若干价值观"我想我是中国的"。

（四）崔琦和分数量子霍尔效应的发现

1998 年 10 月 13 日，瑞典皇家科学院决定把 1998 年度的诺贝尔物理学奖颁发给美国斯坦福大学的劳克林（R. B. Laughlin）、哥伦比亚大学的施特默（H. L. Störmier）和普林斯顿大学的崔琦，以表彰他们关于分数量子霍尔效应的发现和解释。

霍尔效应是 1879 年美国年轻的学生霍尔（E. H. Hall）发现的。他在一次实验中惊奇地发现，如果在磁场中垂直地放置一张金属片，沿金属片通以电流 I，就会在既与电流垂直，又与磁场垂直的方向上产生一个电压，这个现象就叫霍尔效应。金属片中产生的横向电压 V_H 叫霍尔电压，霍尔电压与电流 I 之比 V_H/I 叫作霍尔电阻，其值随磁场的增大而增大。

到了 20 世纪 70 年代末，科学家在极低温度（约绝对零度上 1 开）和非常强的磁场（大到 30 特）的条件下研究半导体材料中的霍尔效应。1980 年初，德国物理学家冯·克利金（L. V. Klitzing）在这样的实验中发现霍尔电阻并不随磁场强度的增大按线性关系变化，而是作台阶式的变化，电阻平台的高度与物质特性无关，其电阻值极近似于 $(h/e^2)/f$。这里 e 是电子的基本电荷，h 是普朗克常数，f 为一整数，称为填充因子，它由电子密度和磁通密度决定。因为这一效应中的填充因子是量子化的，所以称为量子霍尔效应；后来又根据填充因子都取整数，又称为整数量子霍尔效应。冯·克利金由于这一发现而荣获 1985 年诺贝尔物理学奖。

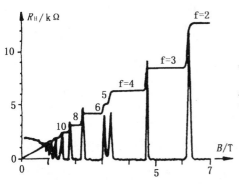

霍尔电阻随磁场作台阶形式变化

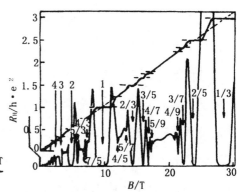

虚对角线表示经典霍尔电阻，台阶形的实线
代表实验结果。箭头表示引起台阶的磁场

整数量子霍尔效应发现两年后，美国贝尔实验室的崔琦和施特默在研究霍尔效应中用质量极佳的砷华为基片的镓样品做实验。样品的纯度极高，电子在里面竟可以像子弹一样运动，在相当长的路程中不会受到杂质原子的散射。因为散射长度在低温下会增大，所以实验要在 1 开以下和非常强的磁场中进行。使他们出乎预料的是，由实验所得的霍尔平台相当于填充因子要取分数值。他们于 1983 年发表的最早的论文中公布了 $f = 1/3$ 的平台；他们还发现有迹象表明在 $f = 2/3$ 处也有平台。崔琦和施特默知道，与整数量子霍尔效应相反，用忽略电子间相互作用的模型是无法对分数量子霍尔效应做出解释的。他们认为，理解整数效应的论据不能用于分数效应的情况。他们设想，如果由于某种理由还要应用那些论据，就必须承认有携带分数电荷的准粒子存在，例如当 $f = 1/3$ 时，准粒子所带电荷为 $e/3$。

分数量子霍尔效应的发现，对理论物理学家提出了严峻的挑战。1984 年，劳克林独辟蹊径，对这一现象做出了新颖的解释。劳克林证明，当电子体系的密度相当于"简单"分数填充因子为 $f = I/m$（m 为奇整数，如 3，5）时，电子体系凝聚成了某种新型的量子液体；他还提出了一个多电子波函数，用以描述电子间有相互作用的量子液体的基态。他证明了在基态和激发态之间有一能隙，激发态内存在分数电荷 $\pm e/m$ 的"准粒子"，这就意味着霍尔电阻正好会

量子化为 m 乘 h/e^2。劳克林的理论得到了其他人的发展，他所预言的能隙和电荷分裂也得到了直接的实验验证；特别令人感到惊奇的是，人们用更好更纯的样品相继发现了一系列量子霍尔平台，新增加的平台相当于更复杂的分数填充因子 $f = p/q$，其中 p 为偶整数或奇整数，q 为奇整数。这被解释为复合粒子的整数效应，这种复合粒子则是由奇数的磁通量子束缚在每个电子上，组成了复合费米子。1989 年发现，当磁场调制到霍尔电阻等于电阻量子除以 1/2 或 1/4，而不是 1/3 或 1/5，新的现象出现了。这些"偶分母"量子液体是费米液体，与"奇分母"量子液体基本上不同，这表明了强磁场电子物理学的多样性。

分数量子霍尔效应的发现，以及用新的分数电荷激发的不可压缩量子液体做出的理论解释，导致了人们认识宏观量子现象的一次突破，并且引发了一系列对基本理论的发展有深刻意义的重大发现，其中包括电荷的分裂。他们 3 人一起获得了 1984 年美国物理学会巴克利凝聚态物理学奖，1998 年获得了富兰克林学院物理学奖章。

崔琦，1939 年出生于河南省宝丰县的一户农家。他的童年是在战乱和灾荒中度过的。崔琦在 12 岁时由姐姐带到香港。在香港读书时，他学习成绩很突出，不仅数理科好，中英文也同样不错，他是靠奖学金读完中学的。他曾有修读医科、悬壶济世的志愿，并考上了台湾大学医学院。但由于经济问题，他最后只能靠教会提供的全额奖学金到美国求学，进入伊利诺伊斯州罗克岛古斯坦纳学院攻读物理学。1967 年，崔琦在芝加哥大学获得物理学博士学位，做了一年博士后研究，于 1968 年进入贝尔实验室，以后在贝尔实验室的固体电子学实验室工作。从 1982 年起，任教于普林斯顿大学，担任电气工程系教授。他是美国科学院院士。

崔琦有着中国传统学者的个性，他把读书和工作看作是最重要的生活，将物理研究视为生命。"修身、齐家、平天下"是崔琦最常引用的话，对学生常常灌输"只问耕耘，不问收获"的思想。他不注重物质享受，对玩乐和奢侈品从不在乎。早在 1982 年，他的同事和朋友就认定他迟早会获得诺贝尔奖，但当他从广播中听到自己获奖的消息时，仅仅笑了笑，没当回事，也不给妻子、女儿打电话报喜；当几十名记者拥到普林斯顿大学，校方要开记者招待会时，崔琦却找不到了。最后好不容易找到他，半拖半推地逼他上了讲台。在回忆他的人生道路时，他说："做物理研究虽然不易，获诺贝尔奖也难，但做人却更难，因为做人要面临许多抉择，成败得失仅在一念之间。"

主要参考文献

[1]《科学家传记大辞典》编写组. 中国现代科学家传记：第 1 集 [M]. 北京：科学出版社，1991.

[2]《科学家传记大辞典》编写组. 中国现代科学家传记：第 2 集 [M]. 北京：科学出版社，1991.

[3]《科学家传记大辞典》编写组. 中国现代科学家传记：第 3 集 [M]. 北京：科学出版社，1992.

[4]《科学家传记大辞典》编写组. 中国现代科学家传记：第 4 集 [M]. 北京：科学出版社，1991.

[5]《科学家传记大辞典》编写组. 中国现代科学家传记：第 5 集 [M]. 北京：科学出版社，1994.

[6]《科学家传记大辞典》编写组. 中国现代科学家传记：第 6 集 [M]. 北京：科学出版社，1994.

[7] 戴念祖. 20 世纪上半叶中国物理学论文集粹 [M]. 长沙：湖南教育出版社，1993.

[8] 董光璧. 中国近现代科学技术史 [M]. 长沙：湖南教育出版社，1997.

[9] 中国科学院学部联合办公室编. 中国科学院院士自述 [M]. 上海：上海教育出版社，1996.

[10] 卢嘉锡，李真真. 另一种人生：上下册 [M]. 上海：东方出版中心，1998.

［11］赵玉林. 当代中国重大科技成就鸟瞰与探微［M］. 武汉：湖北教育出版社，1996.

［12］钱穆. 中国近三百年学术史［M］. 北京：中华书局，1986.

［13］郭建荣. 中国科学技术年表［M］. 北京：同心出版社，1997.

［14］申先甲，张锡鑫，祁有龙. 物理学史简编［M］. 济南：山东教育出版社，1985.

［15］骆炳贤、何汝鑫. 中国物理教育简史［M］. 长沙：湖南教育出版社，1991.

［16］钱临照. 中国物理学会六十年［M］. 长沙：湖南教育出版社，1992.

［17］卢嘉锡. 中国当代科技精华：物理学卷［M］. 哈尔滨：黑龙江教育出版社，1994.

［18］杨振宁. 近代科学进入中国的回顾与前瞻［J］. 物理教学，1995，17（7）：1—7.

［19］中国大百科全书：物理学［M］. 北京：中国大百科全书出版社，1987.